计算机科学丛书

原书第4版

数据仓库

〔美〕 William H. Inmon 著 王志海 等译 黄厚宽 田盛丰 审校

Building the Data Warehouse
Fourth Edition

机械工业出版社
CHINA MACHINE PRESS

本书系统讲述数据仓库的基本概念、基本原理以及建立数据仓库的方法和过程，主要内容包括：决策支持系统的发展、数据仓库环境结构、数据仓库设计、数据仓库粒度划分、数据仓库技术、分布式数据仓库、EIS系统和数据仓库的关系、外部和非结构化数据与数据仓库的关系、数据装载问题、数据仓库与Web、ERP与数据仓库以及数据仓库设计的复查要目。

本书是数据仓库之父撰写的关于数据仓库的权威著作，既可作为相关专业的研究生教材，也是数据仓库的研究、开发和管理人员的必备指南。

William H. Inmon：Building the Data Warehouse, Fourth Edition（ISBN: 0-7645-9944-5）

Authorized translation from the English language edition published by John Wiley & Sons, Inc.

Copyright © 2005 by Wiley Publishing, Inc., Indianapolis, Indiana
All rights reserved.

本书中文简体字版由约翰－威利父子公司授权机械工业出版社独家出版。未经出版者书面许可，不得以任何方式复制或抄袭本书内容。

版权所有，侵权必究。

北京市版权局著作权合同登记　图字：01-2005-5618号。

图书在版编目（CIP）数据

数据仓库（原书第4版）/（美）荫蒙（Inmon, W. H.）著；王志海等译.－北京：机械工业出版社，2006.8（2024.1重印）
（计算机科学丛书）
书名原文：Building the Data Warehouse, Fourth Edition
ISBN 978-7-111-19194-0

Ⅰ.数… Ⅱ.①荫… ②王… Ⅲ.数据库系统 Ⅳ.TP311.13

中国版本图书馆CIP数据核字（2006）第051127号

机械工业出版社（北京市西城区百万庄大街22号 邮政编码 100037）
责任编辑：王　玉
北京捷迅佳彩印刷有限公司印刷
2024年1月第1版第21次印刷
184mm×260mm · 20.5印张
定价：69.00元

客服电话：（010）88361066 68326294

译 者 序

计算机网络与数据库技术的迅速发展和广泛应用,使得企业管理进入一个崭新的时代。广大基层管理人员摆脱了繁重的制表业务和数据处理工作,管理工作进一步规范化,企业建立了各种在线事务处理信息系统,对各种日常业务处理提供了有效的支持。然而,面对当今竞争日趋激烈与瞬息万变的市场,各级管理人员迫切需要根据企业的现状和历史数据做出判断和决策。因此,各级管理人员希望能够从企业信息系统中获取有效的、一致的决策支持信息,及时准确地把握市场变化的脉搏,做出正确有效的判断和抉择。也就是说,数据处理的重点应该从传统的业务处理扩展到在线分析处理,并从中得到面向各种主题的统计信息和决策支持信息。随着企业事务处理系统的运行和建立,数据量越来越大,企业数据源越来越多。这种需求就比以往任何时候都更加迫切,也更加难于实现。

数据仓库技术就是针对上述问题而产生的一种技术解决方案,它是基于大规模数据库的决策支持系统环境的核心。正如本书作者W. H. Inmon所定义的,数据仓库是一个面向主题的、集成的、永久的且随时间不断变化的数据集合,用于支持管理层的决策。本书详尽地讲述了数据仓库的基本概念、基本原理,以及建立数据仓库的方法和过程。主要内容包括决策支持系统的发展、数据仓库环境结构、数据仓库设计、数据仓库粒度划分、数据仓库技术、分布式数据仓库、EIS系统和数据仓库的关系、外部和非结构化数据与数据仓库的关系、数据装载问题、数据仓库与Web、ERP与数据仓库以及数据仓库设计的复查要目。本书主要面向数据仓库的开发者、管理者、设计者、数据管理员、数据库管理员以及其他相关人员,对于计算机专业的本科生和研究生也有重要的参考价值。

我们研究小组对数据仓库技术和数据挖掘技术进行了很长时间的研究,并翻译了一些相关文献。1999年翻译并出版了本书的第2版,2003年翻译并出版了本书的第3版,都得到了社会各界的好评。为了反映数据仓库技术的进展,本书作者在不断地充实和修改其著作。应出版社的要求,我们承担了第4版的翻译工作,并推荐给读者。随着这几年我们研究的进展,对数据仓库技术和工程有了更为深入的理解。为此,我们对数据仓库所涉及的术语的译法重新进行了规范,在翻译了新增和修改内容的同时,将全部原有内容重新逐字校正了一遍,更正了以前译文中的一些错误,使语言更加准确、通顺,便于读者理解。本书的第1章和第2章由范亚琼负责,第3章和第4章由曹源负责,第5章和第6章由李广群负责,第7章至第13章由山丹负责,第14章至第19章以及词汇表由廉捷负责翻译,杨迪参加了第3章的部分翻译工作。本书最后的定稿与许多人先后的辛勤工作密切相关,他们是王琨、王继奎、董隽、林友芳、高思宇、王春花、宁云晖、李晓武、蔺永华、范星艳、高宏彬、贾旭光、李红松、秦远辉等。本书由王志海负责统一定稿,由黄厚宽教授和田盛丰教授共同审定全书。由于译者水平有限,错误之处望广大读者批评指正。

译者简介

王志海 博士，特聘教授。1985年毕业于郑州大学计算机科学系，获理学学士学位，1987年毕业于哈尔滨船舶工程学院计算机与信息科学系，获工学硕士学位，1998年毕业于合肥工业大学计算机与信息学院，获博士学位。先后在澳大利亚Monash大学计算机科学与软件工程学院进行博士后研究工作，Deakin大学信息技术学院任研究员，Monash大学计算机科学与软件工程学院任高级研究员。曾任中国计算机学会人工智能与模式识别专业委员会委员，中国人工智能学会机器学习委员会委员，2003年国际软件工程大会数据挖掘技术在软件工程中应用研讨会（DMSE'2003, USA）等程序委员会委员，2004~2007年历届亚太数据库知识发现与数据挖掘会议（PAKDD）程序委员会委员，2005年中国分类技术及其应用研讨会程序委员会委员等。在国际学术刊物，国际学术会议和国内学术刊物上发表论文约30多篇。

审校者简介

黄厚宽　教授，博士生导师。1940年9月生，1963年毕业于北京大学数力系六年制数学专业，1966年哈尔滨军事工程学院应用数学研究生毕业。1970～1980年参加我国首次洲际火箭发射落点水声测量系统研制，主持总体数学模型论证计算及专用计算机系统软件编制，获中央军委嘉奖及原国防科工委重大科技成果三等奖。1983～1985年先后在美国亚拉巴马大学和佛罗里达大学信息研究中心任访问教授。十多年来主持完成多个专家系统与工具及计算机应用系统，进行机器学习、数据挖掘、分布式人工智能的研究。获省部级科技进步奖6项，已发表论文150多篇，指导硕士与博士研究生80多人，俄罗斯高级访问学者1人。现任中国计算机学会人工智能与模式识别专委会副主任兼秘书长等。

田盛丰　教授，博士生导师。1944年11月生，1967年毕业于哈尔滨军事工程学院电子工程系，1968～1977年在七级部五院五零四研究所任实习研究员，1977年至今在北方交通大学计算机系任教。其中1982～1984年在美国纽约州立大学石溪分校作访问学者，主要研究人工智能；1997年在英国伦敦大学Royal Holloway学院计算机科学系合作研究人工智能项目。曾主持和参加了多项科研项目，包括国家自然科学基金项目"隧道工程预测专家系统"、"工程建设中知识系统的应用研究"、"断裂地质构造遥感图像判释专家系统"，教委博士点基金项目"隧道岩溶预测专家系统"，部委级项目"国防交通铁路工程保障指挥决策专家系统的改进与应用"等。发表论著2部及论文50多篇。

第2版前言

数据库及其理论已经出现好长时间了。早期的数据库主要是一些独立的数据库,应用于企业数据处理的各个方面——从事务处理到批处理,再到分析型处理。早期的大多数数据库系统主要集中于操作型的日常事务处理。近年来,出现了一种更高级的数据库观念,即一种数据库服务于操作型需求,而另一种数据库服务于信息型或分析型需求。从某种程度上讲,这种数据库的新颖思想是随着个人计算机技术、第四代程序设计语言(4GL)技术以及最终用户新需求的出现而产生的。

将操作型数据库和信息型数据库分离开,是出于以下原因:

- 服务于操作型需求的数据在物理上不同于服务于信息型或分析型需求的数据。
- 支持操作型处理的技术从根本上不同于支持信息型或分析型需求的技术。
- 操作型数据的用户群体不同于信息型或分析型数据所支持的用户群体。
- 操作型环境的处理特点与信息型环境的处理特点从根本上是不同的。

由于这些原因(以及很多其他原因),当今建立系统的方法是将操作型处理及其数据与信息型或分析型处理及其数据分离开来。

本书讨论分析型的环境,或称为决策支持系统(DSS)环境,以及在这种环境中的数据结构问题。本书的重点是讨论信息型和决策支持系统处理的核心——"数据仓库"(或"信息仓库")。

本书所讨论的问题是面向管理者和开发者的,在某些地方也涉及技术问题。但本书的大部分是关于数据仓库的问题和技术。本书旨在作为数据仓库设计者和开发者的一本指导性读物。

本书出第1版的时候,数据库的理论家们对数据仓库的概念大加嘲笑。有一个理论家说数据仓库技术将使信息技术倒退20年。另有人说不应该允许数据仓库技术的创建者在公共场合发表言论。另外一些学院派的研究人员宣称数据仓库技术根本就不是什么新技术,学术界早已经知道数据仓库技术,尽管那时没有出书、没有文章、没有课程、没有研讨会、没有学术会议、没有报告、没有参考文献、没有论文,也没有可用的术语或概念。

本书出第2版的时候,整个世界正在为互联网而疯狂。想要成功,就要在各种词之前加上字母"e",如e-business,e-commerce,e-tailing等。记得一个风险投资家说过"我们现在有了互联网,为什么还要数据仓库呢?"

但是数据仓库技术已经远比那些想把所有数据放在一个数据库中的数据库理论家们期望的要好。数据仓库技术也挺过了由那些短视的风险投资家所带来的".com"灾难。在技术常被华尔街和Main Street抛弃的这个时代里,数据仓库技术从来没有像现在这么活跃和强大。关于数据仓库技术,有着各种各样的学术会议、研讨会、书籍、文章、咨询等。更重要的是,现在有很多公司在做数据仓库。我们还可以发现,与大肆宣扬的所谓新经济不同,数据仓库技术确确实实在发挥着作用,尽管硅谷还在否认它。

第3版前言

本书的第3版预示着数据仓库技术更新、更强大的时代。当今，数据仓库技术已经不再是纯粹的理论，而是活生生的事实。新技术已经可以支持对数据仓库的各种新奇的需求。许多企业已经通过数据仓库运转它们的重要业务。由于有了数据仓库，获取信息的代价在急剧降低。对于混乱的遗留系统环境，管理人员最终有了一种可行的解决方案。企业第一次拥有了可用的企业范围内的历史数据"存储方式"。整个企业的数据集成真正成为可能，这在多数情况下还是第一次。许多企业正在学习如何从数据获取信息，以获得竞争优势。简而言之，数据仓库技术极大地冲破了技术的束缚。

数据仓库容易使人糊涂的地方在于它是一种体系结构，而不是一种技术。这一点使技术人员和风险投资家感到灰心，因为他们想买的是那些很好地打成了包的东西。但是，数据仓库本身不会将自己"封装"起来。体系结构和技术之间的差别就像是新墨西哥州圣达菲和砖块之间的差别一样。如果你在圣达菲的大街上开着车，你就会知道你是在圣达菲，而不是在别的什么地方。每一幢住宅、每一座办公楼、每一家饭馆都有显著的特征，提醒着我们"这里是圣达菲"。使圣达菲突显的外观和风格是建筑结构，而这种结构是由砖块和裸露的横梁构成的。当然，如果没有这些砖块和横梁就没有圣达菲的各种建筑。但是，砖块和横梁本身并不能构成结构。它们是独立的技术。就像你在美国西南部所有地方和世界的其他地方都能看到砖块，但它们并不是圣达菲。

因此，数据仓库和数据库及其他技术之间的关系，就像是体系结构和技术之间的关系。有了这种体系结构，就有相应的基础技术，两者之间有很大的差别。毫无疑问，数据仓库和数据库技术之间存在着关系，但是可以确定的是，它们不是同一种东西。数据仓库需要许多不同种类的技术支持。

有了本书的第3版，我们知道什么东西管用，什么东西不管用。在写第1版的时候，我们有一些开发和使用数据仓库的经验。但是说真的，当时的经验没有现在多。例如现在，我们可以确切地知道以下这些内容：

- 数据仓库的建立要采用不同于应用程序的开发方法，不记住这点会带来很大的问题。
- 数据仓库在根本上不同于数据集市。两者不能混在一起，就像油和水一样。
- 数据仓库能够实现所承诺的功用，而不像许多被过分宣扬的、之后渐渐消逝的技术一样。
- 数据仓库中汇集了大量的数据，这样就需要有全新的技术来管理大规模的数据。

但是，或许数据仓库最吸引人的东西是数据仓库构成了许多其他各种形式处理的基础。可以改造和重复使用数据仓库中的各种粒度的数据。如果存在一个关于数据仓库永恒而深刻的真理，那就是：数据仓库为许多其他形式的信息处理提供了理想的基础。这个基础如此重要，有许多原因，比如：

- 真理只有单个版本。
- 如果需要，可以重新调整数据。
- 可以为新的、未知的应用随时提供数据。

最后，数据仓库技术降低了企业获取信息的代价。有了数据仓库，获取数据将不再昂贵，数据访问也将更加快捷。

数据库及其理论已经出现好长时间了。早期的数据库主要是一些独立的数据库，应用于企业数据处理的各个方面——从事务处理到批处理，再到分析型处理。早期的大多数数据库系统主要集中于操作型的日常事务处理。近年来，出现了一种更高级的数据库观念，即一种数据库服务于操作型需求，而另一种数据库则服务于信息型或分析型需求。从某种程度上讲，这种数据库的新颖思想是随着个人计算机技术、第四代程序设计语言（4GL）技术以及最终用户新需求的出现而产生的。将操作型数据库和信息型数据库分离开，是出于以下原因：

- 服务于操作型需求的数据在物理上不同于服务于信息型或分析型需求的数据。
- 支持操作型处理的技术从根本上不同于支持信息型或分析型需求的技术。
- 操作型数据的用户群体不同于信息型或分析型数据所支持的用户群体。
- 操作型环境的处理特点与信息型环境的处理特点从根本上是不同的。

由于这些原因（以及很多其他原因），当今建立系统的方法是将操作型处理及数据与信息型或分析型处理及其数据分离开来。

本书讨论分析型的环境，或称为决策支持系统（DSS）环境，以及在这种环境中的数据结构问题。本书的重点是讨论信息型和决策支持系统处理的核心——数据仓库（或信息仓库）。

什么是分析型、信息型处理呢？这种处理服务于决策支持过程中的管理需求，一般称为DSS处理，要在大量的数据中分析处理探索趋势。不同于只查找1~2条数据记录（如操作型处理），当DSS分析人员进行分析型处理时，需要访问大量的数据记录。

DSS分析人员很少修改数据。而在操作型系统中，数据在个体记录层次上经常修改。在分析型处理中，需要经常访问记录，收集来的记录内容用于分析的需要，但很少或不需要对单个的记录进行更改。

相对于传统的操作型处理，在分析型处理中，响应时间的要求大大放宽。分析型处理的响应时间可以是30分钟到24小时。这样的响应时间标准对于操作型处理而言是一个巨大的灾难。

服务于分析型用户群体的网络比服务于操作型用户群体的网络的规模小得多。通常情况下，分析型网络的用户比操作型网络的用户少很多。

与应用于分析型环境的技术不同，操作型环境中的技术必须将技术本身与数据和事务锁定、数据争用、死锁等因素结合起来考虑。

这样，在操作型环境和分析型环境之间存在许多重大的区别。本书针对分析型的DSS环境进行讨论，并着重讨论以下问题：

- 数据的粒度。
- 数据分区。
- 元数据。
- 数据可信度的缺乏。
- DSS数据的集成。
- DSS数据的时间基准。
- 确定DSS数据的数据源——记录系统。
- 数据迁移及方法。

本书适合开发人员、管理人员、设计人员、数据管理员、数据库管理员，以及其他在现代数据处理环境中进行系统建造的人员阅读。另外，本书也很适用于学习信息处理技术的学生。本书有些地方的讨论更具有技术性。但全书多数部分是关于数据仓库的问题和技术。本书旨在作为数据仓库设计者和开发者的一本指导性读物。

本书是有关数据仓库的系列丛书中的第一本。第二本是《Using the Data Warehouse》（Wiley，1994），着重阐述建立了数据仓库后所面临的一些问题。此外，还介绍了更大的体系结构的概念和操作型数据存储（ODS）的思想。操作型数据存储在体系结构上与数据仓库相似，两者的区别在于ODS仅适用于操作型系统，而不适用于信息型系统。该系列丛书的第三本是《Building the Operational Data Store》（Wiley，1999），阐述什么是ODS以及如何建造ODS。

数据仓库系列丛书的第四本是《Corporate Information Factory, Third Edition》（Wiley，2002）。该书阐述了以数据仓库为中心的更大型的信息系统。在很多方面，有关CIF的书和有关DW的书是相辅相成的。有关CIF的书着眼点更高，而有关DW的书则做出了更为具体的讨论。该系列丛书还包括《Exploration Warehousing》（Wiley，2000）。该书阐述了使用统计技术对数据仓库中的数据所进行的一种特殊的处理模式分析。

无论如何，本书都是这一系列丛书的基石。数据仓库是其他所有DSS处理形式的基础。

也许本书结尾引用的参考文献最能雄辩地说明数据仓库和企业信息工厂所带来的进步。本书第1版出版时，除了少数论文外，没有其他书籍或白皮书可供参考引用。而这本第3版提到了许多书籍、论文和白皮书。确实，引用的参考文献只是揭示了大量重要工作中的一部分。

第4版前言

早期的数据库理论认为所有的数据都应该装载在一个公共的数据源中。这个想法不难得出。主文件是先于数据库而出现的，这些主文件存储在顺序介质上，为实现随之而来的各种应用而创建。在主文件之间根本没有数据集成。因此，将数据集成为单一的数据源——数据库的理念得到极大的认同。

数据仓库的诞生基于以上这些理念。数据仓库对于那些赞同传统数据库理论的人来说是一种智力上的威胁，因为数据仓库本身意味着应该建立不同种类的数据库。然而，建立不同种类的数据库的思想并不被数据库理论学家们所接受。

现在，数据仓库已经被认为是一种明智的选择。基于许多不同理由，人们相信数据仓库就是所想要的。近期的一项调查显示，公司用于数据仓库和商业智能方面的开销超过了事务处理和在线事务处理（OLTP）方面，这在几年前是不可想象的。

数据仓库的成熟期已经到来。

本书第4版的问世恰逢时宜，它掀起了数据仓库的新浪潮。

除了数据仓库中由来已久的概念外，本书第4版还囊括了数据仓库的基础知识，也包含了许多当今有关信息基础框架的主题。

本书中较为重要的新主题是：

- 依从准则（涉及Sarbanes Oxley, HIPAA, Basel II以及其他问题）
- 近线存储（扩展数据仓库使其无穷大）
- 多维数据库设计
- 非结构化数据
- 最终用户（他们是谁，他们需要什么）
- ODS和数据仓库

除了这些新主题外，本版还体现了更为庞大的围绕数据仓库所建立的体系结构。

技术伴随着数据仓库的发展而发展。在数据仓库发展的早期阶段，50GB~100GB的数据量被认为是一个庞大的数据仓库。现在，一些数据仓库已经达到千万亿字节的容量范围。其他技术包括多维技术——数据集市和星形连接方面的进展。此外，技术的进步也使得数据可以存储在非磁盘存储介质之上。

总而言之，技术的进步使今天的科技成果成为可能。没有现代技术的发展，就不会有数据仓库的出现。

本书可供数据仓库架构和系统设计师参阅。最终用户可能发现这本书的有用之处在于全面了解有关数据仓库的解释。管理者和学生们也将发现本书的有益之处。

目　录

第1章 决策支持系统的发展

古埃及的象形文字主要是当时的账房先生为了记录别人欠法老多少谷子而创造的；罗马的一些街道是两千多年前土木工程师设计的结果；对考古发掘中在智利发现的骨头的检验表明人类早在一万多年以前就已经开始使用药物了，当然使用形式可能很原始；其他许多专业领域的产生和发展也都可以追溯到远古时代。而信息系统与处理只不过从20世纪60年代初期才开始发展，如果从这点来看，这个领域当然是不成熟的。

信息处理的这种不成熟表现在诸多方面，比如将处理停留在问题细节上。有这样一种说法，如果细节都正确了，结果会自己出来，并且是正确的。这就好像是说，如果我们知道如何铺水泥、如何钻孔、如何安装螺母与螺栓，就不必操心正在建造桥梁的外形与用途了。这样的观点会使一个非常专业的土木工程师发疯的。因此，即使所有细节都正确也不一定能保证最后产品就必然成功。

数据仓库需要一个从整体上着手，然后逐步解决具体细节问题的体系结构。当然，贯穿于整个数据仓库始末的细节问题都很重要，但细节也只有存在于一个范围更广的上下文中才是重要的。

数据仓库是伴随着信息与决策支持系统的发展过程产生的。这种宽广的视野将有助于对数据仓库有一个更清晰的认识。

1.1 演化

数据仓库和决策支持系统（Decision Support System, DSS）处理的起源可以追溯到计算机与信息系统发展的初期。有趣的是决策支持系统处理是信息技术长期复杂演化的产物，并且今天这种演化仍然在继续进行着。

图1-1所示为20世纪60年代初期到1980年这一时期信息处理的演化过程。60年代初期，计算领域的主要工作是创建运行于主文件上的单个应用。这些应用是以报表处理和程序为特征的，一般是用某种早期的程序设计语言如Fortran或COBOL编写的。穿孔卡和纸带是当时常用的存储介质。主文件存储在廉价的适合于存放大量数据的磁带上，其缺点是只能顺序访问。在对磁带文件的一遍操作中，真正需要的记录可能只有5%或更少，但为了得到这一小部分记录，必须要顺序访问所有的记录，这种情况十分常见。此外，访问整盘磁带的文件可能要花20~30分钟时间，时间长短取决于文件中的存储数据和要进行的处理。

大约在20世纪60年代中期，主文件和磁带的使用量迅速增长，随之出现了大量冗余数据。主文件的迅速增长和数据的巨大冗余引发了以下一些严重的问题：

- 更新数据时需要保持数据的一致性。
- 程序维护的复杂性。
- 开发新程序的复杂性。
- 支持所有主文件需要增加大量硬件。

很快，带有存储介质固有缺陷的主文件系统就成了信息处理继续发展的巨大障碍。

可以设想一下，如果我们仍然只能用磁带作为存储介质的话，信息处理领域现在会是什么样子？这个问题是很有趣的。如果除了磁带文件以外没有别的介质可以存储大量数据，那么我们将永远不会有大型快速的预订系统、ATM系统等等方便的设施。事实上，在新型介质上存储和管理数据的能力为支持一种功能更强大的处理类型开辟了道路，从而前所未有地将技术人员和商务人员带到一起来。

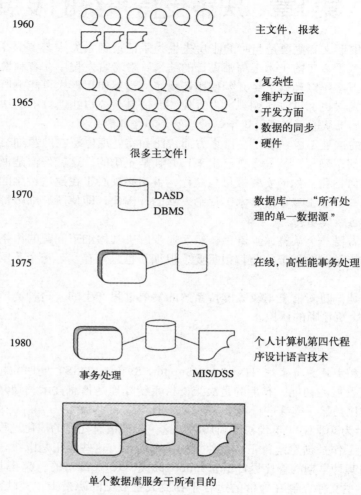

图1-1 体系化环境的早期演化阶段

1.1.1 直接存取存储设备的出现

到了1970年，一种新的数据存储和访问技术出现了。这就是20世纪70年代出现的磁盘存储器，或者称之为直接存取存储设备（Direct Access Storage Device, DASD）。磁盘存储与磁带存储的根本不同在于磁盘上的数据能够直接访问。DASD要访问第$n+1$条记录，不再需要先顺序访问第1，2，…，n条记录，而是一旦知道了第$n+1$条记录的地址，就可以直接对它进行访问。并且，第$n+1$条记录的寻址时间比起扫描磁带的时间要少得多。事实上，在DASD上定位一条记录的时间是以毫秒（ms）来计量的。

随着DASD的发展，出现了一种称为数据库管理系统（Database Management System, DBMS）的新型系统软件。这种新型软件的目的是使程序员可以更方便地在DASD上存储和访问数据。另外，它还负责在DASD上存储数据、对数据进行索引等等。随着DASD和DBMS的出现，解决主文件系统中问题的一种技术解决方案应运而生。伴随着DBMS，出现了"数据库"的概念。看一下主文件系统所导致的一片混乱以及在它们中累积的大量冗余数据，就不会奇怪为什么把数据库定义为所有处理工作的单一数据源了。

到了20世纪70年代中期，在线事务处理（Online Transaction Processing, OLTP）使得访问数据可以更快速地进行，从而为商业和处理开辟了一种全新的视野。采用高性能的在线事务处理，计算机可用来完成许多以前无法完成的工作，如建立预定系统、银行柜员系统、工业控制系统等等。如果我们仍然滞留在磁带文件系统时代，那么今天我们习以为常的大多数系统就不可能存在了。

1.1.2 个人计算机/第四代编程语言技术

到了20世纪80年代，涌现出了一些更新颖的技术，比如个人计算机（PC）和第四代编程语言（Fourth-Generation Language, 4GL）。最终用户开始扮演一种以前无法想象的角色——直接控制数据和系统，而在以前这些都是留给专职数据处理人员来处理的。随着PC与4GL技术的发展，诞生了一种新思想。即，除了高性能在线事务处理之外，利用数据可以做更多的事情。早期称为MIS的管理信息系统（Management Information System）也可以实现了。MIS如今称为DSS，是用来进行管理决策的处理过程。以前，数据和技术以排他的方式驱动详细的操作型决策。没有任何一个单一数据库可以同时用于操作型事务处理与分析处理。图1-1所示为这种单一数据库的范例。

1.1.3 进入抽取程序

大型在线事务处理系统问世后不久，就出现了一种用于"抽取"处理的程序（见图1-2），这种程序并不损害已有的系统。

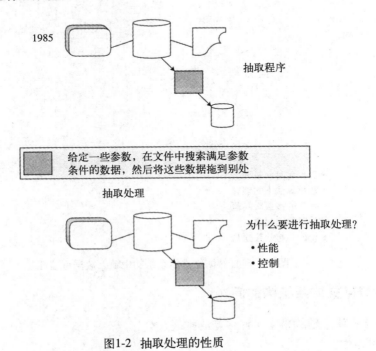

图1-2 抽取处理的性质

抽取程序是所有程序中最简单的。它搜索整个文件或数据库，使用某些标准选择合乎要求的数据，并把这些数据传送到其他文件或数据库中去。

抽取程序很受欢迎，这至少有两个原因：

- 因为用抽取处理能将数据从高性能在线事务处理环境中转移出来，这样，在需要对数据进行总体分析时，在性能方面就不存在冲突了。
- 当用抽取程序将数据从操作型事务处理环境内移出后，数据的控制方式就发生了转变。最终用户一旦开始控制数据，他们就最终"拥有"了这些数据。因为这些（以及可能其他的）原因，抽取处理的应用十分普遍。

1.1.4 蜘蛛网

如图1-3所示，抽取处理的"蜘蛛网"开始形成。起初只是抽取，随后是抽取之上的抽取，接着是在此基础上的再次抽取，如此等等。对于一个大公司，每天进行多达45 000次的抽取是很正常的。

贯穿于公司或组织的这种失控的抽取处理模式很常见，以致得到一个专有名称——"自然演化式体系结构"。当一个组织以放任自流的态度处理整个硬、软件体系结构时，就会发生这种情况。组织越庞大，越成熟，自然演化式体系结构问题就变得越严重。

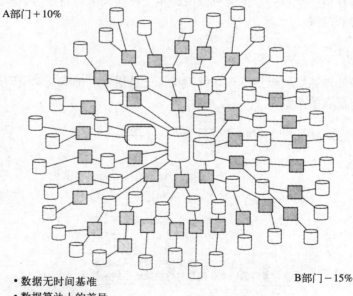

A部门＋10%

- 数据无时间基准
- 数据算法上的差异
- 抽取的多层次问题
- 外部数据问题
- 无公共起始数据源

B部门－15%

图1-3 在自然演化式体系结构中缺乏数据可信性

1.2 自然演化式体系结构的问题

自然演化式体系结构带来了许多新的挑战，如：

- 数据可信性。

- 生产率问题。
- 无法将数据转化为信息。

1.2.1 数据缺乏可信性

数据缺乏可信性，如图1-3所示。两个部门向管理者呈送报表，一个部门说业绩下降了15%，而另一个部门说业绩上升了10%。两个部门的结论不但不吻合，而且相去甚远。另外，要协调两个部门的工作也很困难。除非十分细致地编制了文档，否则，对任何实际问题而言，协调都是不可能的。

当管理者收到这两份相矛盾的报表时，他们将不得不根据政见和个性来做决定，因为这两个数据源的可信度都不高。这是自然演化式体系结构中数据可信性危机的一个实例。

这种危机广泛存在，也是可以预见的，为什么呢？如图1-3所示，有如下五个原因：

- 数据无时间基准。
- 数据算法上的差异。
- 抽取的多层次问题。
- 外部数据问题。
- 无公共起始数据源。

危机可预见的第一个原因是数据无时间基准。图1-4给出了这样的一种时间差异。一个部门在星期日晚上提取了分析所需的数据，而另一个进行分析的部门在星期三下午就抽取了数据。有理由相信对某一天抽取的数据样本进行的分析与对另一天抽取的数据样本进行的分析的结果可能相同吗？当然不能！公司内的数据总是在变的。对于在不同时刻抽取出来的任何数据集，如果它们的分析结果是相同的，那只能是偶然的。

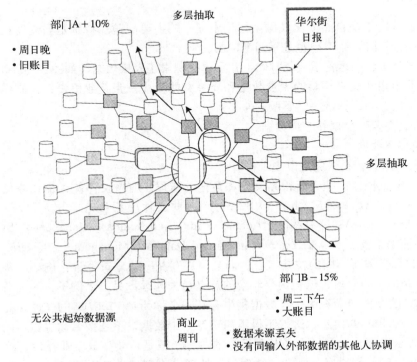

图1-4 自然演化式体系结构中可信性危机可预见的原因

第二个理由是算法上的差异。比如，一个部门选择所有的旧账号做分析。而另一个部门选择所有的大账号做分析。在有旧账号的顾客和有大账号的顾客之间存在必然的相关性吗？可能没有。那么分析结果大相径庭就没有什么可大惊小怪的了。

可信性危机的可预见性的第三个因素进一步恶化了前两个因素造成的后果。每次新的抽取结束后，因为时间或算法上的差异，抽取结果出现差异的可能性增大。对一个公司而言，从数据进入公司系统到为决策者准备好分析结果，经过八层或九层抽取并不罕见。这其中有抽取，抽取的抽取，以及抽取的抽取的抽取，等等。每一个新层次的抽取都会使要发生的问题变得更严重。

缺乏可信性的第四个理由是由外部数据引起的问题。利用当今在PC层次上的技术很容易从外部数据源取得数据。在图1-4所示的例子中，一个分析人员从《华尔街日报》取得数据放入分析流中，而另一个分析人员从《商业周刊》中取得数据。然而当分析员把外部数据加入分析流时，却去掉了外部数据的身份标识。由于对数据的来源没有进行记录，原始数据也就成了数据源不定的一般数据。

并且，从《华尔街日报》取得数据的分析人员对从《商业周刊》中取得的数据一无所知，反之亦然。这样，外部数据导致自然演化式体系结构中的数据缺乏可信性就不足为奇了。

导致数据缺乏可信性的最后一个因素是通常没有一个公共的起始数据源。部门A的分析工作源于文件XYZ，部门B的分析工作源于数据库ABC。不论文件XYZ与数据库ABC之间关系怎样，它们之间都不存在数据同步或数据共享。

基于这些原因，如果一个企业或机构允许其原有的软件、硬件和数据自然地演化为蜘蛛网，那么说在这个组织中正酝酿着可信性危机就一点也不奇怪了。

1.2.2　生产率问题

数据可信性还不是自然演化式体系结构中唯一的主要问题。特别是当需要在整个企业范围内进行数据分析时，生产率也是相当糟糕的。

设想一个公司已经运营了一段时间，并且已经积累了大量数据，如图1-5顶部所示。

管理者希望用数年来积累的大量数据和众多文件生成一张企业报表，为制作这一企业报表，接受了该任务的设计者决定要做三件事：

- 找到报表需要的数据并分析数据。
- 为报表编辑数据。
- 召集程序员/分析员去完成以上工作。

要进行数据定位，必须分析很多文件和数据的布局。有些文件使用虚拟存储器存取方法（Virtual Storage Access Method, VSAM），有些文件使用信息管理系统（Information Management System, IMS），有些使用Adabas（Advanced Database Management System——译者注），有些使用集成数据库管理系统（Integrated Database Management System, IDMS）。访问整个企业的数据需要不同的技能组合。而且，还存在一些复杂因素：例如，两个文件都有一个称为BALANCE的元素，但是两个元素的意义相去甚远；另一个例子，一个数据库有一个称为CURRBAL的文件，而在另一个数据集中存在一个称为INVLEVEL的文件，此文件恰好包含有与CURRBAL相同的信息。这就不得不遍历每一个数据，不是按名称遍历，而是按数据的定义和计算要求遍历，这是一个漫长而乏味的过程。但是，要生成企业报表，这个过程就不可避免。除非已对数据进行分析和"合理化"处理，否则报表最终将产生更大的混乱，报表中的数据风马牛不相及。

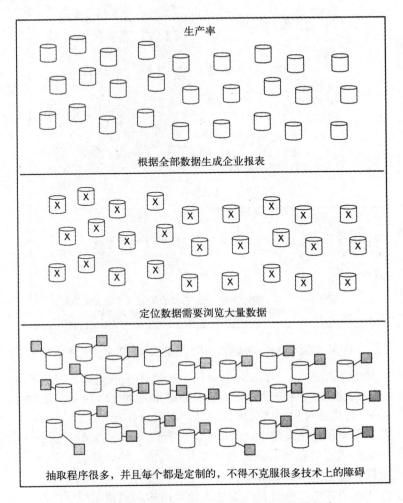

图1-5　自然演化式体系结构不利于生产率的提高

一旦数据定位完成，制作报表的下一个任务就是编辑数据。当然，为从众多的数据源中取得数据而必须编写的程序可能相当简单。但是以下这些事实使得这种工作变得复杂了：

- 要写的程序很多。
- 每个程序都需要定制。
- 程序涵盖了公司采用的所有技术。

简言之，尽管报表生成程序编写起来并不难，但为生成企业报表所进行的数据检索仍是个漫长而乏味的工作。

最近，在一个面临以上这些问题的公司里，分析人员估算过要完成这项工作需要很长时间，如图1-6所示。

如果设计者提出只需要两三个人月资源的工作量，那么生成这样一个报表可能不需要管理者过多的关注。但分析员认为这项工作需要很多资源，管理者就必须将这个请求与其他资源的请求一并考虑，并且必须为这些请求制定优先级。

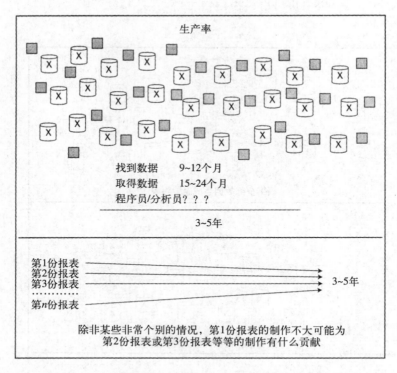

图1-6 在编写第1份报表时，对于后继报表的需求还不清楚

如果付出的代价是一次性的，那么为生成报表花费大量的资源也是可行的。换句话说，如果生成第1份企业报表需要大量资源，生成所有后继报表都可以建立在第1份报表基础之上，那么，不妨为生成第1份报表付出一些代价。但是，事实上并非如此。

除非事先知道未来的企业报表需求，并且在建造第1份企业报表时考虑到了这些需求因素，否则，每个新的企业报表总要花费同前面差不多大的代价。换句话说，第1份企业报表不大可能为将来别的企业报表需求做出什么贡献。

因此，在企业环境中，生产率是自然演化式体系结构和遗留系统所面临的一个主要问题。简单来说，就是使用已形成蜘蛛网的遗留系统，信息的访问费用非常高，并且需要花很长的时间才能建立起来。

1.2.3 从数据到信息

生产率和可信性还不是问题的全部，自然演化式体系结构还存在着另一个主要缺陷——无法将数据转化为信息。乍看起来，从数据转化成信息的想法是一个缺少实际意义的虚无概念。但是事实上完全不是这样。

考虑下面的信息需求，这种需求在银行环境中很典型："今年的账号活动同过去五年中的各个年份有什么不同？"

图1-7描述了这种信息需求。

DSS分析员在设法满足信息需求的这个过程中，发现的第一个事实就是到现有的系统中寻求需要的数据大概是最糟的事情。DSS分析员将不得不面对众多的未集成的遗留应用。例如，银行系统中有分离的储蓄应用、借贷应用、活期存款应用和信托应用。然而，试图用常规方法从它们当中抽取出信息几乎是不可能的，这是因为这些应用在建立时从来没有考虑过集成，即使DSS分析员想对它们进行解释也和其他任何人一样困难。

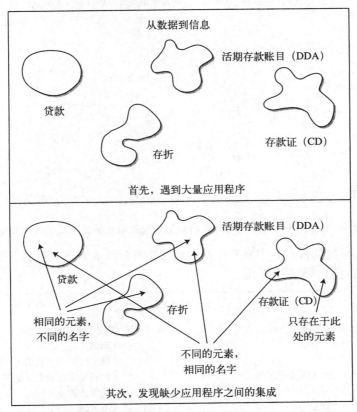

图1-7 "这个金融机构今年的账号活动同过去五年中的各个年份有什么不同？"

但是，缺少集成性只是分析人员在试图满足信息需求过程中遇到的困难之一。第二个主要障碍是在这些应用中，没有存储足够的可以满足DSS分析员的需求的历史数据。

图1-8表明贷款部门拥有长达两年的有用数据，存折处理部门则有长达一年的数据，活期存款账目（DDA）应用程序有30天的数据，存款证（CD）处理程序有18个月的数据。建造这些应用程序是用来满足当前收支处理需要的，设计时从未考虑过保存这历史数据以满足DSS分析的需求。那么不用说，对DSS分析来说，利用现有系统不是明智的选择。但是除了这些又能求助于什么呢？

从自然演化式体系结构中建立起来的系统对信息需求的支持确实是不够的，它们缺乏集成性，并且在分析型处理所需的数据的时间范围（或时间参数）与在这些应用程序中数据的可用的时间范围之间存在差异。

1.2.4 方法的变迁

自然演化式体系结构的存在方式（今天大多数企业采取这种模式）确实不足以满足将来的需要。这就需要进行一种更大的变化——体系结构的转变。于是，我们迎来了体系化的数据仓库环境。

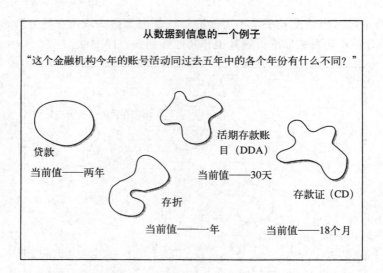

图1-8　现有的应用程序的确没有将数据转化成信息所需的足够历史数据

在体系结构化环境的核心，主要存在两种数据：*原始数据和导出数据*。图1-9给出了原始数据与导出数据之间的一些主要区别。

方法的变迁

原始数据/操作型数据	导出数据/DSS型数据
• 面向应用	• 面向主题
• 详细的	• 概要的，或精化的
• 在访问瞬间是准确的	• 代表过去的数据，快照
• 为日常工作服务	• 为管理者服务
• 可更新	• 不更新
• 重复运行	• 启发式运行
• 处理需求预先可知	• 处理需求事先不知道
• 生命周期符合SDLC	• 完全不同的生命周期
• 对性能要求高	• 对性能要求宽松
• 一次访问一个单元	• 一次访问一个集合
• 事务处理驱动	• 分析处理驱动
• 就操作型数据更新责任来说更新控制是一个主要关心的问题	• 无更新控制问题
• 高可用性	• 宽松的可用性要求
• 整体管理	• 以子集管理
• 非冗余性	• 总是存在冗余
• 静态结构；可变的内容	• 结构灵活
• 一次处理数据量小	• 一次处理数据量大
• 支持日常操作	• 支持管理需求
• 访问频繁	• 访问很少或不多

图1-9　原始数据和导出数据的区别

以下是这两种数据间存在的另外一些差异：

• 原始数据是维持企业日常运行所需的细节性数据；导出数据是要经过汇总或计算来满足

公司管理者需要的数据。
- 原始数据可以更新；导出数据可以重新计算得出，但不能直接进行更新。
- 原始数据主要是当前值数据；导出数据通常为历史数据。
- 原始数据由以重复方式运行的过程操作；导出数据由启发式而非重复地运行的程序与过程操作。
- 操作型数据是原始的；DSS数据是导出的。
- 原始数据支持日常工作；导出数据则支持管理工作。

奇怪的是，信息处理界竟然曾经认为将原始数据和导出数据可以配合在一起，并且能很好地共存于一个数据库中。事实上，原始数据和导出数据有如此大的差异，它们根本不能存在于同一数据库中，甚至不能共存于同一个环境中。

1.2.5 体系结构化环境

由于原始数据和导出数据的差异而引发的数据分离的自然扩展过程如图1-10所示。

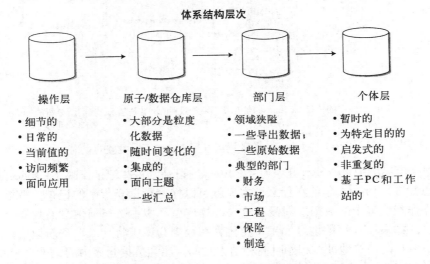

图1-10 尽管看起来不太明显，但在体系结构化环境中存在的数据冗余很少

在体系结构化环境中有四个层次的数据——操作层、原子或数据仓库层、部门层（或数据集市层）、个体层。这些不同层次的数据是一种称为企业信息源（CIF, corporate information factory）的更大的体系结构的基石。操作层数据只包含面向应用的原始数据，并且主要服务于高性能事务处理领域。数据仓库层存储不可更新的集成的原始历史数据，此外，也存放一些导出数据。部门/数据集市层则是根据最终用户的需求为满足部门的特殊需要而建立的。在数据个体层中完成大多数启发式分析。

不同层次的数据构成了一个更高层次的体系化实体集合，这些实体又构成了企业信息源。这些内容在笔者的《The Corporate Information Factory，Second Edition》（Hoboken, N.J.: Wiley，2002）一书中有详细介绍。

有些人认为这种体系结构化环境产生了太多的冗余数据。事实上完全不是这样，尽管乍看起来不明显。相反，在蜘蛛网环境中倒是存在着大量的数据冗余。

考虑一个贯穿于这种体系结构的数据的简单实例，如图1-11所示。在操作层中存在着一个顾客（J Jones）的记录。操作层的记录包含有当前值数据记录，并且在得到通知后可以更新，以反映顾客的当前状况。当然，如果关于J Jones的信息变化了，那么操作层的记录将随之更新为新的正确数据。

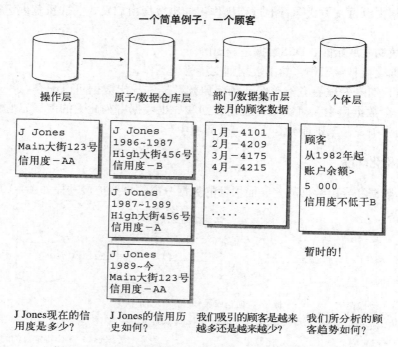

图1-11 不同层次的数据可以用来完成不同类型的查询

在数据仓库环境中可以找到几条有关J Jones的记录，这些记录反映了J Jones的历史信息。比如，要想知道J Jones去年住在什么地方，就可以搜索数据仓库中的记录。数据仓库环境中的数据与操作型环境中的数据之间没有重叠，操作型环境中是当前信息而数据仓库环境中则是历史信息。如果J Jones的地址发生了变化，在数据仓库中将加入一条新记录，这个记录反映了J Jones住在以前的地址的起始时间和结束时间。注意数据仓库中的记录之间并没有重复，并且在数据仓库中每个记录都有相关联的时间元素。

部门环境（也常称作数据集市层、在线分析处理（OLAP）层或多维DBMS层）包含公司中不同职能范围的部门有用的信息。部门环境包括市场部门数据库、财务部门数据库、保险部门数据库，等等。所有部门数据库的数据源就是数据仓库。尽管数据集市中的数据与操作层或数据仓库中的数据存在着必然的联系，但是部门/数据集市环境与数据仓库环境中的数据有根本的不同。数据集市中的数据是反向规范化的和汇总的，是根据单个部门的操作型需求形成的。

部门层或数据集市层的典型数据是月度顾客文件。在此文件中是一张所有顾客的分类列表。J Jones与其他顾客每月都出现在这个汇总表当中。可以进一步考虑将记账信息以冗余的形式存储。

最后的数据层是个体层。个体层数据常常是暂时的、小规模的。在个体层要做很多启发式分析。通常，个体层数据是由PC支持的。主管信息系统（EIS）处理主要运行在个体层上。

1.2.6 体系结构化环境中的数据集成

体系结构化环境的一个重要方面没有在图1-11中表示出来，那就是体系结构中的数据集成。当数据从操作型环境传向数据仓库环境时，需要对数据进行集成，如图1-12所示。

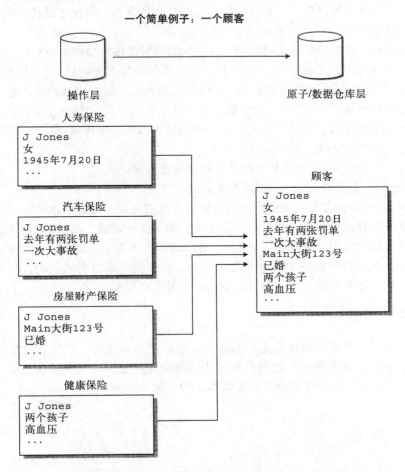

图1-12　将数据从操作型环境转移到数据仓库环境中时，要对数据进行集成

    把数据从操作型环境载入到数据仓库环境时，如果不进行集成就没有意义。如果数据以一种非集成状态到达数据仓库，它就无法用于支持数据的企业视图。数据的企业视图是体系结构化环境的本质之一。

    在每一个环境中，未经集成的操作型数据都是复杂和难以处理的，这是无法改变的事实。接受集成过程这样的棘手任务对于任何人来说都不是件令人愉快的事。但是，为了获得数据仓库真正的效益，这项令人头疼的、复杂的费时劳动必须进行。抽取/转换/装载（ETL）软件可以使这个乏味过程的大部分自动进行。此外，这个集成过程只需进行一次。无论如何我们必须明白，当数据从操作型环境流入数据仓库中时，数据集成是必须进行的，而不仅仅是将数据扔到数据仓库（这是根本不行的）。

1.2.7　用户是谁

    数据仓库或DSS环境中的许多东西在根本上不同于操作型环境中的东西。对于那些终生从事操作型环境工作的开发设计人员来说，当他们刚开始接触数据仓库或DSS环境时，常常会感到不安。要使他们明白数据仓库为什么会与他们以前所熟悉的环境有如此之大的差异，就要使他们对数据仓库和操作型环境的用户的不同有所了解。

数据仓库的用户也称为DSS分析员，他首先是个商务人员，其次才是技术人员。DSS分析员的主要工作是定义和发现在企业决策中使用的信息。

了解DSS分析员的想法及他们对数据仓库使用的理解是很重要的。DSS分析员有一种想法，即"给我看一下我说我想要的东西，然后我才能告诉你我真正想要什么。"换句话说，DSS分析员在发现模式下工作。只有看到报表或屏幕上的数据时，他们才开始探讨是否有必要进行DSS分析。DSS分析员常说："哈，现在我知道了什么是可行的，我能告诉你，我真正想要什么东西了。但如果我不知道这些，我根本无法明确地告诉你我要什么。"

DSS分析员的态度之所以重要的理由如下：

• 它是合理的。DSS分析员就是这样思考和开展业务活动的。
• 它是广泛的。全世界的DSS分析员都是这样思考的。
• 它对数据仓库的开发方式和使用数据仓库的系统的开发方式有深远的影响。

传统的系统开发生命周期（SDLC）不适用于DSS分析领域。SDLC假设在设计之初，需求是已知的（或至少是可以发现的）。但是，在DSS分析员眼中，到DSS开发生命周期的最后才发现真正的需求。DSS分析员从现有需求开始，要将新的需求考虑在内几乎是完全不可能的事。由此可见，数据仓库具有一种完全不同的开发生命周期。

1.3 开发生命周期

我们已经看到操作型数据通常是面向应用，因此是非集成的，而数据仓库数据必须是集成的。在操作层的数据和处理与数据仓库层的数据和处理之间，存在其他几个重要区别。这些系统潜在的不同开发生命周期涉及许多需关注的问题，如图1-13所示。

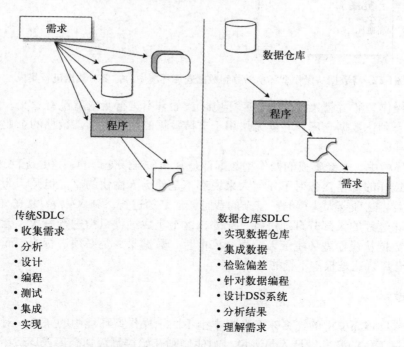

图1-13 数据仓库环境下的系统开发生命周期与传统SDLC几乎完全相反

如图1-13所示，在操作型环境中使用的是传统的系统开发生命周期SDLC。SDLC常称为瀑布式开发方法，因为其中的每一项活动都是确定的，并且只有一个活动结束后，下一个活动才会被触发开始。

数据仓库的开发则以一种完全不同的开发生命周期进行，有时这种周期称为CLDS（与SDLC顺序相反）。传统的SDLC由需求驱动。为建立系统，首先必须理解需求，然后进入设计和开发阶段。而CLDS几乎刚好相反。CLDS由数据开始，得到数据后，将数据集成。然后，检验数据存在什么偏差。之后，针对数据写程序，分析程序的执行结果，最后，系统需求才得到理解。一旦系统需求得到理解，就需要对系统的设计进行调整，然后针对不同的数据集开始新的开发周期。因为开发生命周期不断地重新安排不同类型的数据，所以，CLDS常称作"螺旋式"开发方法。

CLDS是传统的数据驱动开发生命周期，而SDLC是传统的需求驱动开发生命周期。采用不适当的开发工具和技术只会导致浪费和混乱。比如，计算机辅助软件工程（CASE）领域的分析多数都是由需求驱动的。试图将CASE工具和技术用于数据仓库领域是不明智的，反之亦然。

1.4　硬件利用模式

操作型环境和数据仓库环境之间还有另一个主要差别，即在各自环境中，硬件的利用模式也不同，如图1-14所示。

图1-14左边给出的是典型的操作型处理的硬件利用模式。在操作型处理中有多个波峰和波谷，但总的来说，存在相对静态的且可预测稳定的硬件利用模式。

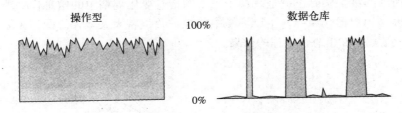

图1-14　不同环境下的不同硬件利用模式

在数据仓库环境中，存在一个根本不同的硬件利用模式（如图的右边所示），即利用的二元模式。要么利用全部硬件，要么根本不用硬件。估算数据仓库环境中的硬件平均利用率是没有意义的。即使是计算数据仓库被充分利用的时间也不是特别有用或有启发意义。

这种根本区别也表明，同时在同一台机器上，把两种环境混在一起为什么不可行。可以针对操作型处理优化机器，或者针对数据仓库处理优化机器。但是，不能在同一台设备上同时实现两者。

1.5　为重建工程创造条件

从生产环境转变到体系结构化的数据仓库环境过程有一个非常有用的副作用，尽管这种副作用是间接得到的。图1-15表明了这种过程。

在图1-15中，在生产环境中发生了一种转变。第一个作用是从生产环境中移走大量数据——大部分是档案数据。移走大量数据在许多方面具有好的效果，包括如下几条：

• 生产环境更易于纠错。

- 生产环境更易于重构。
- 生产环境更易于监控。
- 生产环境更易于索引。

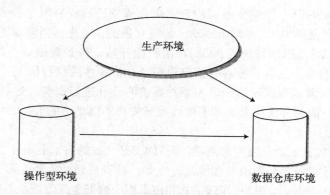

图1-15   从传统系统环境向以数据仓库为中心的体系结构环境的转变

简言之，仅仅是移走巨大数量的数据就可使生产环境更具有可塑性。

操作型环境和数据仓库环境分离的另一个重要作用是从生产环境中移走信息型处理。信息型处理采取报表、屏幕显示、抽取等形式。信息处理的特点是不停地变化，商业形势变化、机构变化、管理变化、财务状况变化，等等。这些变化中的任何一个都对汇总和信息性处理产生影响。当信息性处理处在传统生产环境中时，维护起来无休止。事实上，在生产环境中，大多数所谓的维护实际上就是贯穿于正常的信息变化周期中的信息性处理。通过把大多数信息性处理移到数据仓库中，生产环境中的维护负担将大大减轻。图1-16显示的是从生产环境中移走大量数据和信息性处理的效果。

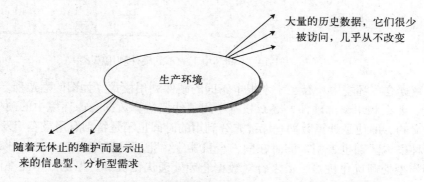

图1-16   从生产环境中移走不需要的数据和信息型需求——建造数据仓库的效果

一旦生产环境经历了转变到以数据仓库为中心的体系结构化环境的变化以后，生产环境就正好适合于重建工程。因为此时生产环境：

- 更小。
- 更简单。
- 更集中。

总之，一个公司要想成功地重建生产系统和修整遗留系统，最重要的步骤是首先建立数据仓库环境。

1.6 监控数据仓库环境

一旦建立了数据仓库，就需要对它进行维护。数据仓库维护工作中的一个重要部分是对性能进行管理，这就需要对数据仓库环境进行监控。

通常，数据仓库环境中有两种受监控的操作成分：存储于数据仓库中的数据和数据的使用情况。监控数据仓库环境中的数据对有效管理数据仓库环境是最基本的。通过监控数据仓库环境中的数据能取得一些重要信息，包括：

- 确定发生了什么增长，增长发生在什么地方，增长以什么速率发生。
- 确定哪些数据正在被使用。
- 估算最终用户得到的响应时间。
- 确定谁在实际使用数据仓库。
- 说明最终用户正在使用数据仓库中的多少数据。
- 精确指出数据仓库何时被使用。
- 确定数据仓库中有多少数据正在被使用。
- 检测数据仓库使用率水平。

当数据体系结构设计者不知道这些问题的答案时，要有效地管理运行中的数据仓库环境是不可能的。

监控数据仓库真的有用吗？只要考虑一下知道"在数据仓库中什么数据正在被使用"有多么重要就明白了。数据仓库的特性是不停地增长。历史数据不停地加入数据仓库。汇总数据也不停地加入。新的抽取流在创建。同时，数据仓库所依赖的存储和处理技术可能很昂贵。有时会产生这样的问题："为什么所有这些数据要积累起来？真有人用这些数据吗？"显然，不论是否有数据仓库的合法用户，在数据仓库正常运行期间，一旦数据被放入数据仓库，数据仓库的开销就会增长。

只要数据体系结构设计者没有办法监控数据仓库中的数据的使用情况，那么除了不断购买新的计算机资源——更多的存储设备、更多的处理器等等之外就别无选择了。如果数据体系结构设计者可以对数据仓库中的活动和使用进行监控，那么，就可以知道哪些数据没有被使用。如果可能的话，就可以明智地将不用的数据转移到那些存储代价低的介质上去。这是监控数据仓库环境中的数据及活动得到的非常实在的和直接的回报。

在数据监控处理期间，可以建立数据的各种概要文件，包括：

- 数据仓库中所有表的目录。
- 这些表的内容概要。
- 数据仓库中表的增长情况概要。
- 用于访问表的可用的索引目录。
- 汇总表和汇总源的目录。

监控数据仓库活动的需求通过下列问题来说明：

- 什么数据正在被访问？
  - 什么时候访问？
  - 由谁访问？
  - 访问频率怎样？
  - 在什么细节层次？

- 对请求的响应时间是什么？
- 在一天的什么时间提出请求？
- 请求多大的数据量？
- 请求是被终止，还是正常结束的？

DSS环境中的响应时间与在线事务处理（OLTP）环境中的响应时间有很大不同。在OLTP环境中，响应时间总是十分重要的。在OLTP中当响应时间太长时，业务情况很快就开始变糟。在DSS环境中不存在这种关系。在DSS数据仓库环境中，响应时间总是宽松的。在DSS中响应时间不是决定性的，相应地，在DSS数据仓库环境中响应时间以分钟和小时计，在某些情况下以天计。

但是，在DSS数据仓库环境中响应时间很宽松并不意味着响应时间不重要。在DSS数据仓库环境中，最终用户进行反复性开发工作。这意味着下一个层次的开发依赖于当前分析中所得到的结果。如果最终用户进行反复性分析，并且周转时间只有10分钟，那么，将比周转时间多达24小时的情况具有更高的生产率。因此，在DSS环境中，响应时间与生产率之间存在十分密切的关系。DSS环境中响应时间只是非关键性的，并不意味着它无关紧要。

能测量DSS环境中的响应时间是对响应时间进行管理的第一步。仅据此一点，监控DSS活动就是非常重要的步骤。

在DSS环境中响应时间度量的问题之一是"要度量什么？"在OLTP环境中，要度量什么的答案是显而易见的。发出请求、接受并服务，然后返回给最终用户。在OLTP环境中，响应时间的度量是从请求被提交的时刻算起到结果被返回的时间。但是DSS数据仓库环境不同于OLTP环境，因为数据返回的时间的度量不明确。在DSS数据仓库环境中，经常有作为查询结果返回的大量数据。其中一些数据在某一时间返回，另一些数据在晚些时候返回。定义数据仓库环境中数据返回时间不是件容易的事。一种解释是数据第一次返回的时间；另一种解释是数据最后一次返回的时间。对响应时间度量还有很多其他可能的解释。DSS数据仓库活动监控程序必须能提供多种不同的解释。

在数据仓库环境中使用监控程序的一个根本问题是在哪里进行监控。能进行监控工作的一个地方是最终用户终端。这是做监控工作的一个方便位置，因为这里有很多空闲的机器周期，并且在这里进行监控工作对系统性能只有很小的影响。但是，在最终用户终端监控系统意味着需要对每个被监控的终端进行管理。在一个单独的DSS网络中，可能有多达10 000台终端，试图对每个终端的监控工作进行管理几乎是不可能的。

另一个途径是在服务器层次对DSS系统进行监控。在查询已被明确表述并且传给管理数据仓库的服务器后，开始进行监控。毫无疑问，在此处管理监控程序要容易得多。但是存在系统范围内性能下降的很大可能性。因为监控程序使用服务器资源，监控程序影响整个DSS数据仓库环境的工作性能。监控程序的位置是必须仔细考虑的重要问题，要在管理的方便性和降低性能之间进行权衡。

监控程序最有效的用途之一是能够将今天的结果与每天平均的结果进行比较。发现异常时，能够回答"今天与每天平均的结果有什么不同？"这通常是有好处的。在大多数情况下会发现性能变化不如想象中那么差。但为了做这样的比较，需要一个"每天平均概况"。"每天平均概况"包括了DSS环境中描述一天情况的各种标准的重要度量指标。一旦对当天的情况进行了度量，就可以与每天平均概况进行比较。

当然，每天平均值总是随时间变化的。定期地跟踪这些变化，就能观测出系统长期变化的趋势。

1.7 小结

本章讨论了数据仓库的起源及其所适合的更大的体系结构化环境。这个体系结构化环境伴随着信息处理的各个不同阶段的历史一直演化发展。体系结构化环境中的数据和处理有四个层次——操作层、数据仓库层、部门/数据集市层和个体层。

数据仓库是根据源自操作型环境中的应用数据建立起来的。把这些应用数据转到数据仓库中时要进行集成。数据集成的任务是非常复杂和乏味的。数据从数据仓库流入部门/数据集市环境。部门/数据集市环境中的数据是根据部门的独特处理需求形成的。

数据仓库是在一种与传统应用系统使用的开发方式完全不同的另一种方式指导下开发的。传统应用是按照SDLC开发生命周期开发的，而数据仓库则是在一种螺旋式开发方法学的指导下开发的。螺旋式开发方法要求先开发完成数据仓库的几个小部分，然后对数据仓库的其他小部分以反复的方式进行开发。

数据仓库环境的用户以一种完全不同的方式使用系统。数据仓库用户不像操作型环境用户那样能够直接定义需求，而是工作在一种发现的模式下。数据仓库的最终用户说："给我看一下我说我想要的东西，然后，我才能告诉你我真正想要什么。"

第2章　数据仓库环境

数据仓库是体系结构化环境的核心，是决策支持系统（DSS）处理的基础。因为在数据仓库环境中有单一集成的数据源（数据仓库），并且对数据仓库中的粒度化的数据的访问非常容易，以及数据仓库本身就是数据可重用性和一致性的基础，所以，与传统数据环境相比，在数据仓库环境中DSS分析员的工作将要容易得多。

本章将介绍数据仓库的一些非常重要的特性。数据仓库是一个面向主题的、集成的、非易失的，随时间变化的用来支持管理人员决策的数据集合。数据仓库包含粒度化的企业数据。数据仓库中的数据可以用于很多不同的目的，包括为我们现在不知道的未来需求做准备。

数据仓库的面向主题性，如图2-1所示。传统的操作型系统是围绕公司的功能性应用进行组织的。对一个保险公司来说，应用问题可能是汽车保险、健康保险、人寿保险与意外伤亡保险。公司的主要主题域可能是顾客、保险单、保险费与索赔。而对一个生产商来说，主要主题域可能是产品、订单、销售商、材料单与原货物（raw goods）。对一个零售商来说，主要主题域可能是产品、库存单位（SKU，Stock-Keeping Unit）、销售、销售商等。不同类型的公司，其主题集合是不同的。

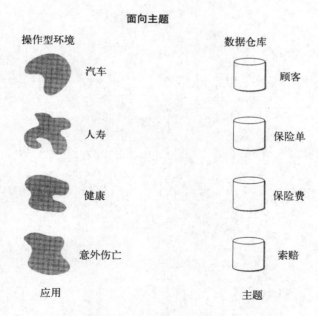

图2-1　数据面向主题的一个例子

数据仓库的第二个显著特点是集成。在数据仓库的所有特性之中，集成是最重要的。数据仓库中的数据是从多个不同的数据源传送来的。这些数据进入数据仓库，就进行转换，重新格式化，重新排列以及汇总等操作。得到的结果只要是存在于数据仓库中的数据就具有企业的单一物理映像（single physical corporate image）。图2-2说明了当数据由面向应用的操作型环境向数据仓库传送时所进行的集成。

应用设计人员多年来做出的各种设计决策有很多种不同的表示方法。过去，应用设计人员建立一个应用时，从来不会考虑他们正在操作的数据在将来的一天将不得不与其他数据进行集成。这样的考虑被认为是无稽之谈。这样做也导致了多个应用之间在编码、命名习惯、物理属性、属性度量单位等方面不存在任何一致性。每个应用设计人员都可以自由地做出自己的设计决策，结果就是任何两个应用之间都存在着巨大的差异。

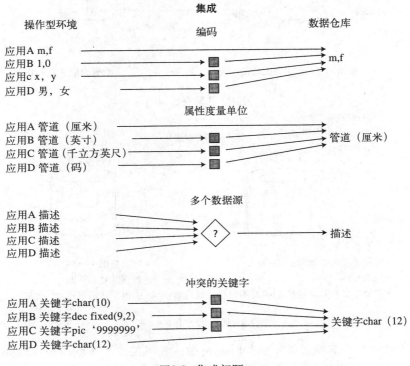

图2-2　集成问题

当数据进入数据仓库时，要采用某种方法来消除应用层的许多不一致性。例如，在图2-2中，考虑关于"性别"的编码，在数据仓库中数据编码为m/f还是1/0并不重要。重要的是，无论方法或源应用是什么，在数据仓库中应该一致地进行编码。如果应用数据编码为X/Y，当其进入数据仓库时就要进行转换。对所有的应用设计问题，都要考虑同样的一致性处理，比如命名习惯、关键字结构、属性度量单位以及数据物理特点等。

数据仓库的第三个重要特性是非易失的。图2-3说明了数据的非易失性和对操作型数据的访问和处理，一般按一次一条记录的方式进行。操作型环境中的数据一般是要周期性地更新的，但数据仓库中的数据呈现出一组非常不同的特性。数据仓库的数据通常（但不总是）以批量方式载入与访问，但在数据仓库环境中并不进行（一般意义上的）数据更新。数据仓库中的数据在进行装载时是以静态快照的格式进行的。当产生后继变化时，一个新的快照记录就会写入数据仓库。这样，在数据仓库中就保存了数据的历史状况。

数据仓库的最后一个显著特性是随时间变化。时变性的意思是数据仓库中的每个数据单元只是在某一时间是准确的。在一些情况下，记录中加有时戳，而在另外一些情况下记录则包含一个事务的时间。总之，任何情况下，记录都包含某种形式的时间标志用以说明数据在那一时间是准确的。图2-4给出了数据仓库中的数据随时间变化特性的几种表示方法。

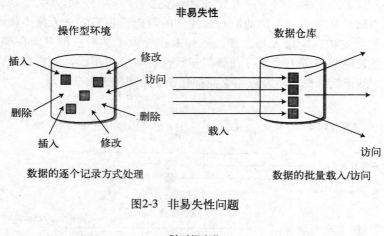

图2-3 非易失性问题

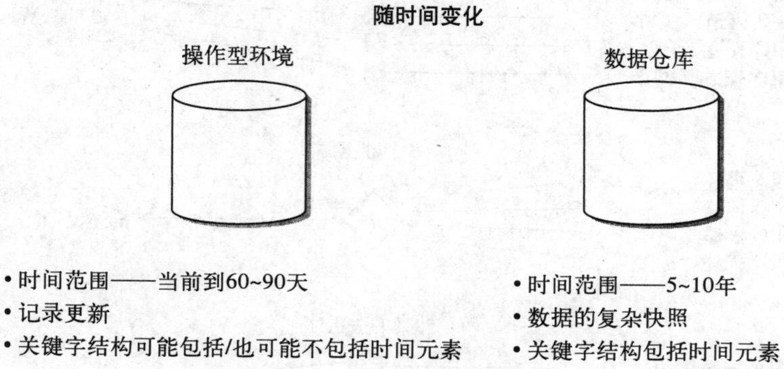

图2-4 随时间变化的问题

不同的环境中有与其相关的不同的时间范围。时间范围是环境中表示时间的长度参数。数据仓库中的数据时间范围要远远长于操作型系统中的数据范围。操作型系统的时间范围一般是60~90天，而数据仓库中数据的时间范围通常是5~10年。由于这种在时间范围上的差异，数据仓库含有比任何其他环境中都多的历史数据。

我们可以扩充数据仓库使其包含"高速缓冲"或"溢出"区域，通常称为近线存储。近线存储中的数据仅仅是数据仓库中数据的扩充。使用近线存储开销很小。近线存储的时间范围几乎是无限的——10年，15年，20年，甚至更长。

操作型数据库含有当前值数据，这些数据的准确性在访问时是有效的。例如，银行能及时地知道每个储户在任何时间的存款数目；保险公司在任何时候都能及时地知道有哪些保险单有效；而航空公司能及时地知道谁预定了某个航班。这样，当前值数据随业务状况变化而被更新。银行余额在用户存入时修改。保险所包含的项在顾客撤销其中某项时修改。航空公司在乘客订了机票后从表中删掉一个座位。而数据仓库中的数据与当前值数据不同。数据仓库中的数据仅仅是一系列在某时刻生成的复杂的快照。这一系列快照使数据仓库保留了活动和事件的历史记录，这在那些只能找到当前值的环境中是绝不可能的。

操作型数据的关键字结构可能包含也可能不包含时间元素，如年、月、日等。而数据仓库的关键字结构总是包含时间元素。数据仓库记录中嵌入的时间可以采用多种形式，如为每个记录加时戳，为整个数据库加时戳，等等。

2.1 数据仓库的结构

图2-5表明在数据仓库环境中数据存在着不同的细节级：早期细节级（通常是存储在备用海量存储器上）、当前细节级、轻度综合数据级（数据集市级）以及高度综合数据级。数据由操作型环境导入数据仓库。相当数量的数据转换通常发生在数据由操作层向数据仓库层传输的过程中。

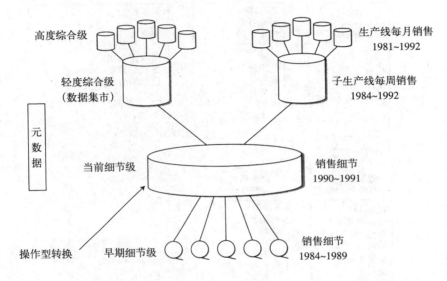

图2-5　数据仓库的结构

一旦数据过期，就由当前细节级进入早期细节级。综合后的数据由当前细节级进入轻度综合数据级，然后从轻度综合数据级再进入高度综合数据级。

2.2 面向主题

数据仓库面向在高层企业数据模型中已定义好的企业主题域。典型的主题域有：
- 顾客。
- 产品。
- 交易或活动。
- 政策。
- 索赔。
- 账目。

在数据仓库中，每一个主要主题域都是以一组相关的表来具体实现的。一个主题域可能由10个，100个或更多的相互关联的物理表构成。例如，一个顾客主题域的实现可能如图2-6所示。

在图2-6中有五个相关的物理表，每个表设计来实现顾客这个主要主题域的一部分。其中有一个定义于1985年～1987年的顾客基本信息表，另一个是定义于1988年～1990年的顾客基本信息表。还有一个1986年～1989年间累积起来的顾客活动表。每个月根据每一顾客当月的活动情况写入一条汇总记录。

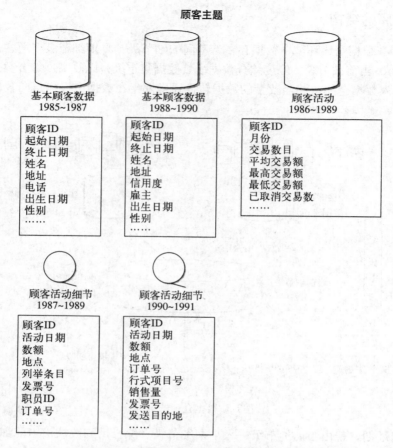

图2-6　数据仓库中的数据用主要主题域（这里是顾客）来组织

　　还有1987年～1989年顾客的详细活动文件和1990年～1991年的其他文件。文件中数据的定义因年份不同而不同。

　　顾客主题域的所有物理表通过一个公共关键字联系起来，图2-7表明了用公共关键字顾客标识号（顾客ID）将在顾客主题域中所找到的所有数据联系起来。顾客主题域另一个有趣的特征是其数据可以存储在不同的介质上，如图2-8所示。即使一个物理表与存储在磁盘上的其他数据相关联，也并不能说明这个表就一定要存储在磁盘上。

　　图2-8表明一些相互关联的主题域数据存储在直接存取存储设备（DASD）上，还有一些数据存储在磁带上。数据存储在不同介质上意味着在数据仓库中可能有多个数据库管理系统（DBMS）对数据进行管理，或者某些数据根本没有被某个DBMS管理。不能仅仅因为数据存储在磁带或其他存储介质上而不在磁盘上，就认为它不是数据仓库的一部分。

　　访问频繁且占用存储空间小的数据存放在快速且相对昂贵的存储介质上；访问较少且占用存储空间大的数据存放在廉价、慢速的存储介质上。一般说来，早期的数据访问机会较少，当然也并不总是如此。通常，早期数据存储在磁盘以外的介质上。

　　DASD和磁带是数据仓库中最多应用的两种数据存储介质，但也并非只能用这些介质，另外两种不容忽视的介质是缩微胶片和光盘。缩微胶片适于存储详细的且无需在电子媒体中再次复制的记录。合法的记录经常在缩微胶片上存放一个不确定的时期。光盘特别适合于用作数据仓库的存储介质，因为它廉价、速度较快且能存储大量的数据。另一点是因为数据仓库中的数据一旦载入几乎从来不用更新，这个特征使光盘存储成为数据仓库非常理想的选择。

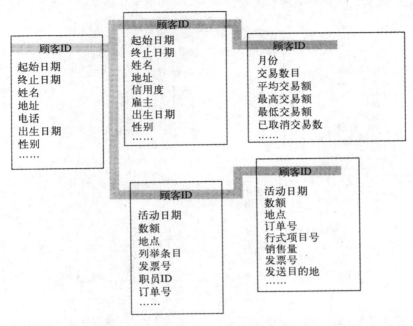

图2-7　属于同一主题域由一个公共关键字联系起来的数据集合

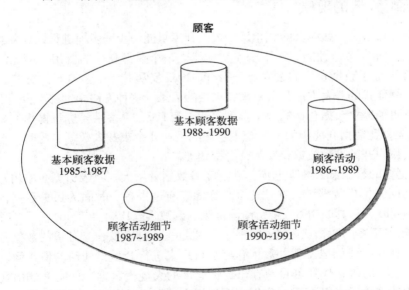

图2-8　数据仓库中的主题域可能包含不同介质上的数据

这些文件（如图2-8所示）另一个有趣的特征是相同的数据既有综合级，又有细节级。每月活动是综合的。同时，支持每月活动的细节存放在数据的磁带级上。这就是本章后面要讨论的"粒度转换"的一种形式。

当数据围绕主题（这里是顾客）组织时，每个关键字都有一个时间元素。如图2-9所示。

一些表是以"起始日期到结束日期"为基础组织的，称为数据的连续组织。另外一些表是在"每月累积"的基础上进行组织的。还有一些是在"记录或活动的单独日期"的基础上组织的。但是，所有记录都有某种形式的日期连接到关键字，通常是关键字的较低的部分。

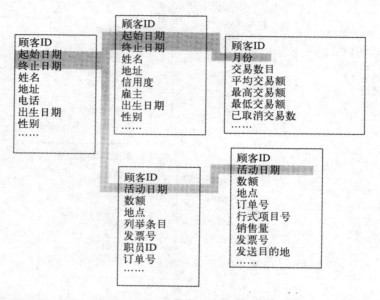

图2-9 数据仓库中的每个表都有时间元素作为关键字结构的一部分（通常是较低的部分）

2.3 第1天到第n天的现象

建立数据仓库不是一蹴而就的。相反，数据仓库只能一步一步地进行设计并载入数据，即它是进化性的，而非革命性的。一下子完整地建立一个数据仓库的费用、所需的资源和对环境的破坏，都决定了数据仓库的建立要采用有序地反复和一步一步进行的方式。对于数据仓库开发而言，爆炸式的开发方法只会带来灾难性的后果，这种方法永远都不会是合适的选择。

图2-10说明了建立数据仓库的一个典型过程。第1天，熟悉主要进行操作型事务处理的原有系统。第2天，往数据仓库中的第一个主题域的最初几个表载入数据。此时，会引发用户的一定的好奇，用户开始见到数据仓库和分析型处理。

第3天，更多的数据载入数据仓库，并且随着数据量增大，将吸引更多的用户。一旦用户发现较容易访问到集成数据源，并且这个数据源存有过去各个时间的历史数据，就不仅仅是好奇了。大约此时，认真的DSS分析员渐渐被吸引到数据仓库中。

第4天，随着更多的数据载入数据仓库，一批过去存储在操作型环境的数据被适当地放入数据仓库中。现在，我们"发现"数据仓库是可用来进行分析型处理的信息源。各种各样的DSS应用出现了。的确，伴随着目前存于数据仓库的大规模数据，此时开始出现如此多的用户和如此多的处理请求，以至于一些用户因数据仓库非常难以进入而感到厌烦。进入数据仓库的竞争成为使用数据仓库的障碍。

第5天，部门数据库（数据集市，或OLAP）开始兴起，各部门发现通过把数据从数据仓库调入它们自己的部门处理环境，会使它们的处理成本降低且容易进行。随着数据到达部门级，也会吸引几个DSS分析员。

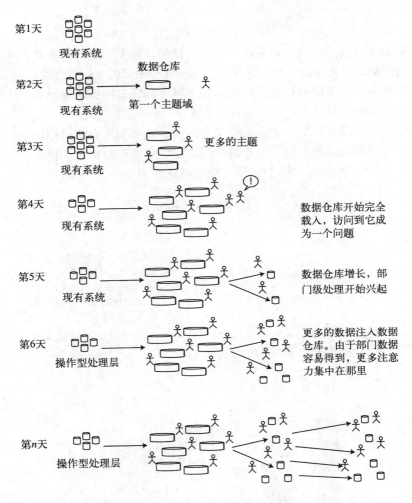

图2-10 第1天到第n天的现象

第6天，部门系统出现繁忙，多维系统出现了。得到部门级数据比获得数据仓库的数据成本更低、更快、更容易。很快最终用户就放弃了从数据仓库中去取细节数据，转去进行部门级处理。

第n天，这种体系结构得到充分发展。生产系统的原始集合中只剩下操作型处理。数据仓库具有丰富的数据，并有一些数据仓库的直接用户和许多部门数据库。因为在部门级上获得处理所需要的数据既容易又便宜，所以大部分DSS分析处理都在部门级进行。

当然，从第1天到第n天的演变需要很长的时间，通常不是以天来计，而是需要几年。并且在从第1天到第n天的处理过程中，DSS环境也在不断地提高和起作用。

这时，好像蜘蛛网以一种更大、更宏大的形式重新出现在我们面前。虽然解释起来相当复杂，但事实完全不是这样的。要进一步了解深入为什么体系结构化环境不只是重建起来的蜘蛛网环境，请参考"The Cabinet Effect"，*Data Base Programming Design*，May 1991。

这里介绍的从第1天到第n天的现象是建立数据仓库的一种理想的方式。实际还有很多其他方式。首先建立数据集市就是其中一种，但这种方式缺少远见，而且会导致大量浪费。

2.4 粒度

粒度问题是设计数据仓库的最重要的方面。确实，粒度问题对数据仓库环境所处的整个体系结构都有影响。粒度指的是数据仓库中数据单元的细节程度或综合程度的级别。

细节程度越高，粒度级就越低；相反，细节程度越低，粒度级就越高。例如，一个简单的交易处于低粒度级；而每月所有交易的汇总则处于一个高粒度级。

数据的粒度一直以来都是一个主要的设计问题。在早期建立的操作型系统中，就考虑到了粒度问题。当更新细节数据时，几乎总是假定把它存放在最低粒度级上。但在数据仓库环境中，对粒度不作这种假设。图2-11说明了粒度问题。

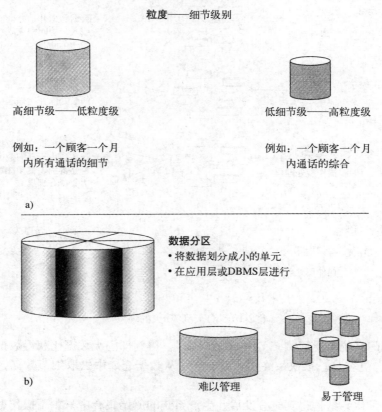

图2-11 数据仓库主要设计问题：粒度、分区和适当设计

在数据仓库环境中粒度之所以是最重要的设计问题，是因为它会深刻地影响存放在数据仓库中的数据量的大小以及数据仓库所能回答的查询类型。数据仓库中数据量的大小与查询的细节程度成反比。粒度级别越低，查询范围越广泛，反之，粒度级别越高，查询越少。

大多数情况下，数据在进入数据仓库时的粒度级别太高，这意味着在数据存入数据仓库之前，开发人员必须花费大量设计和开发资源对这些数据进行拆分。然而也有一些时候，数据进入数据仓库时的粒度级别太低。在网络电子商务环境中产生的网络日志数据（通常称为"点击流数据"）就是一个粒度级别太低的例子。要使得网络日志中的点击流数据粒度适合于数据仓库环境，必须先对这些数据进行编辑，过滤和汇总。

2.4.1 粒度带来的好处

许多企业见到数据仓库对各种不同类型DSS处理提供了一个有力的基础平台后都十分惊异。这些机构最初可能只是为某一个用途建立了数据仓库，但他们很快发现数据仓库能同样用于其他DSS处理。虽然建造数据仓库的基础结构非常昂贵和困难，但却是一劳永逸的事。合理建造的数据仓库将会为企业提供一个非常灵活的可重用基础平台。

数据仓库中粒度化的数据是重用性的关键，因为它可以由众多用户以不同方式使用。例如在公司内，同一个数据可同时满足市场、销售和财务部门的需要。三个部门见到的基本数据是相同的。市场部可能想了解各地区的每月销售情况，销售部可能想了解每周各地区不同销售人员的销售情况，财务部可能想了解各生产线的可认可的季度收入情况。尽管有略微的不同，所有这三种类型的信息都紧密相连。数据仓库使得不同的部门可以从它们希望的角度来观察数据。

可以从不同角度观察数据只是数据仓库这个可靠基础平台带来的好处之一。另一个好处是，如果需要的话，可以利用数据仓库对数据进行一致性协调。因为数据仓库是所有人都依赖的单一基础，当需要对两个或多个不同部门的分析结果的差异进行解释时，这种一致性协调过程就相对简单多了。

数据仓库低级别粒度的另一个好处是灵活性。假设市场部想更改他们观察数据的角度，由于已经有了数据仓库这个基础平台这种更改就可以很容易地完成。

粒度化的数据带来的另一个好处是其中包含了整个企业的活动和事件的历史。而且粒度级别足够详细，使得整个企业的数据为满足不同的需要而进行重构。

或许，数据仓库这个基础平台可能带来的最大好处就是可以容纳将来未知的需求。假设对观察数据有新的需求，比如美国国会通过了新法案，或石油输出国组织（OPEC）修改了他们的石油分配规则，或是股市暴跌。由于这些改变不可避免，于是对信息的新需求也就源源不断。数据仓库可以使企业对这些改变很快地做出反应。当产生新的需求并且需要信息时，数据仓库总是为分析做好了准备，于是企业也就准备应对处理新需求。

2.4.2 粒度的一个例子

图2-12表示了粒度问题的一个例子。左边是一个低粒度级，每个活动（这里是一次通话）都详细记录下来。到月底，每个顾客平均有200条记录（全月中每次通话都有一条记录），因而，总共大约需要40 000个字节。

图的右边是一个高粒度级。高细节级指的是低粒度级；低细节级指的是高粒度级。示于图2-12（右边）的数据处于高粒度级，表示的是汇总后的信息。其中每条记录汇总了一名顾客一个月来的活动情况，大约需要200字节。

显然，如果数据仓库的空间很有限的话（数据量总是数据仓库中的首要问题），用高粒度级表示数据将比用低粒度级表示数据的效率要高得多。

高粒度级不但只需要少得多的字节来存放数据，而且只需要较少的索引项。然而，数据量大小和原始空间问题不是仅有的应考虑的问题。访问大量数据所需的处理能力的程度同样也是应考虑的一个因素。

因此，数据压缩在数据仓库中非常有用。数据被压缩后会大大节省所用的DASD存储空间，节省所需的索引项，以及节省处理数据的处理器资源。

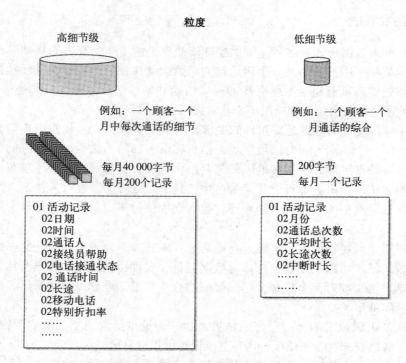

粒度

高细节级

低细节级

例如：一个顾客一个
月中每次通话的细节

例如：一个顾客一个
月通话的综合

每月40 000字节
每月200个记录

200字节
每月一个记录

01 活动记录
　02日期
　02时间
　02通话人
　02接线员帮助
　02电话接通状态
　02 通话时间
　02长途
　02移动电话
　02特别折扣率
　……

01 活动记录
　02月份
　02通话总次数
　02平均时长
　02长途次数
　02中断时长
　……
　……

图2-12　确定粒度级别是数据仓库环境中最重要的设计问题

　　但是当提高粒度级时，数据压缩会引发另一个问题，如图2-13所示，我们必须做出权衡。提高数据粒度级时，数据所能回答查询的能力就会随之降低。换句话说，在一个很低的粒度级，你实际上可以回答任何问题；但高粒度级限制了数据所能处理的问题的数量。

　　确定体系结构中的哪些实体需要从数据仓库获取数据是粒度设计时应当考虑的另外一个问题。每个实体都有特殊的要求，因此，数据仓库设计必须满足这些实体需要的最低粒度级。

　　为了说明粒度对查询回答能力的影响，在图2-13中给出了这样的查询："Cass Squire上星期给他在波士顿的女友打过电话没有？"

　　在低粒度级上，这个问题是可以回答的。虽然这种回答将花费大量资源去查阅大量的记录，但是Cass上周是否给他在波士顿的女友打了电话最终总是可以确定的。

　　然而，在高粒度级上就无法明确地回答这个问题。假如在数据仓库中存放的只是Cass Squire某星期或某月打的电话总数，那么就不能确定其中是否有一个电话是打往波士顿的。

　　不过，在数据仓库环境中进行DSS处理时，对单个事件进行检查的情况是很少的。通常是查看某种数据集合，完成这种检查意味着要查阅大量记录。

　　例如，假设提出下面的聚集型查询问题："上个月人们平均从华盛顿打出多少个长途电话？"

　　在一个DSS环境中这种查询类型是非常常见的。当然，它既可以在高粒度级上也可以在低粒度级上得到回答。但在回答这个问题时，在不同的粒度级上所使用的资源具有相当大的差异。在低粒度级上回答这个问题要用非常细节的数据从而需要大量资源，所以需要查询每一个记录来回答这个问题。

　　但在高粒度级上，由于数据经过压缩更为简洁，所以能够很快提供一个答案。如果在高粒度级上包括了足够的细节，则使用高粒度级数据的效率将会高得多。

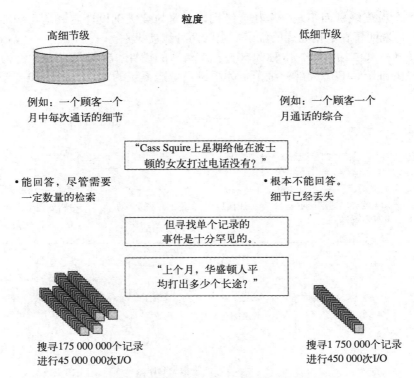

图2-13　粒度级别对于能回答什么问题和回答问题所需资源多少有深刻的影响

图2-14给出了确定数据粒度级时需要权衡的因素。在设计和构造数据仓库之初必须仔细权衡各种因素。

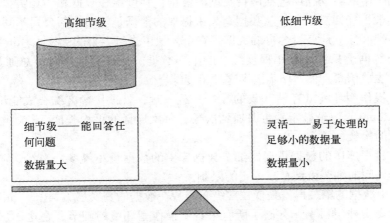

图2-14　粒度的权衡是固有的，所以大多数企业的最佳解决办法是采用多重粒度级的形式

2.4.3　双重粒度

很多时候，十分需要提高存储与访问数据的效率，以及能非常详细地分析数据的能力（换句话说，企业想有自己的蛋糕，并且吃了它！）。当一个企业或组织的数据仓库中拥有大量数据时，在数据仓库的细节部分考虑使用双重（或多重）粒度级别是很有意义的。事实上，

总是需要多个粒度级别而不是一个粒度级别,双重粒度级别设计应该是几乎每个机构的默认选择。图2-15表明了在数据仓库的细节层上的两种粒度级别。

图2-15（一家电话公司）中称为双重粒度级别的设计,能满足大多数机构的需要。在操作层是大量的细节,其中大部分细节是为了满足记账系统的需求。多达30多天的细节存放在操作层中。

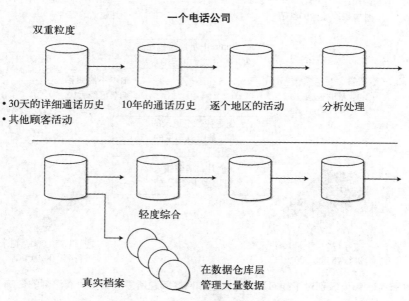

图2-15 大量数据使得大部分企业在数据仓库中需要使用两个粒度级

在这个例子中的数据仓库包括两种类型的数据:轻度综合数据和"真实档案"细节数据。数据仓库中的数据能回溯十年。从数据仓库中提取的数据是流向电话公司不同地区的"地区"数据,然后各地区独立地分析各自的数据。在个体层上进行各自的启发式分析处理。

轻度综合数据是只经过很小程度综合的细节数据。例如,按小时汇总通话信息。或者,按天汇总银行支票信息。图2-16示出了这种轻度综合。

当数据从操作型环境(存储30天的数据)载入时,就被按顾客综合成能用于DSS分析的多个字段。J Jones的记录显示她每月通话次数、每次通话的平均长度、长途电话的次数、接线员帮助呼叫的次数,等等。

轻度综合数据库中的数据量要比细节数据库中的数据量小得多。当然,在轻度综合级数据库中,对能访问的细节级别存在一定的限制。

数据仓库中数据的第二层(最低粒度级)存放在数据的真实档案层上,如图2-17所示。

在数据的真实档案层上,存储了所有来自于操作型环境的细节。在这一层上确实有大量的数据。由于数据量太大,因此,有必要将数据存放在如磁带或其他海量存储介质上。

通过在数据仓库创建两种粒度级,DSS设计者可一举两得。大部分DSS处理是针对被压缩的、存取效率高的轻度综合级数据进行的。如果需要分析更大的细节级(5%的时间或更少),可以到数据的真实档案层。在真实档案层上,访问数据将是昂贵的、麻烦的和复杂的事情,但如果必须进入这一细节级也只得如此。

当一种真实档案层数据搜索模式随着时间逐渐发展增多时,设计者可以在轻度综合级建立一些新的数据域,这样大部分的处理就可以在轻度综合级进行了。

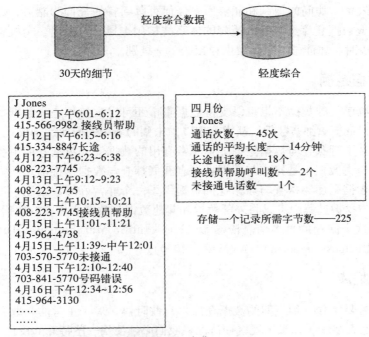

图2-16 采用数据的轻度综合，可以通过压缩表示大量数据

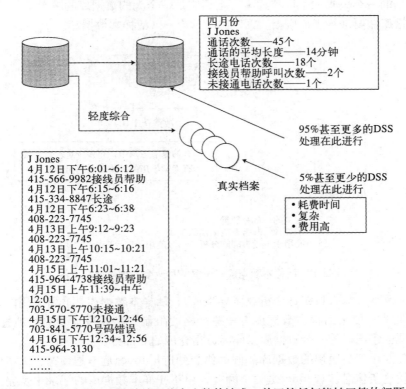

图2-17 双重粒度级可有效地处理绝大多数的请求，并回答任何能够回答的问题

鉴于费用、效率、访问的便利和能够回答任何可以回答的查询的能力，数据双重粒度级是大多数机构建造数据仓库细节级的最好的体系结构化选择。只有当一个机构的数据仓库环境中数据相对较少时，才能尝试采用数据粒度的单一级别。

2.5 探查与数据挖掘

数据仓库中粒度化的数据不但可以支持数据集市还可以支持探查与数据挖掘过程。探查与数据挖掘需要大量历史细节数据，从中找出以前未知的新颖的商业活动模式。

数据仓库包含了对探查与数据挖掘工具非常有用的数据源。数据仓库中经过清理的、集成的和有组织的历史数据正是探查与数据挖掘者开展探查与数据挖掘活动所需要的基础。值得注意的是尽管数据仓库为探查与数据挖掘者提供了一个非常好的数据源，但它并不是仅有的一个。在探查与挖掘过程中可以将外部数据和其他数据与数据仓库中的数据任意混合使用。读者要了解关于这个问题的更多信息请参考《Exploration Warehousing: Turning Business Information into Business Opportunity》（Wiley, 2000）。

2.6 活样本数据库

有时，可能需要建立一种不同的数据仓库。有些时候，对于正常的存取和分析来说，仓库中的数据实在是太多了。如果出现这种情况，我们必须使用一些特殊的设计方法。

活样本数据库是数据仓库的一种非常有趣的混合形式，当数据仓库中的数据量增长到非常大时，这种形式就变得非常有用了。活样本数据库是从数据仓库中取得的真实档案数据或轻度综合数据的一个子集。术语"样本"是指它是一个大的数据库的一个子集（样本），"活"是指这个数据库需要进行周期刷新。图2-18所示为一个活样本数据库。

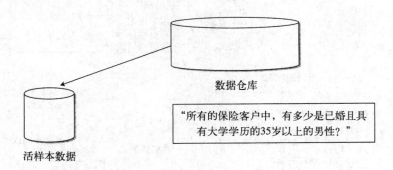

图2-18 活样本数据库——另一种改变数据粒度的方法

在某些情况下（如人口统计分析或概要生成），活样本数据库是非常有用的，并可以节约大量资源。但是，使用活样本数据库有一些严格的限制。除非设计者清楚地知道这些限制，否则就不应该创建这样的一个数据库以作为数据仓库的一部分。

活样本数据库不是通用的数据库。假如你想知道J. Jones是不是顾客，你不应该在活样本数据库中查找这条信息。J. Jones是一个顾客，但不在样本数据库的记录中是完全可能的。活样本数据库适用于作统计分析和观察发展趋势。当数据必须以整体观察时，活样本数据库能提供非常理想的结果，但决不适用于处理单个的数据记录。

建立活样本数据库的一个重要问题是如何装载数据，这决定了活样本数据库中的数据量以及其中的数据的随机程度。现在看一下活样本数据库的数据通常是如何载入的。它是用一个抽取/选择程序搜索一个大规模的数据库，选取1/100或1/1 000的记录，然后将这些记录送到活样本数据库。于是，最终的活样本数据库的大小将是原先数据库的1/100或1/1 000。在这个活样本数据库上进行的查询只需耗费直接在保存了全部数据的数据仓库上进行的查询所耗费资源的1/100或1/1 000。

对活样本中记录的选取一般是随机的，必要时可采用一个判断样本（即记录必须达到一定标准才能被选中）。判断样本所带来的问题会使活样本数据具有某种偏差，随机抽取数据带来的问题可能不具有统计意义。不管如何选择，总是可以将数据仓库的一个子集选择作为活样本数据库。因为在活样本数据库上进行的处理并不要求数据仓库中的每一条记录都包含在其中，所以在活样本数据库中可能找不到某一给定的记录是无关紧要的。

活样本数据库的最大好处是存取效率非常高。因为活样本数据库的大小要比从中导出它的大数据库小得多，所以对它进行访问和分析也相对更高效。

换句话说，一个分析员可能花24小时来浏览与分析一个大数据库，而浏览与分析一个活样本数据库则可能只需10分钟。在进行启发式分析时，周转时间对可以进行的分析而言是至关重要的。在启发式分析中，分析员运行程序、分析结果、修改程序、再运行程序。如果执行程序就花去24小时，分析和修改程序的过程就会大大削弱（更不用说修改所需的资源）。

如果使用10分钟内就足以浏览完的活样本数据库，分析员能很快地完成这个反复过程。总之，DSS分析员的生产效率是由进行整个分析过程的速度来决定的。

一种观点认为进行统计分析会导致错误的结论。例如，分析员分析一个有25 000 000条记录的大文件，确定路上56.7%的汽车司机是男性。而使用活样本数据库，分析员只用25 000个记录确定路上55.9%的汽车司机是男性。前一种分析比后一种分析需要的资源大得多，而计算得出的结论差异却非常非常小。毫无疑问，用大规模数据库进行分析会比较精确，但这种精确的代价实在太高了，尤其在迭代式进行的启发式处理时，这种代价更是难以承受。

如果需要非常高的精确度，行之有效的方法是将要求形式化，并在活样本数据库上进行反复处理。这样做，DSS分析员可较快地将要求形式化。当进行过几次反复分析从而理解了需求以后，在大规模数据库上仅运行最后一次。

采用活样本数据是在数据仓库中改变粒度级，以便于进行DSS处理的另一种方法。

2.7 分区设计方法

数据仓库中数据的第二个主要设计问题（在粒度问题之后）是分区（参见图2-11b）。数据分区是指把数据分散到可独立处理的分离物理单元中去。在数据仓库中，围绕分区问题的焦点不是该不该分区而是如何分区的问题。

人们常说，如果粒度和分区都做得很好的话，则数据仓库设计和实现的几乎所有其他问题都容易解决。但是，假如粒度处理不当，并且分区也没有认真地设计与实现，这将使其他方面的设计难以真正实现。

恰当地进行分区可以给数据仓库在多个方面带来好处：

• 数据装载。
• 数据访问。

- 数据存档。
- 数据删除。
- 数据监控。
- 数据存储。

恰当地进行数据分区使得数据可以增长，并且可以进行管理。反之，如果数据分区不适当，则会为数据增长和管理造成许多困难。

当然，还有数据仓库其他的重要设计问题，将在后面的章进行讨论。

数据分区

在数据仓库环境中的问题不是要不要对当前细节数据进行分区，而是如何对当前细节数据进行分区。数据分区如图2-19所示。

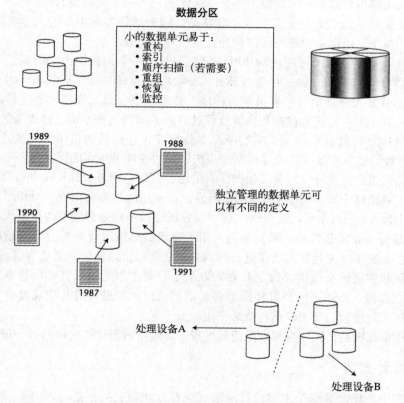

图2-19 独立管理的数据分区可以送到不同的处理设备，而无需顾及系统中其他的问题

对当前细节数据进行分区的目的是把数据划分成小的可管理的物理单元。数据分区为什么如此重要呢？这是因为运行维护人员和设计者在管理小的物理单元时将比管理大的物理单元时享有更大的灵活性。

当数据存放在大的物理单元中时，以下这些任务将无法轻松地进行：

- 重构。
- 索引。
- 顺序扫描（若需要）。

- 重组。
- 恢复。
- 监控。

简单地说，数据仓库的本质之一就是灵活地访问数据。如果是大块的数据，就达不到这一要求。因而，对所有当前细节的数据仓库数据都要进行分区。

当结构相似的数据被分到多个数据的物理单元时，数据便被分区了。此外，任何给定的数据单元属于且仅属于一个分区。

有多种数据分区的标准。例如，按：

- 时间。
- 业务范围。
- 地理位置。
- 组织单位。
- 所有上述标准。

数据分区的标准完全由开发人员来决定。然而，在数据仓库环境中，日期几乎总是分区标准中的一个必然组成部分。

将人寿保险公司如何选择数据分区标准作为一个例子，来看看下列数据的物理单元

- 2000年健康索赔。
- 2001年健康索赔。
- 2002年健康索赔。
- 1999年人寿保险索赔。
- 2000年人寿保险索赔。
- 2001年人寿保险索赔。
- 2002年人寿保险索赔。
- 2000年意外伤亡索赔。
- 2001年意外伤亡索赔。
- 2002年意外伤亡索赔。

这个保险公司使用了日期即年，和索赔类型作为标准来对数据分区。

数据分区可以采用多种方式。数据仓库开发人员面临的主要问题之一是在系统层上还是在应用层上对数据进行分区。在系统层上进行分区在一定程度上是某些DBMS和操作系统的一种功能。在应用层上进行分区由设计的应用程序代码完成，而且只由开发者和程序员严格控制。因而，当在应用层上进行数据分区时，DBMS和系统不知道一个分区与另一个分区之间的关系。

通常，在应用层上对数据仓库数据分区是很有意义的。这是有一些重要原因的，最重要的是，在应用层上每年的数据可以有不同的定义。2000年和2001年的数据定义，可以相同也可以不相同。仓库中数据的本质是长期积累的数据。

当数据在系统层上分区时，DBMS不可避免地希望只有一种数据定义。假定数据仓库中保存的数据时间较长（如达到10年），而且数据定义经常变化，让本应该只有一种数据定义的DBMS或操作系统去管理这个系统将是毫无意义的。

允许在应用层上而不是DBMS层上管理数据分区，可以将数据从一个处理设备转移到另一个处理设备而不会带来问题。在数据仓库环境中，当工作负载和数据量成为真正的负担时，这种特点就是一种真正的优点。

对数据分区最严峻的考验是提出这样的问题："能否在分区中加入索引而不会明显地妨碍其他操作？"如果一个索引能随意加上去的话，那么这种分区就足够理想了。如果索引不能很容易地加入，那么这个分区还要分得更精细一点。

2.8 数据仓库中的数据组织

迄今为止，我们还没有详细研究数据仓库中所建立的数据结构是怎样的。数据仓库中有多种数据组织形式，我们将讨论几类比较常见的结构。

数据仓库中最简单最常用的数据组织形式也许是简单堆积结构，如图2-20所示。

图2-20表示从操作型环境中传输的日常事务记录，再综合成数据仓库记录。这个综合可根据顾客、账目或者根据任何数据仓库的主题域来进行。图2-20中的事务处理是以天进行综合的。换句话说，对一个顾客的一个账号每天的所有活动进行合计，并在一天一天的基础上进入数据仓库。

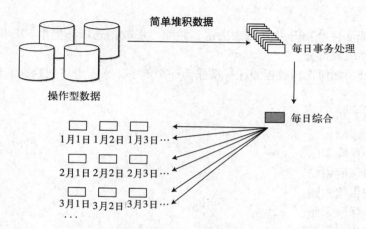

图2-20 数据仓库中最简单的数据组织形式是以逐个记录为基础堆积的数据，称为简单堆积数据

图2-21表示简单逐日堆积数据的一个变种，称为轮转综合数据存储。

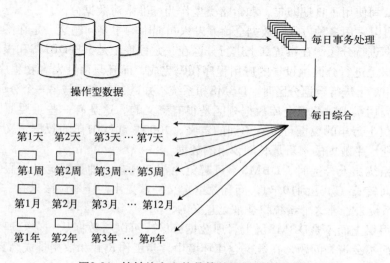

图2-21 轮转综合文件是简单堆积文件的变种

数据用与前面相同的处理方法从操作型环境进入到数据仓库环境中。然而，在轮转综合数据中，数据载入到一种完全不同的结构中。第一周的七天中的活动逐一综合到七个相应的日槽中，到第八天，将七个日槽加到一起，并放入第一个周槽中。然后，第八天的日总计加到第一个日槽中。

月底将各个周槽加到一起，并放入第一个月槽中，然后各个周槽清零。到了年底，将每个月槽加到一起，放入第一个年槽中，然后每个月槽清零。

轮转综合数据结构与数据的简单堆积结构相比，仅处理非常少的数据单元。它们之间的优缺点比较如图2-22所示。

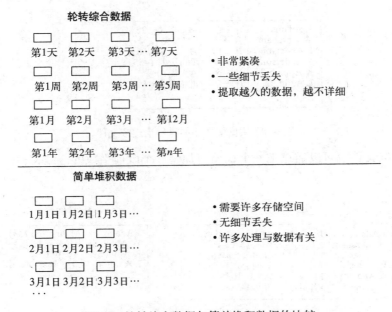

图2-22 轮转综合数据与简单堆积数据的比较

数据仓库数据的另外一种组织形式是简单直接文件，如图2-23所示。

图2-23表明，数据仅仅是从操作型环境被拖入数据仓库环境中，并没有任何累积。另外，简单直接文件不是在每天的基础上组织的，而是以较长时间生成的，比如一个星期或一个月。因此，简单直接文件是操作型数据间隔一定时间的一个快照。

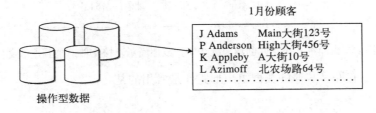

图2-23 简单直接文件——另外一种数据仓库结构

依据两个或更多的简单直接文件能生成一种连续文件。图2-24把1月份和2月份的两个数据快照合并，创建数据的一个连续文件。连续文件中的数据表示从第一个月到最后一个月的连续数据。

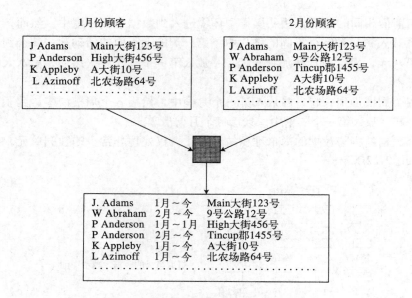

图2-24 从直接文件创建一个连续文件

当然，连续文件也可以通过把一个快照追加到一个以前生成的连续文件上来创建，如图2-25所示。

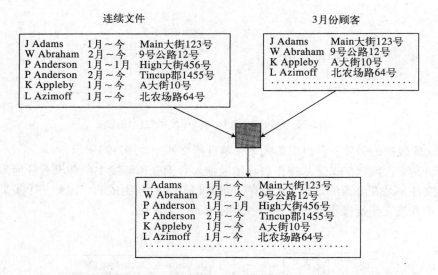

图2-25 由简单直接文件创建连续文件，或把简单直接文件追加到连续文件

数据仓库中还有许多其他的数据组织形式，最常用的是：
- 简单堆积。
- 轮转综合。
- 简单直接。
- 连续。

在关键字层，数据仓库的关键字总是复合关键字，这有两种强制性的理由：
- 日期——年、年/月、年/月/日，等等，几乎总是关键字的一部分。

• 因为数据仓库中的数据是分区的,分区的不同部分表现为关键字的一部分。

2.9 审计与数据仓库

伴随数据仓库出现的一个有趣的问题是:是否能够或应该在数据仓库中进行审计。答案是能对数据仓库进行审计。并且已经有几个在数据仓库中进行详细审计的例子。然而有更多的理由表明,即使能对数据仓库进行审计,也不应该从中进行。不这样做的主要原因如下:

• 原先在数据仓库中没有的数据会突然出现。
• 当需要审计能力时,数据进入数据仓库的时间标定过程会发生急剧变化。
• 当需要审计能力时,数据仓库的备份和恢复限制会发生急剧变化。
• 在仓库中审计数据会使仓库中数据的粒度处于最低的级别上。

总之,在数据仓库环境中进行审计是可能的,但是审计带来的复杂性使得审计在其他地方进行更有意义。

2.10 数据的同构/异构

数据仓库中数据的所有记录类型是相同的,在这一意义下,乍看起来数据仓库中的数据也是同构的。而事实上,数据仓库中的数据是异构的。数据仓库中的数据被分到称为主题域的主要子划分中。图2-26表示一个有产品、顾客、销售商及交易这几个主题域的数据仓库。

数据仓库中数据的第一次划分是按照公司主要主题进行的。但是,对每一个主题域还有更细的划分。主题域中的数据又划分到多个表中。图2-27表示产品这一主题域进一步划分到表中的情形。

如图2-27所示五个表构成了数据仓库中的产品主题域。每个表都有自身的数据,但这一主题域中的每一个表又共享同一主线——产品,即键/外键数据单元。

在构成主题域的物理表中还有更细的划分。这些划分是按照出现数据值的差异创建的。例如,在产品发货表中,有一月发货,二月发货,三月发货,等等。

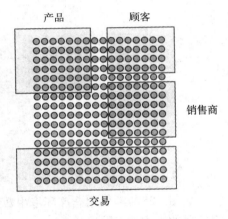

图2-26 数据仓库中不同部分的数据属于不同的主题域

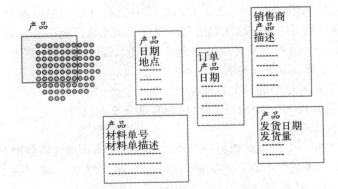

图2-27 产品主题域中有多个不同类型的表,每个表都以通用产品ID作为关键字的一部分

因此数据仓库中的数据按下列标准划分：

· 主题域。

· 表。

· 数据在表中的出现。

数据仓库中数据的这种组织方式使得数据能够基于数据仓库数据建立的体系结构各个部分容易地访问和理解。结果如图2-28所示，数据仓库与其中粒度化的数据成为许多不同应用的基础。

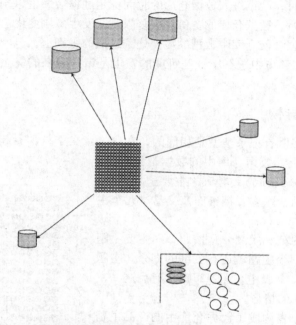

图2-28 数据仓库位于一个大框架的中心

如图2-28所示数据仓库环境中数据的简单优雅组织方式，我们可以针对多种不同的目的以不同的方式访问数据。

2.11 数据仓库中的数据清理

数据并非永久地注入数据仓库，它在数据仓库中也有自己的生命周期。到了一定时候，数据将从仓库中清除。数据清理问题是数据仓库设计人员无法回避的基本设计问题之一。

从某种意义上讲，数据根本没有从数据仓库中清除，而仅是上升到更高的综合级。数据清理或数据细节转化主要有以下几种方式：

· 数据加入到失去原有细节的一个轮转综合文件中。

· 数据从高性能的介质（如DASD）转移到大容量介质上。

· 数据从系统中被真正清除。

· 数据从体系结构的一个层次转到另一个层次，比如从操作层转到数据仓库层。

因而，在数据仓库环境之中有种种数据清理或者转化的方式。数据的生命周期（包括清除和最终档案转移）应该是数据仓库设计过程中活跃的一部分。

2.12　报表与体系结构化环境

如果说一旦数据仓库建立起来，所有的报表和信息处理都将在此实现。这只不过是一种诱惑，情况确实不是这样。有一些适于在操作型系统中进行的报表处理类型。图2-29表明不同风格的处理应置于什么位置。

图2-29表明，操作型报表是为基层人员用的，基本在行式项目上。数据仓库或信息型处理主要关注管理，其中包含一些汇总数据或经过计算的信息。在数据仓库报表中，一旦基本数据计算完成，报表内容很少使用行式项目和细节信息。

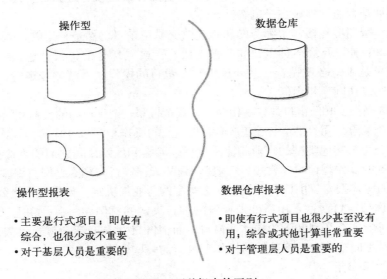

图2-29　两种报表的区别

我们以银行为例来说明操作型报表与DSS报表的不同。每天回家之前，出纳员都要结算所在窗口的现金余额。这意味着出纳员以一天开始时的现金量，结合这一天的交易，来确定一天结束时现金余额应该是多少。为了完成这项任务，出纳员需要一个当天所有交易的报表。这是一种操作型报表。

现在我们来看一看银行副行长在决定应该在一个新建的购物中心安放多少台新的ATM自动柜员机时的情况。副行长首先要了解大量信息，一些是从银行内部得到的，还有一些则是从银行外部得到的。副行长正在做一项长期的战略决策，因此，在决策时要使用典型的DSS信息。

操作型报表与DSS报表确实存在着差异。操作型报表处理应当总是在操作型环境的范围内完成。

2.13　各种环境中的操作型窗口

就最广泛的意义来说，档案表示的是比现在早的东西。因此，30秒之前购买面包的信息是档案信息。唯一不是档案的信息就是当前的信息。

数据仓库是DSS处理的基础，其中包含的都是档案信息，而且大部分是至少24小时以前的。但是档案数据在体系结构化环境的其他地方也能找到，特别是在操作型环境中也能找到。

在数据仓库中，存有数量很大的、5~10年的档案数据是很常见的。由于档案数据时间范围很长的缘故，数据仓库中存有大量的数据。在操作型环境中的档案数据的时间范围称为数据的操作型窗口，一般不很长，只能从一个星期到两年。

但是操作型环境中的档案数据的时间范围不是在操作型环境中的档案数据和数据仓库环境中的档案数据间的唯一区别。不同于数据仓库，操作型环境的档案数据的数量不大，并且访问频繁。

为了理解在操作型环境中新鲜的、量不大的、被频繁访问的档案数据充当的角色，考虑一家银行的工作方式。在一个银行环境中，顾客可以合理地期望能找到有关这个月的交易处理的信息。如，这个月的租金支票清了没有？工资是什么时候存进去的？这个月的结余是多少？银行上星期是否通过转账交了电费？

银行的操作型环境包括非常细节的和新近的交易记录（仍然是档案的）。但是，指望银行能告诉顾客"5年前是否给杂货店开过一张支票？"或"10年前一张竞选捐款支票是否兑现了？"这种要求是不是合理呢？这些处理很难在银行的操作型系统领域进行。这些业务记录已经很旧了，所以访问率相当低。

行业之间的操作型时间窗口是各不相同的，甚至也因一个行业内的数据和活动类型而不同。

例如，一个保险公司可能有一个2~3年的相当长的操作型窗口。保险公司内部的事务处理率是很低的，至少与其他类型的行业相比是这样。顾客和保险公司之间的直接交互相对较少。相反，银行业务的操作型窗口非常短，一般从0到60天，银行与顾客之间有许多直接交互。

一家公司的操作型窗口由该公司属于什么类型的行业来决定。如果是个大公司，它可能拥有不止一个操作型窗口，这是由所处理业务的细目决定的。例如，在一家电话公司里，客户使用情况数据可能拥有30到60天的操作型窗口，而销售商/供货商活动可能拥有2到3年的窗口。

下面是针对不同行业中档案数据的操作型窗口的一些建议：

- 保险公司：2~3年
- 银行信托处理：2~5年
- 顾客使用电话情况：30~60天
- 供货商/销售商活动：2~3年
- 小额银行业务顾客账户活动：30天
- 销售商活动：1年
- 贷款：2~5年
- SKU活动：1~14天
- 销售商活动：1周~1个月
- 航班座位活动：30~90天
- 销售商/供货商活动：1~2年
- 公共事业顾客使用情况：60~90天
- 供应商活动：1~5年

操作型窗口的长度对DSS分析员而言非常重要，因为它决定了分析员在哪里进行不同的分析和能做什么类型的分析。例如，DSS分析员能对在操作型窗口里找到的数据进行单项分析，而不能做大的长期趋势分析。操作型窗口的数据适于高效单个访问，只有当数据移出操作型窗口后，才适于进行大量数据的存储和访问。

另一方面，DSS分析员能对在操作型窗口外找到的数据进行全盘趋势分析。在操作型窗口之外的数据能被整体地访问和处理，而访问任何一个单个数据单元都是不理想的。

2.14 数据仓库中的错误数据

体系结构设计人员必须清楚如何对数据仓库中的错误数据进行处理。首先假设到达数据仓库的错误数据是某种异常。如果错误数据是批量地进入数据仓库的，那么体系结构设计人员就有必要找出惹祸的ETL工具并做出调整。有时，即使是使用了最好的ETL处理工具，仍然会有些错误数据进入数据仓库环境，那么体系结构设计人员应该如何处理这些错误数据呢？

至少有三种选择。每一种方法都是优势与劣势共存，没有一种是绝对正确或错误。但在某些条件下一种选择会比另一种选择好。

例如，假设7月1日在操作型系统中，账户ABC加入了一条5 000美元的账目。7月2日在数据仓库中为账户ABC产生了这5 000美元账目的一个快照。接着，在8月15日发现了错误。这一账目不是5 000美元，而应是750美元。如何纠正数据仓库中的数据呢？

- **方法1**：进入7月2日的数据仓库并找到错误的条目，然后使用更新功能，将5 000美元替换为750美元。这样做无疑是一种干净彻底的解决方案，但它却引发了新的问题：
- 数据集成被破坏。所有在7月2日与8月16日之间生成的报表都将失去一致性。
- 更新必须在数据仓库环境中进行。
- 许多时候不是要修正一个条目，而是有很多很多的条目要修正。
- **方法2**：加入修正条目。8月16日加入两个条目，一条是－5 000美元，另一条是＋750美元。这是数据仓库中7月2日与8月16日之间数据仓库中最新数据的最好反映。但这样做也有一些缺点：
- 可能要修正很多条目，而非一个。要进行一项简单的调整也非常困难。
- 有时候由于修正公式非常复杂，以至于根本不可能进行调整。
- **方法3**：重新设置8月16日账户为正确数值。8月16日的账目反映了当时账户的余额，而不考虑以前的活动。8月16日加入一条750美元的条目。这种方法也有缺点：
- 及时简单地将账户重设为当前值需要对应用与过程进行约定。
- 这种重设的方法不能对过去的错误进行准确的解释。

方法3在月底不能结算支票支付账户余额时就可能会使用。你不会对银行都做了些什么刨根问底，而仅仅是接受银行的解释并重设账户余额。

当错误数据进入数据仓库时，至少有三种方法可以对它们进行处理。根据不同的条件，选择一种方法可能比其他方法更优越。

2.15 小结

数据的粒度与分区是进行数据仓库设计决策的两个最重要方面。对于大部分机构来说，采用双重粒度是非常有意义的。数据分区是将数据分解成为小的物理单元。通常，分区是在应用层而非系统层进行。

数据仓库开发最好是以反复的方式进行。首先，建立数据仓库的一部分，然后再建立另一部分。幻想一次建成数据仓库永远是不合适的。其中一个原因是数据仓库的最终用户工作于一种发现模式下，只有在数据仓库的第一次循环开发完成后，开发者才能确定数据仓库中究竟应该包含些什么。

数据仓库中数据的粒度是数据仓库设计中最重要的问题。非常低的粒度会带来大量数据，系统最终会被巨大的数据量所压垮。非常高的粒度虽然处理起来高效，但却不能进行许多需要细节数据的分析。此外，数据仓库中粒度的选择应当在清楚地知道哪些体系结构部件需要从数据仓库获取数据的前提下进行。

令人惊奇的是有许多设计也可以用来处理粒度的问题。其中一种方法是建立一个服务于不同类型查询与分析的双重粒度的多层数据仓库。另一种方法是建立一个活样本数据库，这样统计处理就可以在这个活样本数据库上进行非常高效的处理。

数据仓库的分区也由于许多原因而特别重要。数据分区使得数据可以在小的分开的离散单元中进行管理。这使得数据仓库中的数据装载变得简单，建立索引也更顺畅，数据归档也变得容易，等等。至少有两种对数据进行分区的方法——在DBMS/操作系统层和在应用层。每一种分区方法都有各自的优缺点。

数据仓库环境中的每一数据单元都有一个时刻与它关联。一些情况下，这个时刻在每个记录中以快照的形式出现。另一些情况下，这个时间是应用于整个表的。数据经常是按天，月或季度汇总的。另外，数据以一种连续的方式创建。数据的内部时间组织可以用多种形式实现。

审计可以在数据仓库中进行，但却不应当在其中进行。相反，审计最好置于细节的面向操作型事务的环境中进行。在数据仓库中进行审计将会导致大量本来不会包含在其中的数据被包含进去，数据仓库的更新定时也会成为问题，并且审计会强制数据仓库采用某种粒度级，但这可能并不是其他处理所需的粒度级。

数据仓库中数据的生命周期包含了数据的清理。开发者经常在设计规范中忽视了清理，结果导致数据仓库永远地增长下去，这当然是不可能的。

第3章　设计数据仓库

建造数据仓库主要包括两个部分的工作——与操作型系统接口的设计和数据仓库本身的设计。因为"设计"一词暗含了可以预先对组成单元进行规划的意思，所以用在这里并不完全准确。数据仓库的需求只有在已经装载了部分数据并开始使用时才能弄清楚，因此，过去很有效的设计方法在设计数据仓库时并不能满足需要。数据仓库是在启发方式下建造的，在这个过程中一个阶段的开发完全依赖于上一阶段获得的结果。首先，载入一部分数据供DSS分析员使用和查看。然后根据最终用户的反馈，修改数据和/或添加其他数据。然后建立数据仓库的另一部分，如此继续。这种反馈过程贯穿于数据仓库的整个开发生命周期之中。

因此，数据仓库的设计不能采用与传统的需求驱动的系统相同的方法进行。但与此同时，对需求进行预测仍然是十分重要的。实际情况通常是介于这二者之间。

3.1　从操作型数据开始

设计时首先要考虑的问题是如何将数据放置在数据仓库中。数据从操作型环境到数据仓库的放置过程中有许多需要考虑的东西。

起初，面向事务处理的操作型数据被封锁在现有历史系统中。虽然"创建数据仓库就是从操作环境中抽取数据然后将这些数据载入数据仓库"这种想法非常诱人，但是事实远非如此。仅仅是将数据从历史环境中取出并放到数据仓库中几乎挖掘不出数据仓库的任何潜力。

图3-1简单地示出了数据从现有历史系统环境转移到数据仓库的过程。这里，我们可以看到，有多个应用向数据仓库提供数据。

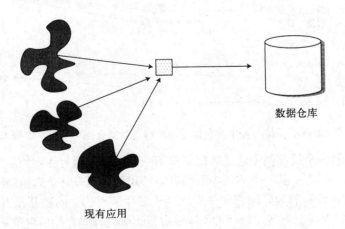

数据仓库

现有应用

图3-1　将数据从操作型环境移入数据仓库环境不是简单的抽取

图3-1显得过于简单了，这有很多原因。最重要的一个原因是，这一过程没有考虑到操作型环境中的数据是未经集成的。图3-2描述了一个典型的现有系统中缺乏集成的情况。将未经集成的数据载入到数据仓库是一个极端严重的错误。

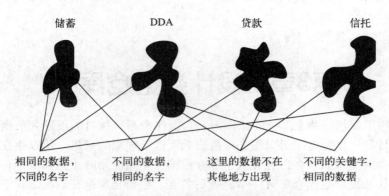

图3-2 源自不同应用的数据集成性很差

　　在建立现有应用时，根本没有考虑过以后可能存在的集成问题。每一个应用都有其独有的特殊的需求。因此，出现相同的数据以不同的名字出现在各个地方，一些数据在不同的地方以相同的方式标注，一些数据用相同的名字存在相同的地方却使用了不同的度量单位等等，也就不足为奇了。从多处抽取数据并将数据集成到一个统一的视图中是一个十分复杂的问题。

　　数据缺乏集成是抽取程序员不得不面对的一场噩梦。如图3-3所示，为了从操作型环境中适当地取出数据，必须对无数细节编程并进行一致性处理。

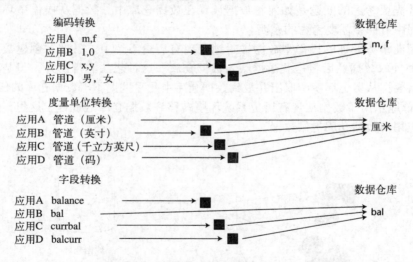

图3-3 为了将现有系统环境中的数据正确地移到数据仓库环境中，必须进行集成

　　数据缺乏集成的一个简单例子就是数据编码不一致，如图中对性别的不同编码。在一个应用中，性别编码为"m/f"；另一个应用中则编码为"0/1"；还有一个应用编码为"x/y"。当然，在数据仓库中，只要性别的编码的方法一致，至于怎样编码这个问题并没有什么关系。因此，当数据进入仓库时，必须先对各个应用的不同值进行正确地译码，然后再重新编码为合适的值。

　　我们来看另外一个例子。四个应用都含有字段"管道"，但在每个的应用中却使用了不同的度量单位。一个应用中管道的度量单位是英寸，另一个是厘米，等等。在数据仓库中采用什么单位对管道进行度量并不重要，但必须一致。当每一个应用向数据仓库传送数据时，必须将管道的度量单位转换为唯一并且一致的全局度量标准。

　　字段语义的转换是数据集成的另一个问题。例如同一字段在四个应用中有四个不同的名字。为了转换数据使其正确地进入仓库，就必须建立各个不同源字段到数据仓库字段的映射。

另外一个问题是原有数据在不同的DBMS下可能以多种不同格式存储。一些原有数据在IMS中，一些在DB2中，还有一些可能在VSAM中。为了给数据仓库添加数据，所有采用这些技术存储的数据最后都必须转换到同一种技术下存储。这种技术的转换并不总是很简单的。

这些简单的例子几乎还未涉及集成的最浅层，并且就例子本身来说也不复杂。但是当数以千计的系统和文件中存在这些情况，并且文档过时或根本没有文档时，集成问题就成了十分复杂而又繁重的工作了。

但是，对现有历史系统的集成并不是从现有操作型系统到数据仓库系统中的数据转换工作的唯一难点。另一个主要问题是访问现有系统数据的效率。扫描现有系统的程序如何知道一个文件已经被扫描过呢？现有系统环境中有大量的数据，每次进行数据仓库装载时都试图对所有数据扫描一次，既会产生极大浪费，同时也是不现实的。

从操作型环境到数据仓库有三种装载工作要做：
• 装载档案数据。
• 装载在操作型系统中的现有数据。
• 将上次数据仓库刷新以来在操作型环境中不断发生的变化（更新）从操作型环境中装载到数据仓库中。

一般说来，数据仓库刚开始装载数据时从历史环境中装载档案数据的难度不是很大，原因有两点。一是因为不少企业发现在很多环境下使用旧的数据在成本上不合算，所以经常是根本不做这项工作；二是即使要装载，档案数据也只需要装载一次，所以难度也不大。

同样，从现有的操作型环境中装载当前的、非档案数据由于只需要装载一次，因此难度也不大。通常可以将现有系统环境下载到一个顺序文件中，然后再将这个顺序文件下载到数据仓库中，这样就不会对在线环境产生什么破坏。当然这要占用系统资源，由于这个过程仅执行一次，也就把可能的破坏作用减到了最小。

对数据体系结构设计者而言，当操作型环境发生变化时，不断地将变化数据装载到仓库中是最为困难的。要有效地捕捉到那些不断发生的日常变化，并对之进行处理并非是一件容易的事。于是，扫描现有系统的文件成了数据仓库体系结构设计者要面对的主要问题。

如图3-4所示，数据仓库刷新时，为了限制扫描的操作型数据量，通常可以采用五种技术。第一种技术是扫描在操作型环境中那些被打上时戳的数据。当一个应用对记录的最近一次变化或更新打上时戳时，数据仓库扫描就能够很有效地进行，因为日期不相符的数据就不必处理了。然而，当前被打上时戳的数据很少。

第二种控制扫描数据量的技术是扫描增量文件。增量文件只包含在操作型环境中运行的事务的结果对应用造成的改变。有了增量文件，扫描的过程变得高效，因为不在候选扫描集中的数据永远不会涉及。然而，只有很少应用创建增量文件。

第三种技术是对作为事务处理的副产品产生的日志文件或审计文件进行扫描。日志文件所包含的内容与增量文件基本相同，但是两者还是有一些重要的区别。由于恢复过程需要日志文件，所以很多时候计算机负责部门要保护日志文件。当然把日志文件用于主要目的以外的其他用途，对计算机负责部门也无大碍。利用日志文件的另一个困难是它的内部格式是针对系统用途构造的，而不是针对应用程序的，这就需要有一种技术手段来作为日志磁带数据内容的接口。日志文件的另一个缺点是其中所包含的内容比数据仓库开发人员所需要的内容要多得多。审计文件有许多与日志文件相同的缺点。使用日志文件来更新数据仓库的一个例子是基于网络的电子商务环境所创建的网络日志。

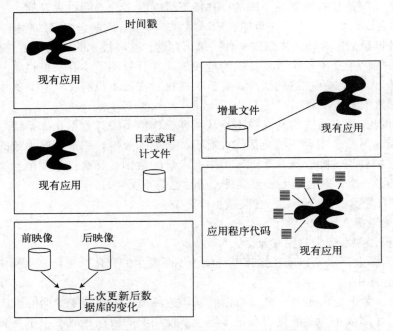

图3-4　你怎样知道要扫描哪些源数据？每天，每周都要扫描每个记录吗

　　控制扫描数据量的第四种技术是修改应用程序代码。这并不常用，因为很多应用程序的代码陈旧而且不易修改。

　　最后一种可供选择的技术（很多情况下，这都是一个可怕的选择，提及这种技术的目的只是为了说服人们必须使用一种更好的办法）是将一个"前"映像文件和一个"后"映像文件进行比较。使用这种方法，抽取时就建立一个数据库的快照。另一轮抽取时，建立另一个快照。然后将这两个快照顺序比较，以确定已发生的业务活动。这种方法很麻烦、复杂，还需要各种各样的资源，只不过是没有办法时才采用的办法。

　　但是，集成和性能并不是仅有的两个使得简单的抽取过程无法用于构造数据仓库的主要问题。第三个主要困难是数据从操作型环境到数据仓库时要经历的时基变化，如图3-5所示。

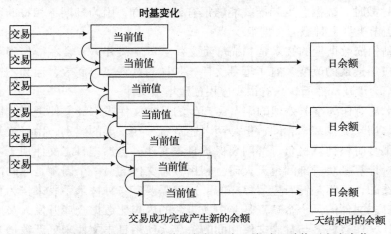

图3-5　当数据从操作型环境移到数据仓库环境时，时基要发生变化

现有的操作型数据通常是当前值数据。当前值数据在被访问的时刻是准确有效的，而且是可更新的。但是数据仓库中的数据是不能更新的，此外，这些数据必须附加上时间元素。当数据从操作型环境传送到数据仓库时，其处理方法也要发生很大改变。

当数据从现有操作型环境传送到数据仓库时，要考虑的另一个问题是需要对数据仓库中已有的及要传入数据的规模进行管理。数据在抽取和进入数据仓库时都要进行压缩，否则数据仓库中的数据量就会失控。图3-6所示为一种简单的数据压缩形式。

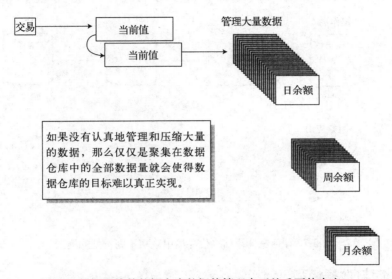

图3-6 数据压缩是数据仓库数据的管理中至关重要的内容

3.2 数据/过程模型与体系结构化环境

设计者在尝试使用传统的数据库设计方法之前，必须明白这些方法的适用范围及其局限性。图3-7说明了体系结构层次间的关系及数据建模和过程建模所适用的范围。过程模型仅仅适用于操作型环境。数据模型既可用于操作型环境，又可用于数据仓库环境。数据模型或过程模型用错了地方，只会导致失败。

我们将在下面详细介绍数据模型。现在，我们先来了解过程模型。一个过程模型一般（整个或部分地）包括以下内容：
- 功能分解。
- 第零层上下文图。
- 数据流图。
- 结构图。
- 状态转换图。
- HIPO图。
- 伪代码。

在许多场合和环境下，过程模型都是非常宝贵的，如在建立数据集市时。由于过程模型是需求驱动的，因此不适用于数据仓库。它假设在详细设计开始之前需求是已知的。对于许多过程，是可以这样假设的。但这样的假设在建造数据仓库时并不成立。

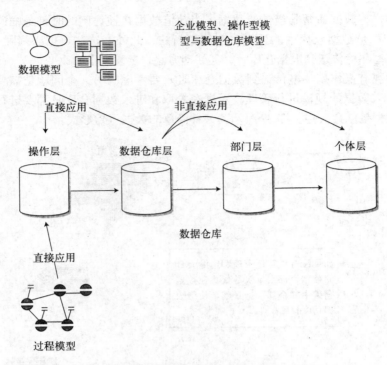

图3-7 如何在体系结构化环境中应用不同类型的模型

3.3 数据仓库与数据模型

如图3-8所示，数据模型既适用于现有系统环境也适用于数据仓库环境。图3-8所示的是一个企业数据模型，该模型建造时没有考虑现有操作型系统与数据仓库之间的差别。该企业数据模型关注并且只表示原始数据。要建立一个独立的现有系统的数据模型，需要从该企业模型开始。然而，当对企业数据模型进行转换以应用于现有系统环境时，性能因素应加到该模型中。总之，企业数据模型用于操作型系统时，需要做的改动非常少。

但是，将企业模型用到数据仓库中要做相当多的改动。首先，要去除纯粹用于操作型环境中的数据。然后，在企业数据模型的关键字结构中增加时间元素。将导出的数据加到企业数据模型中，这些导出数据作为公用并只经过一次计算，而不是重复计算。最后，在数据仓库中将操作型系统中的数据关系转变为"人工关系"。

将企业数据模型转变为数据仓库数据模型的最后一项设计工作是进行稳定性分析。稳定性分析是根据各个数据属性是否经常变化的特性将这些属性分组。图3-9说明了为制造业环境进行的稳定性分析。根据一个大的通用目的表建立了三个表，表的划分是根据各表中的数据对稳定性的需求不同而进行的。

在图3-9中，很少变化的数据分到一组，不时变化的分到一组，而经常变化的又分为一组。稳定性分析（通常是物理数据库设计之前数据建模的最后一步）的最后结果就是建立了具有相似特性的数据分组。

也就是说，企业数据模型是操作型数据模型与数据仓库数据模型的共同起源。可以做一个简单的类比，企业数据模型是亚当，操作型数据模型是该隐，而数据仓库数据模型则是亚伯。他们都是同一血统，但同时却又各不相同。

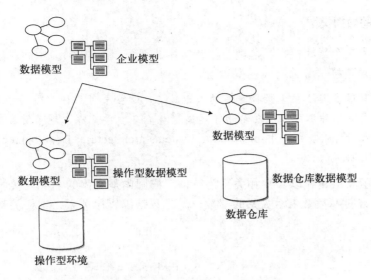

- 操作型数据模型等价于企业数据模型
- 数据库设计之前要加入性能因素

- 去掉纯操作型数据
- 关键字中加入时间元素
- 合适之处增加导出数据
- 创建人工关系

图3-8 建模的不同层次间的关系

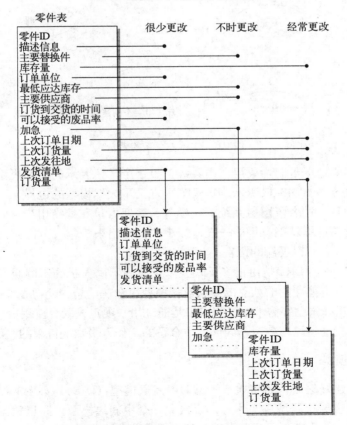

图3-9 稳定性分析的一个例子

3.3.1 数据仓库的数据模型

数据建模分为三个层次：高层建模（称为实体关系图，或ERD），中间层建模（称为数据项集或DIS）、底层建模（称为物理模型）。

注意 已经有很多其他关于数据建模的书出版了，这些书对几种不同的方式都有详细介绍。随便找出几种都可以成功地用于建造数据仓库。要更深入地了解在这里总结的方法，可以参阅我以前写的书Information Systems architecture: Development in the 90s [Hoboken, NJ: Wiley, 1993]。

如图3-10所示高层建模以实体和关系为特征。椭圆内是实体的名字，实体间的关系用箭头描述。箭头的方向和数量表示关系的基数，并且只给出直接关系，这样关系的传递依赖数目最小化。

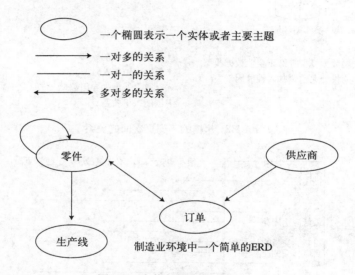

图3-10　实体与关系的表示

在ERD层的实体处于最高抽象层。由集成范围这个术语表示的内容决定哪些实体属于模型范围而哪些不属于，如图3-11所示。集成范围定义了数据模型的边界，而且集成范围需要在建模之前进行定义。这个范围由系统的建模者、管理人员和最终用户共同确定。如果范围没有预先确定，建模过程就很有可能一直持续下去。写出来的集成范围定义应该不超过5页，而且应该使用业务人员可以理解的语言。

如图3-12所示，企业ERD是由很多反映整个企业内不同人员的不同观点的单个的ERD合成的。为企业内不同群体建立的独立的高层数据模型组合在一起，就构成了企业ERD。

表示了各个DSS群体已知需求的这些ERD是通过用户观点或联合应用设计（JAD）讨论会的方法建立的，也就是通过与各个不同部门中合适的工作人员交流得来的。

3.3.2 中间层数据模型

高层数据模型建好之后，要建立下一层即中间层模型（DIS）。如图3-13所示，对高层模型中标识出的每个主要主题域或实体，都要建立一个中间层模型。高层数据模型标识了四个实体或主要主题域，每个主题域都要再进一步扩展成各自的中间层模型。

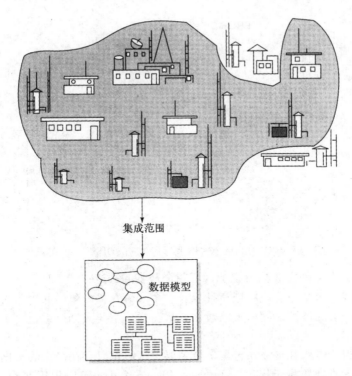

图3-11　集成范围决定了企业的哪些部分将在数据模型中得到体现

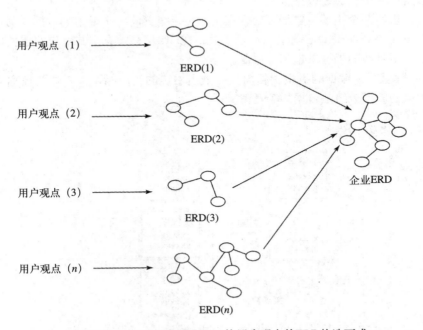

图3-12　企业ERD由反映不同的用户观点的ERD构造而成

　　有趣的是，所有的中间层模型只有在很少的情况下能一次全部建好。某个主要主题域的中间层数据模型扩展后，首先对模型的一部分进行充实，模型的其他部分仍然保持不变，如此继续。

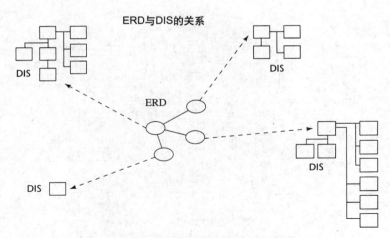

图3-13　ERD中的每个实体由与其对应的DIS进一步定义

如图3-14所示，在中间层数据模型上，有四个基本的构造：

- **主要数据分组**：每个主要主题域有且只有一个主要数据分组，其中包含了对每个主要主题域只存在一次的属性。同所有的数据分组一样，主要数据分组包含每个主要主题域的属性和关键字。
- **二级数据分组**：二级数据分组包含每个主要主题域可以存在多次的数据属性。从主要数据分组向下的直线段指示出了二级数据分组。有多少个可以出现多次的不同数据分组，就可以含有多少个二级数据分组。
- **连接器**：表示两个主要主题域间的数据关系。连接器将一个分组的数据与另一个分组的数据联系起来。在ERD层确定的每一个关系在DIS层必须有与其对应的连接器。通常是用一个有下划线的外键来指示连接器。
- **数据的"类型"**：数据的类型由指向数据分组右边的线段指示。左边的数据分组是超类型，右边的数据分组是数据的子类型。

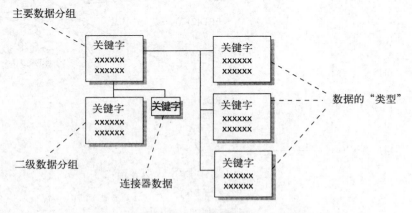

图3-14　中间层数据模型的四个组成部分

这四个数据模型构造用来标识数据模型中的数据属性和这些属性间的关系。当在ERD层标识了一个关系以后，在DIS层就用一对连接器关系来表现，图3-15示出了这些连接器关系对的一个例子。

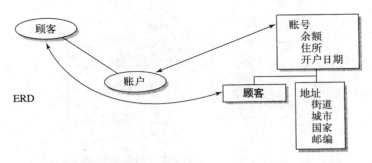

图3-15　在ERD中标明的关系在DIS中由连接器体现。注意，图中只给出了一个连接器（从账号到顾客）。实际上，从顾客到账号的另一个连接器将表示在顾客DIS的其他地方

在ERD中，标识出了顾客（CUSTOMER）和账户（ACCOUNT）之间的关系。在账户的DIS层，在账户下有一个到顾客的连接器，说明一个账户可能附有多个顾客。图3-15中并没有给出顾客DIS层中顾客下对应的关系。在顾客的DIS层，应该有一个到账户的连接器，说明一个顾客可以有一个或多个账户。

图3-16示出了一个全部展开的DIS的例子。这个例子是一个金融机构中账户的DIS，所有的不同构造都在该DIS中表示出来了。

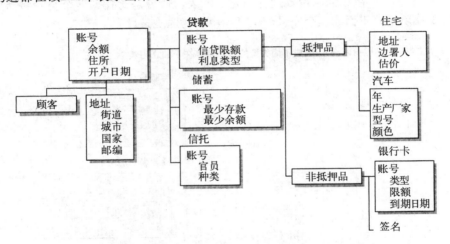

图3-16　一个扩展的DIS，表明了银行可提供的不同贷款类型

需要特别注意一下，从一个数据分组引出的线的两种"类型"，如图3-17所示。引到右边的两条线说明存在标准的两种"类型"。一条线的标准是根据业务类型——或者是存款或者是提款。另一条线则指明另一种标准——或者是ATM业务或者是柜员业务。总之，两种类型的业务活动都包括下面的交易：

- ATM存款。
- ATM提款。
- 柜员存款。
- 柜员提款。

这个图表的另一个特点是所有的公用数据在左边，所有的独有数据在右边。例如，日期（date）和时间（time）属性是所有交易都有的，但是，现金库余额属性只与出纳业务有关。

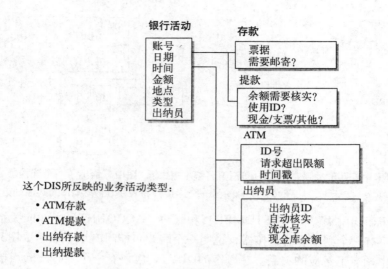

这个DIS所反映的业务活动类型：

- ATM存款
- ATM提款
- 出纳存款
- 出纳提款

图3-17　显示不同子分类标准的一个DIS

由数据模型产生的物理表和数据模型的关系如图3-18所示。一般来讲，数据模型的每个数据分组都将产生一个在数据库设计过程中定义的表。假设是这样，两个交易将产生一些表条目，如图3-18所示。下面的两个交易产生了图中的物理表条目：

DIS造成不同类型的数据将存在于独立的表中

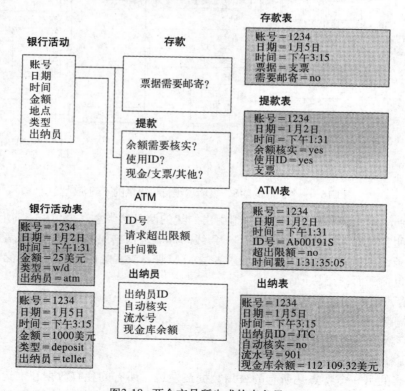

图3-18　两个交易所生成的表条目

■1月2日下午1:31，ATM提款。

■1月5日下午3:15，出纳存款。

两个交易生成5个不同表中的6个条目。

如同企业ERD是由反映不同用户群体的不同ERD所建成的，企业DIS由多个DIS建成，如图3-19所示。当对个别用户的访问或JAD会议完成时，就要生成一个DIS和一个ERD。小范围的DIS和其他所有DIS一起形成一个反映企业观点的DIS。

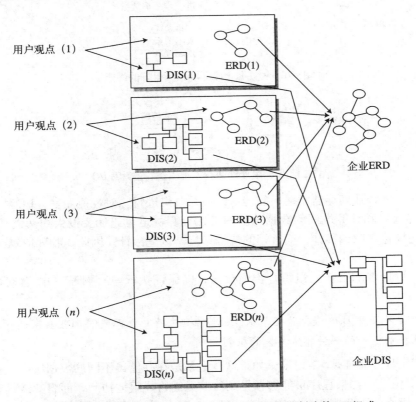

图3-19　企业DIS由作为每个用户观点会话结果创建的DIS组成

3.3.3　物理数据模型

物理数据模型是从中间层数据模型创建而来的，建立物理模型通过扩展中间层模型，使模型中包含有关键字和物理特性。这时，物理数据模型看上去像一系列表，这些表有时称作关系表。

虽然说将这些表直接用于物理数据库设计的想法很诱人，但还要做最后一个设计步骤，这就是进行性能特性的优化系数。在数据仓库的情况下，设计中的第一步就是确定数据的粒度与分区，这一步至关重要。（当然，关键字结构要做改变，增加时间元素以便每个数据单元都相关。）

考虑了粒度与分区等因素以后，还需要将其他的许多物理设计工作加进这项设计。其他的物理设计因素的概要内容如图3-20所示。物理设计中需要考虑的各种因素的核心是物理I/O（输入/输出）的使用情况。物理I/O就是将数据从外部存储器调入计算机，或者将数据从计算机送到外部存储器，图3-21就是一个I/O的简单例子。

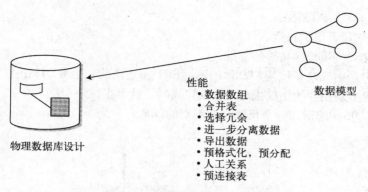

性能
- 数据数组
- 合并表
- 选择冗余
- 进一步分离数据
- 导出数据
- 预格式化，预分配
- 人工关系
- 预连接表

数据模型

物理数据库设计

图3-20 从数据仓库环境中获得好的性能

I/O

计算机

图3-21 最大限度地减少不得不进行的物理I/O

数据在计算机和外部存储器之间的传送以块为单位进行。对性能而言，I/O事件之所以重要，是因为存储器和计算机间的数据传输速度比计算机运算速度要慢大约两到三个数量级。计算机内部运算速度以纳秒计，而数据的传输速度是以毫秒计。因此，物理I/O是影响性能的主要因素。

数据仓库设计者的工作是组织好物理数据，以保证执行一次物理I/O能返回最大数量的记录。

注意 这里不是盲目地将大量记录从DASD传到主存中，而是将那些具有高访问率的大量记录批量传入的一种非常复杂的机制。

例如，假定程序员要取5条记录。如果这些记录是在存储器不同的数据块中，就需要进行五次I/O操作。但是，如果程序员能够预见到这些数据将成组地访问，而将其连续存放在同一个物理块中，那么这就只需要一次I/O操作。无疑，这样使程序具有更高的运行效率。

关于数据仓库中数据物理存放的问题还有一个缓和因素：数据仓库里的数据一般不更新。至少数据仓库中的数据更新是罕见的例外。这样设计者就可以大胆采用一些在数据经常需要更新的情况下不能接受的物理设计技术。

3.4 数据模型与迭代式开发

任何情况下，数据仓库都应当以迭代的方式进行建造。迭代式开发的意思是首先建造数据仓库的一部分，然后再建造另一部分，如此继续。为了说明迭代开发方式的重要性，下面从众多原因中选出了几条：

- 业界成功的记录强烈地建议这样做。
- 最终用户在第一遍迭代开发完成以前不能清晰地提出需求。
- 只有实际结果切实而且明确时，管理部门才会做出充分的承诺。
- 必须能很快地见到可见结果。

这时数据模型在迭代开发中担当的角色可能还不明显。为了解释数据模型在迭代开发期间所起的作用，考虑如图3-22所示的典型迭代开发过程。
首先，进行一遍开发，然后另一遍，如此继续下去。数
据仓库在每一遍开发中都起着路标的作用，如图3-23所
示。数据模型不仅告诉开发者需要做些什么，同时也指
明了如何将一个开发步骤同其他的开发步骤集成到一起。

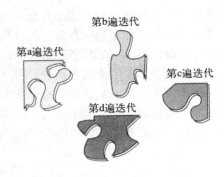

图3-22　不同迭代轮次的数据仓库开发

当第二遍开发（也就是第二次迭代）继续进行时，
开发人员相信其开发将能与第一遍开发很好地结合，因
为所有的开发都是在同一数据模型驱动下进行的。每遍
后续开发都建立在前一遍开发的基础上，结果，所有的
开发都是在一致的数据模型下进行的。由于基于同一个
数据模型，各遍开发工作的结果将产生一个内聚的、高
度和谐的整体，见图3-24。

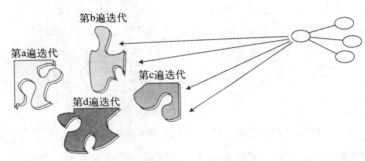

图3-23　数据模型以紧密结合的方式进行每一轮迭代不同的开发

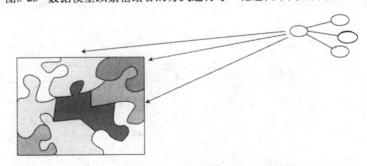

图3-24　在开发工作结束时，所有迭代遍次的开发结果融合在一起

当不同遍次的开发是在不同的数据模型上进行时，
会产生很多重复的工作和很多相当独立的不连贯的开
发，图3-25就说明了这个不协调的结果。

在数据仓库的增量式开发和迭代式开发的过程中，
在数据模型与要达到长期集成性和和谐工作的能力之
间，存在一个间接的但很重要的相互关系。

3.5　规范化/反向规范化

数据模型处理的输出是一系列表，每个表都包含
关键字和属性。常规的输出是大量的表，其中每个表

图3-25　如果没有数据模型，不同遍次的
开发不能构成一个内聚的模式。不同遍
开发之间有很多重叠，且缺少一致性

只包含少量数据。虽然输出大量小表本身没有什么不对，但从性能上看是一个问题。如图3-26所示，看一下程序为了在表之间进行动态连接而必须做的工作。

如图3-26，一个程序开始执行，首先访问一个表，然后再访问另一个表。为了成功运行，程序必须在很多表中跳来跳去。程序每次从一个表跳到另一个，就要进行I/O，既要访问数据，又要访问索引以找到这些数据。如果只有一两个程序需要进行I/O，那是不成问题的。但是如果当所有的程序需要进行大量的I/O时，性能就会受到影响。当作为物理设计生成很多小表，而且每个小表都只有很少的数据时，就会造成这种性能急剧下降的现象。

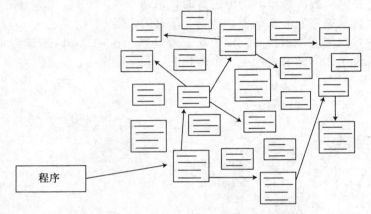

图3-26　当有许多表时，动态连接需要进行大量的I/O

一个较为合理的方法是将这些表物理合并，使得I/O代价最小化，如图3-27所示。合并表以后，同样的程序跟以前一样运行，但现在只需要少得多的I/O去完成同样的工作。

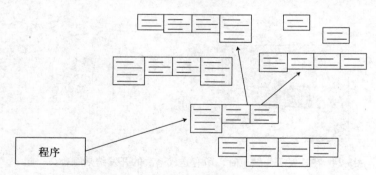

图3-27　对表物理合并后，大大减少I/O

随之而来的问题是为了获得最大好处，应该采用一种什么样的健全策略来合并这些表呢。要回答这个问题，就是数据库物理设计人员需要做的事。

合并表只是一种能够节省I/O的设计技术。另一种非常有用的技术是创建数据数组。在图3-28中，数据是规范化的，这样的一个数据序列的每组值都存放在不同的物理位置。检索每一组值n，$n+1$，$n+2$，…，需要一次物理I/O得到数据。如果数据存放在组的一行中，那么一次I/O就足以检索到，如图3-28底部所示。

当然，创建数据数组并不是在所有情况下都是有意义的。只有当数列中值的数量稳定、数据是按顺序访问的、数据的创建与修改在统计上是以非常有规律的方式进行等条件都满足时，创建一个数组才是有意义的。

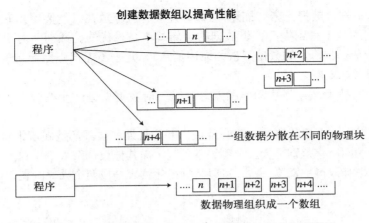

创建数据数组以提高性能

图3-28 在适合的情况下，创建数据数组可以节省大量资源

有趣的是，在数据仓库中，由于数据具有基于时间的特性，这样的情况是有规律地出现的。数据仓库中的数据总是与某个时刻相关，而且时间部分以很有规律的形式出现。在数据仓库中，例如，每月创建一个数组，是很容易而且是很自然的事情。

另一个重要的与数据仓库环境特别相关的物理设计技术是有意引入冗余数据。图3-29给出了一个引入冗余数据而带来好处的例子。在图3-29的上部，描述字段（desc）是规范化的，并且不存在冗余。这样，所有的需要查看一个零件描述的过程都必须访问基本零件表。尽管数据的插入是最优的，但访问这些数据的开销却很大。

选择使用冗余

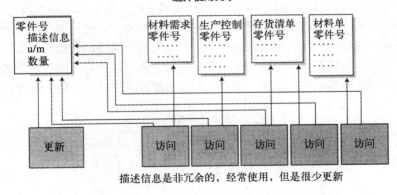

描述信息是非冗余的，经常使用，但是很少更新

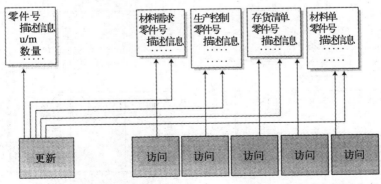

图3-29 描述信息是冗余的，散布在使用它的多个地方。更新时，许多地方都要改变，但是更新很少

在图3-29的下部，数据元素"描述"（desc）被有意存放在可能要用到它的许多表中。这样做使数据访问的效率得到提高，但数据的更新却不是最优的。然而，对于那些广泛使用的数据（如描述信息）和稳定的数据（也如描述信息），几乎不需担心更新问题。尤其是在数据仓库环境中不用考虑更新。

另一个有用的技术是：当访问率相差悬殊时，对数据做进一步的分离。图3-30给出了这样的一个例子。

如图3-30，考虑一个银行账户，账户地址、开户日期和余额都是规范化的。但是，余额与其他两项数据的访问概率差别很大。余额经常用到，而其他数据则很少用到。为了使I/O效率高一些，并且使数据存放得更紧凑一些，可以将规范化的表分成两个独立的表，如图3-30所示。

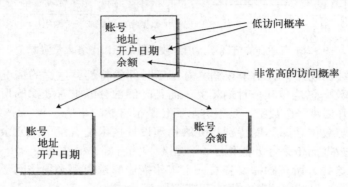

图3-30 根据访问概率的巨大差异对数据进一步分离

有时，在物理数据库的设计中引入导出（即已计算出的）数据可以减少所需I/O。图3-31给出了这样的一个例子。一个程序为了计算出年薪和已付的税金，要定期访问工资清单。如果该程序定期在每年年底运行一次，那么生成一个字段来存储计算出的数据就很有意义了。这些数据只要计算一次，将来需要时只要访问那个经计算的字段。这个方法的另一个优点在于那个字段的数据只计算一次而不必重复计算，减少了用错误的算法进行不正确求值的可能。

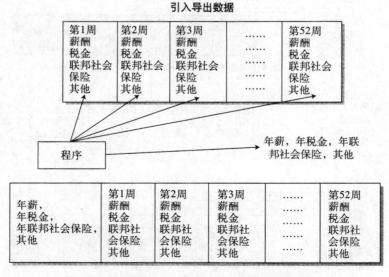

图3-31 导出数据，只计算一次，可以永久使用

　　建造数据仓库的最具创新性的技术之一是建立所谓的创造性索引或创造性概要文件，图3-32给出了一个创造性索引的例子。创造性索引是当数据由操作型环境转移到数据仓库环境时建立起来的。由于在任何情况下都要对每个数据单元进行处理，所以，就这一点来说，计算或建立索引只需要很少的开销。

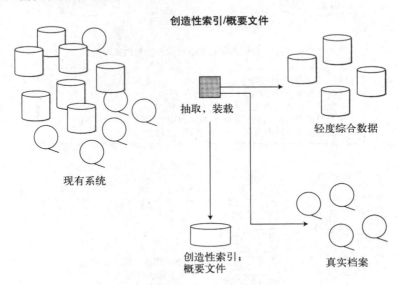

图3-32　创造性索引的例子

　　创造性索引为最终用户感兴趣的项目建立一个概要文件描述，比如最大的购买额，最不活跃的账户，最近发出的货物，等等。如果在将数据传到数据仓库的时候，对于管理活动有价值的需求能够预见得到（不得不承认，这在很多情况下是不能的），那么建立创造性索引就很有意义了。

　　数据仓库设计者要明确的最后一个设计技术就是参照完整性的管理。如图3-33所示，在数据仓库环境中，参照完整性以"人工关系"的方式出现。

　　在操作型环境中，参照完整性表现为数据表之间的动态连接。由于在数据仓库环境中的数据量很大、数据仓库是不更新的、仓库按照时间描述数据、关系不是静态的，因此，应采取不同的方法表示参照完整性。换句话说，数据的关系在数据仓库环境中采用人工关系表示。这意味着有些数据要复制，有些要删除，而其他数据仍然保留在数据仓库中。总之，试图在数据仓库环境中复制参照完整性显然是一种不正确的方法。

数据仓库中的快照

　　数据仓库是应各种各样的应用和用户而建造的，如顾客系统、市场系统、销售系统和质量控制系统。尽管数据仓库有如此不同的应用和类型，但还是有一条共同的线索贯穿其中，那就是每个数据仓库在内部都以一种称为快照的数据结构为中心来组织。图3-34说明了数据仓库快照的基本组成。

　　快照是因为一些事件的发生而生成的。有一些能够触发快照的事件。一类事件是对离散活动信息的记录，例如填写支票、打电话、收到货物、完成订单、购买保险等。在离散活动的情况中，一般是出现了一些业务活动，需要记录下来。总之，离散活动是随机发生的。

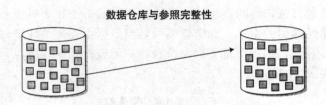

数据仓库与参照完整性

在操作型系统中，数据库间的关系由参照完整性处理

但是，在数据仓库环境中：
* 有比操作型环境要多得多的数据。
* 数据一旦进入数据仓库，就不再改变。
* 需要随着时间的推移表示多种商业规则的能力。
* 数据仓库中的数据清理并非完全协调的。

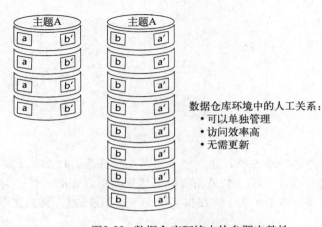

数据仓库环境中的人工关系：
* 可以单独管理
* 访问效率高
* 无需更新

图3-33　数据仓库环境中的参照完整性

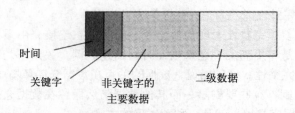

图3-34　数据仓库中的数据记录是某一时刻生成的快照，包含多种类型的数据

　　另一类快照触发器是时间，这是一种可预期的触发器，如一天的结束、一周的结束或一个月的结束。

　　由事件触发的快照有四个基本组成部分：
* 关键字。
* 时间单元。
* 只与关键字相关的主要数据。
* 作为快照过程的一部分而被捕获但与主要数据和关键字都无直接关系的二级数据。

注意　在这些部分中，只有二级数据是可选的。

关键字可以唯一也可以不唯一。关键字可以是单一的数据元素。然而，在典型的数据仓库中，关键字是由识别主要数据的很多数据元素组成的合成物。用关键字识别记录和主要数据。

时间单元，例如年、月、日、小时和十五分钟，通常是（但并不总是）指快照所描述事件发生的时刻。有时，时间单元指的是捕获数据的时刻。（在有些情况下，会对事件发生的时刻和捕获事件信息的时刻加以区别，而在其他情况下不进行区别。）在由时间推移触发事件的情况下，时间元素可以暗含于而不是直接附于快照中。

主要数据是与记录的关键字直接相关的非关键字数据。例如，假设关键字标识产品的销售，时间元素描述的是销售活动终结的时刻，主要数据描述的是销售什么产品，以及销售的价格、条件、地点和代理等。

二级数据（如果存在）表示快照记录创建时捕获的外来信息。如与销售相关的二级数据是关于被售产品的一些附带信息（如销售时当前库存是多少），其他二级信息可以是销售时银行对优惠顾客的主要利率。将来可能会在DSS处理过程中使用到的任何附带信息都可以加入到数据仓库记录中去。注意，这些加到快照中的附带信息可以是也可以不是外键。外键是一个表中引用另外一个与此表有业务关系的表中关键字值的属性。

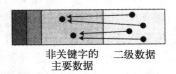

非关键字的　二级数据
主要数据

图3-35　与主要数据一起驻留在同一快照中的二级数据所暗含的关系正是我们可以捕获的人工关系

二级信息一旦加入到快照中，就可以推导出主要信息和二级信息之间的关系，如图3-35所示。这个快照表示在二级数据和主要数据之间存在某种关系。除此之外，就再也不能说明别的什么了。这种关系是快照的即时反映。不过，产生快照时，从快照记录中主要数据和二级数据的并列，就能推出数据之间的关系。有时，这种导出的关系叫做"人工关系"。快照记录是数据仓库中最为一般和最常见的一种记录。

3.6 元数据

元数据是数据仓库环境的一个重要组成部分。元数据就是关于数据的数据。自从有了程序和数据，元数据就是信息处理环境的一部分。但是在数据仓库中，元数据扮演一个新的重要角色。正因为有了元数据，数据仓库被最有效地利用。元数据使最终用户或DSS分析员能够探索各种可能性。换一种说法，如果一个数据仓库中没有元数据，那么用户就不知道如何着手进行分析。用户必须首先对数据仓库进行各种试探，才能确认其中有哪些数据和没有哪些数据，这样就浪费了大量时间。并且，即使用户对数据仓库进行了一些试探，仍然不能保证能找到正确的数据，也不能保证对所见到的数据正确地做出解释。如果有元数据的话，最终用户就可以很快找到所需数据或确认这些数据没在数据仓库中。

元数据与指向数据仓库内容的索引相似，处于数据仓库的上层，并且记录数据仓库中对象的位置。一般，元数据存储对以下各项进行了记录：

- 程序员所知的数据结构。
- DSS分析员所知的数据结构。
- 数据仓库的源数据。
- 数据进入数据仓库时进行的转换。
- 数据模型。
- 数据模型和数据仓库的关系。
- 抽取数据的历史记录。

数据仓库中的参照表管理

大多数人一提到数据仓库技术，就会想到用来不停地运行公司日常事务（例如顾客档案，销售记录，等等）的一般大型数据库。当然，这些一般文件构成了数据仓库工作的支柱。然而，数据仓库中还有一类常被忽略的数据：参照数据。

人们常常以想当然的态度对待参照表，这就引发了一个特殊的问题。例如，假设1995年某公司有一些参照表，并开始建立数据仓库。随着时间的推移，大量数据装载到数据仓库。同时，操作环境中仍然使用这些参照表，有时候还会对它们进行修改。在1999年，公司需要将数据仓库与参照表进行比较。也就是要将1995年的数据与参照表做一次比较。但参照表并没有保持历史准确性，1995年数据仓库数据与1999年准确的参照条目相比较只能是得到错误的结果。因为这个原因，参照数据应该同数据仓库的其他部分一样加入时间元素以反映它们的时变特征。

因为使用参照数据可以显著地减少数据仓库中的数据量，所以参照数据特别适合用于数据仓库环境。数据仓库环境中有很多管理参照数据的设计技术。这里讨论两个，这两个技术恰恰处于这些技术的两个对立端。另外，这些可选的技术还有很多变种。

图3-36给出的是第一种设计方法，每隔6个月对整个的参照表生成一个快照。这个方法非常简单，并且乍看也很有效，但这种方法在逻辑上是不完备的。例如，假设在3月15日发生了对参照表的某一活动，可能是加入了一个新的条目ddw，然后5月10日该条目被删除。显然每隔6个月生成一个快照就无法捕获3月15日到5月10日发生的活动。

1月1日	7月1日	1月1日
AAA – Amber Auto	AAA – Amber Auto	AAA – Alaska Alt
AAT – Allison's	AAR – Ark Electric	AAG – German Air
AAZ – AutoZone	BAE – Brit Eng	AAR – Ark Electric
BAE – Brit Eng	BAG – Bill's Garage	BAE – Brit Eng
...	...	...

图3-36 数据仓库中管理参照表的一种方法——每隔六个月生成一个完整的参照表的快照

对参照表的第二种管理方法如图3-37所示。如图所示，在某一时间起点上，对参照表生成一个快照。并且收集一年中所有对参照表的活动。为了确定某一时刻参照表某个给定条目的状态，该活动将按参照表进行重建。在这种方法中，表在任何时刻的逻辑完备性都可以重新建立起来。然而，这种重建不是一件简单的事情，可能是一个繁重而且复杂的任务。

1月1日	1月1日：增加 TWQ – Taiwan Dairy
AAA – Amber Auto	1月16日：删除 ATT
AAT – Allison's	2月3日：增加 AAG – German Power
AAZ – AutoZone	2月27日：修改 GYY – German Govt
BAE – Brit Eng	...
...	

年初生成参照表的一个完整快照 | 全年中对参照表的修改都被收集起来，并可对一年中的任意时刻重建参照表

图3-37 另一种管理参照表的方法

这里概要给出的两种方法在意图上是相反的。第一种方法较简单，但是在逻辑上不完备。

第二种方法很复杂，但是却有逻辑上的完备性。在我们所讨论的这两种极端之间有很多可供选择的设计方案。无论这些方案是怎样设计和实施的，都需要将参照表作为数据仓库环境的一个常规部分进行管理。

3.7 数据周期——时间间隔

数据仓库设计中引人注目的问题之一就是*数据周期*。所谓数据周期是指从操作型环境中的数据发生改变起，到这个变化反映到数据仓库中所用的时间。考虑如图3-38中所示的数据。

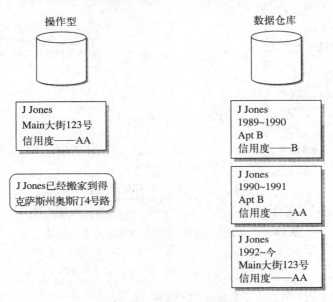

图3-38 当公司发现J Jones已经搬了家会怎样？

图中给出了关于Judy Jones的当前信息，数据仓库包含有Judy的历史信息。假设Judy改变了她的地址。图3-39表明这个变化一被发现，马上被反映到操作型环境中。

一旦数据反映到操作型环境中，这个变化必须被转入数据仓库中。图3-40表示数据仓库对最新记录的终结日期进行了更正，并且插入了一条反映这个变化的新记录。

问题是这种对数据仓库数据的调整有多快？通常，从操作型环境感知数据的改变到这个变化反映到数据仓库中应该至少经历24小时（见图3-41）。没有必要急于把这个变化转入数据仓库中去。有几个原因可以解释为什么需要采用这种"时间间隔"。

首先，操作型环境与数据仓库相互之间

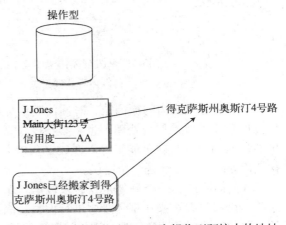

图3-39 第一步是修改J Jones在操作型环境中的地址

结合得越紧密，那么所需技术也就越昂贵越复杂。24小时的时间间隔以现有技术来说将很容易实现。12小时的时间间隔当然也可以实现，但是为这样的技术需要付出更多的投资。6个小时的时间间隔的实现也不会是问题，但所需技术的投资也将大大增加。

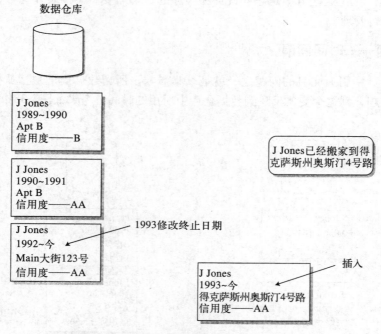

图3-40　改变地址引起的在数据仓库中出现的活动

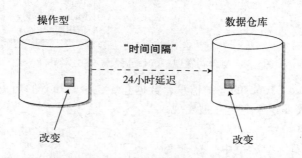

图3-41　从发现操作型环境中的改变到这个改变在数据仓库中
得以体现需要经过至少24小时延迟"时间间隔"

　　一个更有说服力的原因是，时间间隔给环境附加了一个特殊的限制。间隔24小时，不必在数据仓库中做操作型处理；也不必在操作型环境中做数据仓库处理。如果将时间间隔减少（如减少到4小时）就可能不得不在数据仓库中做操作型处理，也不得不在操作型环境中做数据仓库处理，这显然是一个错误。

　　时间间隔的另一个好处是在转入数据仓库之前，数据能达到稳定。数据在进入数据仓库之前，仍然可以在操作型环境中进行调整。而如果数据被马上送到数据仓库中，一旦发现必须对这些数据进行调整，那么调整就必须同时在操作型环境和数据仓库环境中进行。

3.8　转换和集成的复杂性

　　粗看起来，当数据从传统环境转入数据仓库时，除了简单地从一个地方抽取数据再放入另一处，再没有做别的什么。由于表面上看起来很简单，很多企业开始以手工方式建立他们的数据仓库。程序员看到数据从旧的操作型环境移动到新的数据仓库环境中，就宣称："我可以做到！"于是，有了手边的纸笔，在数据仓库设计、开发伊始，程序员往往就着手编写代码。

然而，第一印象通常是非常靠不住的。起初被认为仅仅是在不同环境间的简单传送数据的任务，很快就变得巨大而复杂——比程序员所设想的要大得多复杂得多。

准确地说，数据从操作型环境到数据仓库环境的传递要完成什么功能呢？下面就是所要完成的一些功能：

- 从操作型环境到数据仓库环境的数据抽取需要实现技术上的变化。一般包括，从操作型系统获取数据的数据库管理系统（DBMS）技术，如IMS，以及将数据写入更新的数据仓库的DBMS技术，如DB2/UDB。在数据传递过程中需要实现技术的变化。这种变化不仅指一种DBMS的变化，还可能包含源于操作系统的变化，硬件的变化，甚至源于基于硬件的数据结构的变化。

- 从操作型环境中选择数据是非常复杂的。为了判定是否要对一个记录进行抽取处理，往往需要对多个文件中其他记录的多种协调查询，需要进行关键字读取，连接逻辑等。有时候，外部数据只能从在线环境中读取。这种情况下，为数据仓库进行的数据抽取必须在在线操作窗口中进行，这是无论如何应当避免的。

- 来自操作型环境中的输入关键字在输出到数据仓库之前往往需要被重建和转换。在从操作型环境中读出和写入数据仓库系统时，输入关键字很少能够保持不变。简单情况下，在输出关键字结构中加入时间成分。复杂情况下，整个输入关键字必须被重新散列或者重建。

- 非关键字数据在从操作型环境转移到数据仓库环境时要重新格式化。举一个简单例子：有关日期的输入数据格式是YYYY/MM/DD，写入输出文件时，需要转化为DD/MM/YYYY的格式。（操作型数据进入数据仓库之前的格式转换往往比这要复杂得多。）

- 数据在从操作型环境转移到数据仓库环境时要进行清理。在某些情况下，需要采用一个简单的算法以保证输入数据的正确性。在复杂的情况下，需要调用一些人工智能过程把输入数据清理为可接受的输出形式。数据清理有多种形式：取值范围检查、交叉记录验证以及简单的格式检验。

- 因为存在多个输入数据源，当其中的数据传入数据仓库时要进行合并。在某些情况下数据仓库中数据元素的来源是一个文件，而在另外一些情况下，则是另外一个文件。逻辑上必须分清楚，以便能在给定条件下确定正确的数据源。

- 当存在多个输入文件时，进行文件合并之前要先进行关键字解析。这意味着如果不同的输入文件使用不同的关键字结构，那么，完成文件合并的程序必须提供关键字解析功能。

- 当存在多个输入文件时，这些文件的顺序可能不相同甚至互不相容。在这种情况下这些输入文件需要进行重新排序。当有许多记录需要进行重新排序时，输入文件的重新排序就可能有些困难，但可惜的是，通常都是这种情况。

- 可能会产生多个输出结果。同一个数据仓库的创建程序可能会产生不同综合层次的结果。

- 需要提供默认值。有时候，数据仓库中的输出值没有对应的数据源。这时，必须提供默认值。

- 为抽取过程选择输入的数据时，其效率通常是一个问题。我们考虑一个情况，在刷新的时候，我们无法将需要抽取的操作型数据和不需要抽取的操作型数据区别开来。这时，必须读取整个文件。而读取整个文件效率很低，因为实际上只需要一小部分的记录。这将导致在线环境一直处于忙碌状态，进而挤掉了其他的处理活动。

- 经常需要进行数据的汇总。多个操作型输入记录合并成单个的"概要"数据仓库记录。为了完成汇总，那些需要汇总的详细的输入记录必须进行正确排序。当把不同类型的记录汇总为一个数据仓库记录时，必须对这些不同输入记录类型的到达次序进行协调，以便产生一个单一记录。

- 在数据元素从操作型环境转移到数据仓库的过程中，应该对数据元素的重命名操作进行跟踪。当一个数据元素从操作型环境移动到数据仓库时，往往会改变名字。这样，就必须生成记录这些变化的文档。

- 需要读取的输入记录具有异常的或非标准的格式。必须读取很多的输入类型，在进入数据仓库时要对它们进行转换：

- 定长记录

- 变长记录

- 出现不定

- 出现子句

必须进行转换。但是必须指定转换逻辑，转换机制（转换前后看上去应该是什么样子）会非常复杂。有时转换逻辑变得非常曲折。

- 也许最糟糕的是：必须理解并弄清楚建立在旧的传统程序逻辑中语义层次的数据关系，这样这些文件才可以用来作为输入。而这些语义关系常常是深奥难懂的，没有可供参考的文档资料。但是当数据转移到数据仓库中时，必须弄清楚这些关系。当没有文档或文档已过时时，这将非常困难。然而不幸的是，在许多传统操作型系统中，没有任何文档。这正如那句话所说："真正的程序员永远不写文档。"

- 必须进行数据格式的转换。必须进行EBCDIC到ASCII的转换（或反过来）。

- 必须考虑到进行大容量输入的问题。当只有少量的输入数据时，有很多可供选择的方案。但是，当有大量的记录需要输入时，就必须引入一些特殊的设计方案（如并行装载和并行读出）。

- 数据仓库的设计必须符合企业数据模型。这样，对于数据仓库的设计和建立就会有一定的规则和限制。数据仓库的输入数据遵从的是很久以前编写的应用程序的设计说明书。然而，从最初编写这个应用程序到现在，应用程序依据的业务条件或许已经改变了十次。针对程序代码，也做过许多没有编写的文档的维护工作。另外，这个应用或许没有与其他应用集成的需求。在设计和建立数据仓库的时候必须考虑到所有的这些脱节之处。

- 数据仓库反映的是对信息的历史需求，而操作型环境体现对当前信息的即时需求。这意味着当数据从操作型环境转移到数据仓库环境时可能需要加入时间元素。

- 数据仓库着眼于企业的信息化需求，而操作型环境则着眼于精确到秒的企业日常事务需求。

- 必须考虑将要进入数据仓库的新创建的输出文件的传输问题。在有些情况下，这很容易做到；在另外一些情况下，就不那么容易了，尤其是涉及跨操作系统的时候。另一个问题是将进行转换的位置问题。转换是在运行操作型环境的机器上进行？还是将数据传送到数据仓库环境中，在那里进行转换？

还有更多需要考虑的问题。以上列出的仅仅是当一个程序员着手装载一个数据仓库时所需面对的各种复杂性功能的一部分。

在数据仓库早期发展过程中，除了手工建立处理集成的程序之外别无选择。程序员使用COBOL、C和其他语言编写这些程序，人们很快发现这些程序冗长乏味，并且有大量重复。而且，对这些程序需要不断维护。很快，出现了将操作型环境数据集成过程自动化的技术，也就是抽取/转换/装载（ETL）软件。第一个出现的ETL软件是非常粗糙的，但很快它就成熟起来，可以处理几乎所有转换。

ETL软件划分为两类，产生源代码的软件和产生参数化的运行时模块的软件。产生源代码的软件比运行时软件要强大，它可以以原有数据的格式对它们进行访问，而运行时软件则需要首先对原有数据格式进行统一。统一之后，运行时模块就可以访问原有数据。不幸的是，对原有数据格式进行统一的过程颇费心思。

在任何情况下，ETL软件都可以使转换、重新格式化、从多个传统操作型数据源中集成数据的过程自动进行。只有在非常特殊的情况下，试图手工建立并维护操作型/数据仓库接口才是有意义的。

ETL软件的一个替代品是ELT（extract/load/transform抽取/装载/转换）软件。ELT软件的优点是在转换的同时可以引用大量的数据。ELT的缺点是它试图抽取和装载数据而跳过转换过程。当转换过程被跳过的时候，数据仓库的价值就显著地减少了。

3.9　数据仓库记录的触发

引起数据仓库的数据载入的基本的业务交互活动可以称为"事件－快照"交互。在这种交互中，某个事件（一般是在操作型环境中）触发了数据快照，然后这个快照转移到数据仓库环境中。图3-42象征性地图示了一个"事件－快照"交互。

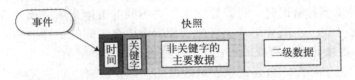

图3-42　数据仓库中的每个快照都是由某一事件触发的

3.9.1　事件

如本章前面所述，触发快照的业务事件可能是一个重要活动的发生，比如：进行一次销售，一次货物入库，通一次电话，或者发送一次货物。这类业务事件称作业务活动产生的事件。在数据仓库中，另一类触发快照的业务事件是规律性的时间推移标志。如一天的结束，一个星期的结束，或一个月的结束。这类业务事件称作时间产生的事件。

业务活动引起的事件是随机的，而时间推移所触发的事件则不是随机的。与时间相关的快照的建立是有规律的并且是可以预知的。

3.9.2　快照的构成

如本章前面所述，放置在数据仓库中的快照一般包括几个构成部件。一个是标志事件发生的时间单元。一般来讲（并不是必然的），时间单元标记快照产生的时间。另一个部件是用来标识快照的关键字。数据仓库快照的第三个部件是与关键字相关联的主要、非关键字数据。另外一个可选部件，是在形成快照时偶然捕获并被置入快照中的二级数据。这些数据往往称作关系的人工因素。

在数据仓库中，最简单的情况下，公司每一个重要的运作活动都将触发一次快照。在这种情况下，公司内已经发生的一些业务活动与被置入数据仓库的快照数目之间是一一对应的。当这种一一对应关系存在的时候，数据仓库就能追踪与某一主题域有关的所有历史活动。

3.9.3 一些例子

每当发生操作型业务活动时，就产生一个快照，这样的例子可以在客户文件中找到。每当一个顾客搬迁、更改电话号码或者换工作的时候，数据仓库就相应改变，一个连续的顾客历史记录就写入数据仓库。有一个记录跟踪该顾客从1989~1991年的活动。另一个记录跟踪他从1991~1993年的活动。还有一个记录跟踪这个顾客从1993年到现在的活动。这个顾客的每次活动都会在数据仓库中产生一个新的快照。

另一个例子，考虑一下保险公司的保险金支付业务。假设保险金按每半年支付一次，那么，每隔6个月，就会在数据仓库中创建一个快照记录，用来描述保险金的支付情况，包括支付时间、支付金额等。

当数据量不是太大，数据稳定（不是经常变化），并且需要详细历史记录时，通过存储已发生的每次活动的详细情况，数据仓库可以跟踪每一件业务事件。然而，当数据经常变化时，业务状况的每次改变无法都详细记录到数据仓库中。

3.10 概要记录

但是，在很多情况下，数据仓库中的数据并不满足稳定和不常改变的标准。有时数据量是巨大的。有时数据的内容经常发生变化，而且，有时业务上并不要求特别详细的历史记录。当出现上述的一种或多种情况时，可以建立另一种不同的数据仓库记录。这种记录可以称为聚集记录或概要记录。一个概要记录把操作型数据中许多不同的、详细的记录组合在一起形成一条记录。一条概要记录以聚集的形式代表了许多条操作型记录。

就像单个活动记录那样，概要记录表示数据的快照。二者之间的区别是：数据仓库中的单个活动记录代表了单一的事件，而概要记录代表的则是多个事件。

如同单个活动记录一样，概要记录也是由某事件所触发——要么是一个业务活动，要么标记规律性的时间推移。图3-43说明一个事件触发一个概要记录的创建。

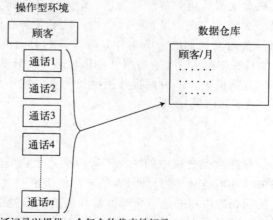

聚集每月的通话记录以提供一个复合的代表性记录

图3-43 从一系列详细记录创建一个概要记录

概要记录由许多详细的记录聚集创建。如电话公司可能在月底整理用户在本月所有的电话业务，把这些业务聚集在数据仓库中的一个单一的用户记录中。这样，就创建了一个代表性记录，该记录反映了该用户在一个月之内的所有电话业务。再如，银行或许会把一个顾客全月的活动收集起来，创建一条聚集的数据仓库记录，这条记录代表了顾客这个月内的所有银行活动。

将操作型数据聚集形成一条数据仓库记录的过程可以采取多种形式，如：

- 可以对操作数据的取值进行汇总。
- 可以对操作数据单元进行计数，以便获得单元的总数。
- 可以对数据单元进行处理，找出最高值、最低值、平均值等。
- 可以捕获第一个和最后一个数据。
- 对于某些类型的数据，可以量度出处于给定的几个参数界限之内的数据。
- 可以捕获在一段时间内某一时刻有效的数据。
- 可以捕获最老的数据和最新的数据。

将操作型数据代表性地聚集成概要记录的方式是没有限制的。

建立概要记录有另一个非常吸引人的好处，就是为最终用户的访问和分析提供了一种紧凑的、方便的数据组织形式。如果组织得好，把许多记录的精华聚集为一个记录，最终用户会很方便，只需在一个地方就可以找到所需要的数据。通过在数据仓库中把数据预先打包为聚集记录，数据体系结构设计人员把用户从大量的劳动和繁重的处理中解放了出来。

3.11 管理大量数据

在许多情况下，数据仓库中需要进行管理的数据的规模是一个重要问题。建立概要记录是管理数据量的一种有效技术。在把操作型环境中的详细记录转化为概要记录的过程中，数据量可能显著降低。通过建立概要记录可能（事实上通常）使数据量降低2～3个数量级。由于这个优点，能够创建概要记录是每一个数据体系结构设计人员都应该具备的一种强有力的技术。

然而，采用这种方式也有其不足之处。当采用概要记录方式的时候，必须清楚这样将会使数据仓库失去一些能力或功能。首先，只要进行了数据聚集，就会丢失一些细节数据。但有时，丢失细节数据并不一定是件坏事。这时，设计者必须能够保证，丢失的细节对于利用该数据仓库进行决策支持的分析人员来讲是无关紧要的。数据体系结构设计人员保证所丢失的细节并不特别重要的第一道防线（最简单有效的）就是迭代式地建立概要记录。这样，设计人员在做出修改时，就具有一定的灵活性。

第一遍的概要记录内容设计为第二遍的设计提供依据，依此类推。只要数据仓库循环开发过程中每一遍走得很小很快，就不至于在概要记录中忽略对最终用户来讲是重要的某种需求。但是，在创建概要记录时，如果第一遍循环开发的规模非常大，设计者可能会把自己带入危险的境地。这时，由于数据仓库相当大，它的内容不能仔细改动，从而导致以后将丢失重要细节，设计人员将使自己陷于难堪的境地。

为了保证重要细节在概要记录的创建过程中不被永久地丢失，有第二种方法（可以和第一种共同使用），就是在建立概要记录的同时建立历史细节的备用层，如图3-44所示。这种备用的细节并不会经常用到，它存储在较慢的、便宜的顺序存储器上，不容易访问到，使用起来较为麻烦。但是需要的话，细节确实是存在，可以访问的。当管理部门需要某种程度的细节数据的时候，不管如何不容易，总可以检索到这些数据，尽管需要花费一些时间和金钱。

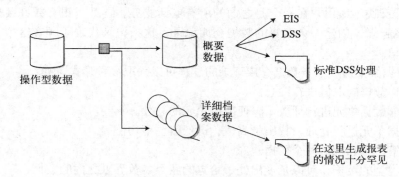

图3-44 传统数据仓库体系结构的一种可选形式——需要所有细节数据都可以得到，并且正常情况下对大多数DSS处理都可以获得高性能

3.12 创建多个概要记录

根据相同的细节可以创建多个概要记录。在电话公司的例子中，单个通话记录可以用来创建顾客概要记录、地区通信量概要记录、线路分析概要记录等等。

概要记录可以放入数据仓库，操作型数据存储区，也可以放入以数据仓库为数据源的数据集市。当概要记录放在数据仓库的时候，它是通用的。如果概要记录放在数据集市中，则这些记录应该是为使用这个数据集市的部门定制的。当概要记录放在操作型数据存储区（Operational Data Store, ODS），可以以OLTP的方式存取。

将操作型记录聚集成一条概要记录的过程通常是在操作型服务器上完成的。这是因为操作型服务器能管理大量的数据，而且在任何情况下，这些数据都驻留于服务器上。通常，创建概要记录的过程涉及数据的排序和合并过程。一旦建立快照的过程变得十分复杂冗长时，就应该怀疑是否有必要建立快照。

为概要记录记载的元数据记录与为单一活动快照而记载的元数据记录非常类似。不同的是，聚集记录的过程成为一条重要的元数据。（从技术上讲，关于聚集过程的记录是"元过程"信息，而不是"元数据"信息。）

3.13 从数据仓库环境到操作型环境

操作型环境与数据仓库环境的不同与任何两个环境可能的不同是一样的，从内容、技术、用途、所服务的群体等许多方面来讲都是不同的。对二者之间的接口有详细的说明。当数据从操作型环境转移到数据仓库环境时，要经过一次基本的转换。由于众多原因（业务处理的顺序、操作型处理的高性能要求、数据寿命、操作型处理的面向应用特性等等），数据从操作型环境到数据仓库环境的流动是自然和正常的。从操作型环境到数据仓库这种正常数据流动如图3-45所示。

有时会有这样的问题，从数据仓库环境到操作型环境可以传送数据吗？换言之，数据是否可以反向传送？从技术角度讲，当然可以，这种数据传送在技术上是可行的。虽然这种反向流动并不是常规情况，但在一些特殊的情况下，确实存在这种数据"回流"。

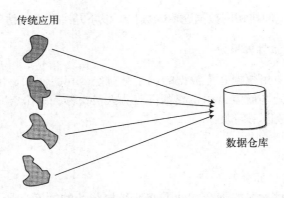

图3-45 传统应用和数据仓库体系结构设计环境中的正常数据流动

3.14 数据仓库数据的直接操作型访问

图3-46说明了最简单数据回流的动态过程，即由操作型环境对数据仓库环境进行直接数据访问。在操作型环境中向数据仓库中的数据提出了访问请求。这个请求被传送到数据仓库环境中，然后找到所需要的数据，接着再传输到操作型环境中。很明显，从动态过程的角度来看，这不会是一个简单的传送过程。

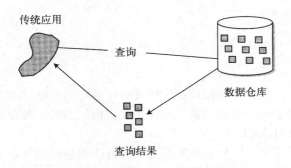

图3-46 从传统应用环境对数据仓库的直接查询

在由操作型环境直接访问数据仓库数据的过程中，有一些严格的、不能妥协的限制。下面列出了这样的一些限制：

- 从响应时间的角度来讲，这个请求必须能够忍受冗长的响应时间。它可能在经过24个小时后才被响应，这意味着请求数据仓库数据的操作型处理决不具有在线特性。
- 对数据的请求必须是最小量的。数据的传输是以字节计的，而不是以MB或GB计。
- 管理数据仓库所用到的技术必须与管理操作型环境所用到的技术一致，如容量、协议等。
- 从数据仓库取得的、准备传输到操作型环境的数据必须不做（或仅需做最小量的）格式化。

这些条件限制了从数据仓库到操作型环境的大量的数据直接传送。很容易明白在数据的直接访问时为什么仅仅有少量的数据回流。

3.15 数据仓库数据的间接访问

由于严格的、不可妥协的传输条件，由操作型环境到数据仓库数据的直接访问很少发生。但是，对数据仓库数据的间接访问则完全是另一回事。事实上，数据仓库的一个最为高效的使用方式就是操作型环境间接访问数据仓库的数据。以下是一些间接访问数据仓库数据的例子。

3.15.1 航空公司的佣金计算系统

一个有效的间接使用数据仓库数据的例子是航空公司。例如，考虑一笔航空公司的订票交易。旅行社代表客户与航空公司机票预订服务人员交涉。这个客户想购买一张某一航班的机票而旅行社需要知道以下问题：

- 还有座位吗？
- 座位票价是多少？
- 旅行社能获得多少佣金？

如果航空公司支付太多的佣金，他们将获得旅行社的这笔交易，但是会损失一部分钱。如果佣金太少，这家航空公司可能会失去这笔交易，旅行社将会终止订票并寻找另外一家支付佣金较多的航空公司。十分小心地计算所支付的佣金涉及航空公司的最佳利益，因为计算对于它的底线有直接的影响。

旅行社代理和航空公司职员之间的交互必须在很短的时间内完成，比如2~3分钟之内。在这么短的时间内中，航空公司职员必须输入并完成一系列事务处理，如：

- 是否有剩余座位？
- 座位是否可优先使用？
- 涉及哪些转接航班？
- 是否能转接得上？
- 票价是多少？
- 偿付多少佣金？

如果航空公司职员（他要在与旅行社代理进行交流的同时运行多个事务）的响应时间太长，那么航空公司将会因此而失去交易。因此，航空公司的最大利益在于必须尽量缩短与旅行社代理对话过程中的响应时间。

最佳佣金的计算成为交互中至关重要的部分。最佳佣金的计算需要考虑两个因素：航班当前的预订情况和历史情况。当前的预定情况提供了目前飞机票的预订情况，而历史情况则提供了过去一段时间的订票情况。从二者之间可以计算出一个最佳的佣金。

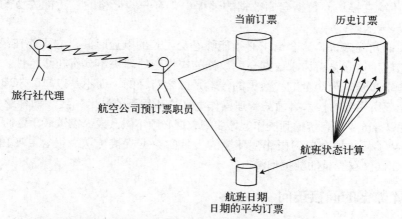

图3-47 通过读取历史数据周期地创建航班状态文件。这样航空公司代理能快速地
获得当前订票情况，并与历史平均订票情况进行比较

人们希望通过在线方式完成预订和航班历史情况的计算，但是所需处理的数据量很大，以至于如果采用在线方式，势必会影响到响应时间。相反，在有足够机器资源的地方，采用离线方式完成佣金计算和航班历史分析更为合适。图3-47说明了采用离线式佣金计算的动态过程。

离线计算和分析周期性进行，并创建一个小的易于访问的航班状态表。当航空公司职员与旅行社代理交互时，很容易查阅当前订票情况和航班状态表。结果，二者之间的对话进行得很迅速也很顺利，这样就很好地利用了数据仓库的数据。

3.15.2 零售个性化系统

在操作型环境中，间接使用数据仓库数据的另一个例子是零售个性化系统。在这样的系统中，顾客阅读到由零售商编制的目录或宣传广告后，有了购买的念头，或者至少想查询一下目录，于是就给零售商打电话。

这种对话可能持续5~8分钟。这段时间内零售商的代表需要做一系列的事情——确定顾客，记下所需的订货信息等。响应时间必须短，否则顾客将失去兴趣。

当顾客订货或咨询情况时，零售商代表查出其他一些与此有关的信息，如：
- 顾客上次购物的时间。
- 上次购物的类型。
- 客户所属的市场类别。

与顾客对话的过程中，销售代表说出如下这些事情：
- "我记得我们曾在二月份通过话。"
- "你购买的蓝色运动衫怎么样？"
- "你的那条裤子的问题解决了吗？"

一句话，销售代表在与顾客的交谈过程中，必须针对顾客的不同特点作个性化处理。这样，将会增强顾客的购买欲望。

另外，销售服务人员应该拥有市场类别信息，如：
- 男/女
- 职业/其他
- 城市/乡村市场
- 儿童
- 年龄
- 性别
- 体育
- 钓鱼
- 打猎
- 沙滩

因为对话可以进行得很个性化，而且有可用的顾客所属的市场类别信息。因此，当顾客打入电话时，销售代表能够进行针对性的提问，如：
- "你知道我们还有一款未公布的泳装衣吗？"
- "我们刚刚进了一批意大利太阳镜，我想你可能有兴趣。"
- "天气预报员预测将有一个适于打野鸭的寒冬，我们有一种特制的长筒靴。"

顾客已经花时间打了这个电话，个性化的电话服务和关于顾客对什么商品感兴趣的知识就将使得销售商在不增加资本投入、不增加广告量的情况下增加收入。这种个性化的电话对话正是通过对数据仓库的间接访问而完成的。图3-48表明如何成功实现这种个性化服务的动态过程。

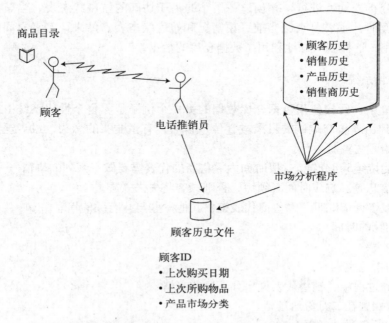

图3-48 电话推销员只要稍一留意马上就可以取得顾客历史信息

后台（即数据仓库环境中）有一个分析程序在不断读入和分析顾客的记录。这个分析程序通过一种复杂的方法扫描、分析顾客的历史记录。它周期性地提供给操作型环境一个包括下面内容的文件：

- 上次购物的日期。
- 上次购物的类型。
- 市场分析/市场类别信息。

当顾客打入电话时，这个文件早就已经以在线的方式为零售销售代表准备好了。

3.15.3 信用审核

再一个由操作型环境间接利用数据仓库的例子是在银行或金融领域中的信用审核过程。它用来确定一个顾客是否有资格获得贷款的一种审核过程。例如，假设顾客来到出纳窗口要求贷款。出纳员需要用户的一些基本信息，然后决定是否提供贷款。这种交互过程也发生在一个很短的时间内，大概5~10分钟。

为了确定是否应该提供贷款，需要进行一些处理。贷款请求首先经过一个简单筛选处理。如果贷款金额较小，而且贷款人有一个稳定的经济背景，那么就可以决定给他提供贷款，而不必再加以审核。然而，如果贷款金额较大，或者贷款人没有稳定的预知的经济来源，那么就需要继续审查。

后台审核程序依赖于数据仓库。事实上，这种审核是综合的，需要对顾客的各个方面进行调查，例如：
- 偿还历史。
- 私有财产。
- 财务管理。
- 净值。
- 全部收入。
- 全部开销。
- 其他的无形资产。

这种大范围的背景检查过程需要大量的多方面的历史数据。这部分贷款审核处理过程不是花几分钟时间就能完成的。

为了在最短的时间内满足尽可能多的顾客要求，需要编写一个分析程序。图3-49说明了这个分析程序是如何与信用审核过程中其他部件协调工作的。分析程序定期地启动运行，创建一个在操作环境下使用的预先审核文件。除了其他数据之外，预先审核文件包括如下方面：
- 客户身份信息。
- 核准的信贷限额。
- 特殊的核准限额。

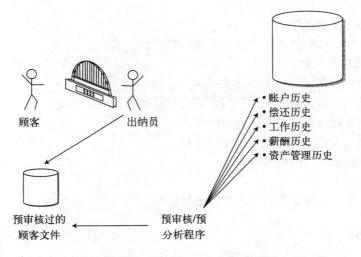

图3-49 银行出纳员可以立即使用预审核过的顾客信用文件

这样，当顾客想申请获得贷款时，出纳员利用高性能的在线方式就可以决定给予（或不给予）客户贷款。仅当顾客贷款金额超过预先核准的限额时，才需要经过贷款官员的进一步审核。

3.16 数据仓库数据的间接使用

对于间接利用数据仓库来讲，还有一种正在出现的模式，如图3-50所示。

由一个程序对数据仓库进行定期的分析，以检验相关的特征和标准。这种分析过程将在在线环境中产生一个小文件，其内容包括了有关企业业务方面的简明信息。这个在线文件能快速有效地使用，这样就与操作型环境中的其他处理功能的风格相匹配起来了。

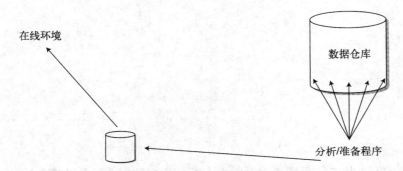

图3-50 使在线操作型环境可以间接地使用数据仓库数据的方法

下面是间接使用数据仓库数据时应考虑的几个因素：

■ 分析程序：
  • 拥有许多人工智能的特征。
  • 可以运行在任何可用的数据仓库中。
  • 在后台运行，这样处理时间就不是一个问题（至少不是一个大问题）。
  • 程序的运行与数据仓库发生变化的速度一致。

■ 周期性刷新：
  • 不是经常进行。
  • 以一种替代模式操作。
  • 从支持数据仓库的技术传送数据到支持操作型环境的技术。

■ 在线预分析数据文件：
  • 每个数据单元仅仅包括少量的数据。
  • 总体上可以包含大量的数据（因为可以有很多的数据单元）。
  • 准确地包含在线处理人员所需要的东西。
  • 不被修改，但是以批量方式周期性刷新。
  • 是在线高性能环境的一部分。
  • 访问效率高。
  • 适于访问单个数据单元，而不是大批量数据。

3.17 星形连接

数据仓库设计绝对是一个适合于使用规范或关系型方法的领域。关于为什么规范化可以产生数据仓库的最优设计，有几个很好的原因：
  ■ 可以带来灵活性。
  ■ 很好地适用于粒度化的数据。
  ■ 规范化方法不是对任何给定的处理需求集合都是最优的。
  ■ 能很好地与数据模型相匹配。

当然，如果整个机构都用同一种方式观察数据，对规范化模型进行一些小的调整也是可以的。例如，如果保存了每月数据，当机构需要观察每月数据时，总是要观察所有的月度数据，那么将所有月度数据存放在一起无疑是很有意义的。

在数据仓库技术中经常提到的一种不同于数据库设计方法是多维方法。这种方法需要星形连接、事实表和维。多维方法只适用于数据集市，而不适合数据仓库。

数据集市在很大程度上是根据需求来形成的，这与数据仓库不同。为了建立一个数据集市，首先要对在数据集市上进行的处理的需求有很多了解。一旦这些需求已知，可以将数据集市建成一个最优的星形连接结构。

但数据仓库与此有着本质不同，这是因为数据仓库是为一个非常大的群体服务的，正因为如此，数据仓库对于任何一个需求集合而言，性能和便捷性都不是最优的。数据仓库是根据企业信息需求而非部门信息需求建立的。因此，对于数据仓库建立星形连接将是一个错误，因为最终结果是数据仓库在牺牲所有其他群体利益的代价中对一个群体实现了最优。

多维方法对于数据集市的数据库设计的吸引力起始于数据模型。所有使用数据模型作为设计基础的实践都有一些缺点。考虑如图3-51所示的简单数据模型。

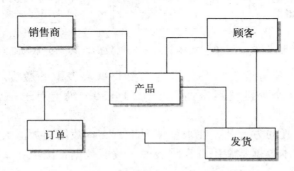

图3-51　简单的二维数据模型会给人所有实体都平等的印象

图中所示的数据模型中有四个相互关联的简单实体。如果数据库设计只需要考虑数据模型的话，可以推断所有的实体都是平等关系。换言之，从数据模型的设计角度来看，所有的实体之间的关系是对等的。仅仅从数据模型的角度着手设计数据仓库会产生一种"平面"效应。实际上，由于种种原因，数据集市的实体绝不会是相互对等的。一些实体需要有自身的专门处理。

为了明确为什么从数据模型的角度看一个企业中的数据和关系会发生失真，考虑数据仓库中数据的一种三维透视（图3-52）。图3-52表明了这种三维透视，代表销售商、顾客、产品、发货的实体稀疏地载入，而代表订单的实体则大量地载入。将会有大量的数据载入代表订单实体的表中，而在代表别的实体的表中载入的数据量则相对较少。

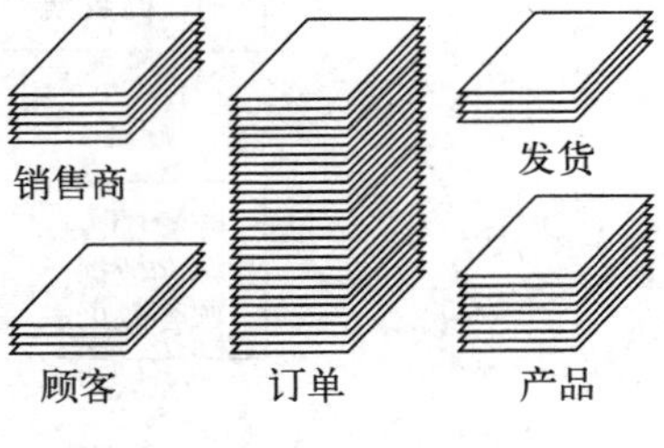

由于大量的数据要载入订单实体，因此，需要设计一种不同的处理方式。

图3-52　实体的三维透视图说明这些实体绝对不是平等的。一些实体载入的数据量远远超过其他实体

用来管理载入数据集市中某个实体的大量数据的设计结构称为星形连接。图3-53给出数据结构中星形连接的一个简单例子。"订单"位于星形连接的中央，它是大量载入数据的实体。在其周围分别是"零件"、"日期"、"供应商"和"发货"实体，这些实体仅仅会载入适量的数据。星形连接中央的"订单"称作"事实表"，而其周围的其他实体（"零件"、"日期"、"供应商"和"发货"）则称为"维表"。事实表包含了"订单"独有的标识数据，也包含了订单本身的独有数据。事实表还包含了指向其周围的表（维表）的预先连接的外键。如果非外键的信息经常被事实表使用，那么星形连接内的非外键信息将

会伴随外键的关系一起存放。例如，如果"零件"的描述被"订单"处理过程经常用到的话，那么这个描述将会与零件号一起存储在事实表中。

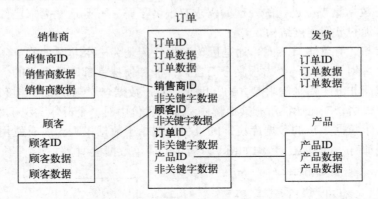

图3-53 一个简单的星形连接。"订单"实体载入了大量数据，其他实体与这些数据进行了预连接

可以有任意多个外键与维表相关。当有必要将事实表中的数据与外键数据进行匹配检查时，就需要创建一个外键关系。拥有多达20至30个维度对于一个星形连接来说是典型的。

星形连接的一个有趣的方面是，在很多情况下，文本数据与数值数据是分离开的。考虑图3-54所示的情况。文本数据常常出现在维表中，数值数据常常出现在事实表中，这种划分几乎在所有情况都会发生。

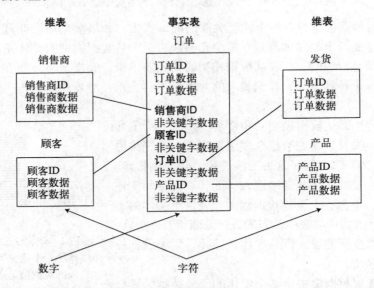

图3-54 在很多情况下，事实表装载数字型数据与外键，而维表则装载字符型数据

创建星形连接的好处是可以为决策支持系统的处理优化数据。通过预连接数据和建立有选择的数据冗余，设计者大大简化和调整访问和分析的数据，这正是数据集市所需要的。应该注意，如果不是在决策支持系统数据集市环境中使用星形连接，则会有很多的缺点。在决策支持系统数据集市环境以外，常有数据更新，而且数据关系的管理要在秒一级上进行。在这种情况下，对于创建和维护操作来说，星形连接很有可能是一种很麻烦的数据结构。但是，

由于数据集市是一个装载和访问环境，它包括历史数据，且有大量的数据要管理，因此，星形连接的数据结构对于数据集市中的处理是十分理想的。

星形连接有了作为数据集市设计的基础的恰当的位置。图3-55示出了数据集市DSS设计中星形连接和数据模型是怎样配合作为基础使用的。星形连接作为设计基础应用于数据集市中很大的实体，而数据模型则应用于数据仓库中较小的实体。

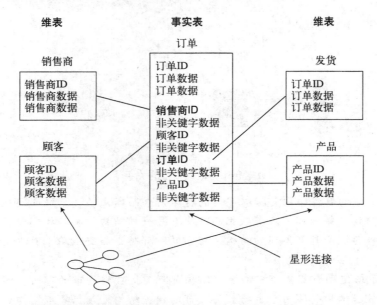

图3-55　传统数据模型适用于维表（即装载数据不多的实体），而星形
连接设计方法则适用于事实表（即大量装载数据的实体）

数据仓库与数据集市的一个问题是数据怎样从数据仓库到达数据集市。数据仓库中的数据是粒度化的，数据集市中的数据是紧凑和综合的。数据必须周期性地从数据仓库移到数据集市。数据从数据仓库到数据集市的这种转移与从原有操作型环境到数据仓库的转移相似。

必须对数据仓库中的数据进行选择，访问，重组才能适合数据集市的需求。数据集市数据经常存储于立方体中。需要形成这些立方体，并对数据仓库中存储的大量细节数据上进行多种不同的计算。简单来说，数据从规范化世界转移到多维世界时，要经历一个非平凡的过程。

这里的一个重要问题是要访问多少数据和刷新过程应该以什么样的频率进行。

　　数据集市：数据仓库的替代品？

　　业界有一种建造数据仓库非常昂贵和繁琐的说法。数据仓库确实需要非常多的资源，但是建立数据仓库绝对物有所值。不建立数据仓库的观点常常导致一种比数据仓库差的产物——通常是数据集市。这样的前提是你确实不用付出数据仓库的高昂代价和投资就可以从数据集市中得到很多收益。

　　从短期的角度来看，这种观点确实有一些优点。但从长期的角度来看，数据集市永远不可能代替数据仓库。原因如下面的图所示。

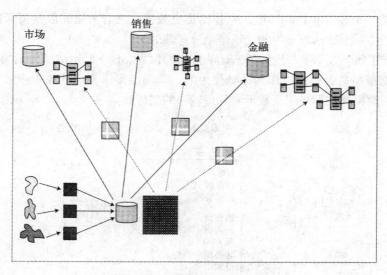

数据仓库与数据集市的关系

数据集市中的数据结构是根据部门的特殊需求而建立的。金融部门在其数据集市中有一种结构，销售部门在其数据集市中有另一种结构，而市场部门在其数据集市中又有一种与这两种都不同的结构。它们的所有结构都要依赖于数据仓库中粒度化的数据。

任何一个给定的数据集市中的数据结构都与其他数据集市的不同。例如，销售数据集市的数据结构将不同于市场数据集市的数据结构。数据集市结构一般是星形连接并且包含事实表和维表。数据集市结构一般是多维结构并由OLAP技术支撑。

因为每一个数据集市都有一个不同的数据结构，试图将任何一个数据集市转变成为数据仓库都不具意义。当把一个数据集市的星形连接转变成数据仓库时，数据仓库只对一个数据集市及其用户是最优的，而对其他任何数据集市和用户都不是最优的（或实际可用的）。数据集市产生的结构对于在被优化的部门中操作的工作人员以外的人来说是不可重用的。

通常数据集市数据结构贯穿整个企业，不可重用，没有灵活性，不能作为调和矛盾的基础，也不能为新出现的未知需求集合提供便利。然而，数据仓库中规范化粒度数据却正好满足所有这些要求。

3.18 支持操作型数据存储

一般来说，操作型数据存储（ODS）有四类：
- 第I类，第I类ODS中，从操作型环境到ODS的数据更新是同步进行的。
- 第II类，第II类ODS中，操作型环境与ODS的数据更新之间有2~3个小时的间隔。
- 第III类，第III类ODS中，操作型环境与ODS的数据更新的同步是在夜间完成的。
- 第IV类，第IV类ODS中，从数据仓库到这类ODS的更新是不预先规划的。图3-56示出了这种支持。

数据仓库中的数据在分析后，定期地放置到ODS中。传送到ODS中的数据都是概要数据，即这些数据概括了不同数据的实际出现情况。作为概要数据的一个简单例子，假设对一个顾客的交易细节进行分析。顾客活动已经持续几年了。通过分析数据仓库中的交易，可以产生关于一个顾客的以下概要信息：

- 顾客名与顾客ID。
- 顾客数据量——高/低。
- 顾客带来的盈利——高/低。
- 顾客活动的频繁程度——非常频繁/非常偶然。
- 顾客喜好/厌恶（跑车，苏格兰麦芽酒）。

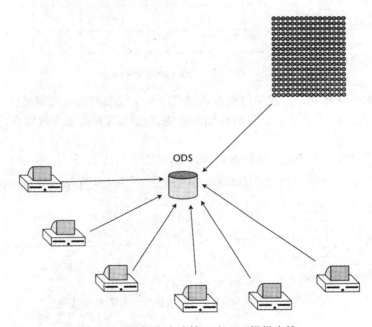

图3-56 数据仓库为第IV类ODS提供支持

概要记录中的每一类信息都是通过对数据仓库中的众多详细记录检查、分析建立的。这样，数据仓库中的数据与第IV类ODS中的概要数据在本质上有所不同。

3.19 需求和Zachman框架

数据仓库不是由处理需求建造成的，而是根据企业需求而设计的。企业需求集中于整个企业，而不只是直接的应用程序。企业需求综合地看待对于处理、数据和基础框架的所有需求。

聚集和组织企业需求的最好的办法之一是叫做Zachman框架的方法。Zachman框架方法以它的发明者——John Zachman的名字命名，他是企业体系结构的先驱者之一。图3-57描述了Zachman框架。

Zachman框架是保证企业的所有方面都在系统开发中得到考虑的便捷工具。矩阵方法要求考虑到所有的方面，而不仅是少数几个方面。Zachman框架的建立需要建立一定的规则，以及从不同的方面看待组织的信息需求。以许多方式，为一个组织建立Zachman框架的直接产物是视图和上下文关系。出现了很多次的情况是，设计者在事先不用检查所有众多的信息需求方式和使用方式的情况下设计一个系统。建立Zachman框架迫使一个组织用一种对于它本身和它的长期信息需求有益的方式思考问题。Zachman框架建立起来以后，这个组织就建立起一张可以用于精确表述企业需求的蓝图。

	数据	功能	网络	人	时间	目标
范围						
企业模型						
系统模型						
技术模型						
组件						
功能系统						

图3-57 Zachman框架

Zachman框架一旦建立，企业的信息需求就可以从中提取出来。根据提取的需求，就可以建立企业数据模型。然后根据企业数据模型，就能以迭代的方式建立数据仓库，这个在前面已经讨论过了。

图3-58展示了从Zachman框架到数据仓库开发的过程。

数据仓库的设计和开发与由建立Zachman框架而得到的企业视图之间是互相依存的关系。

图3-58 从Zachman框架到数据仓库开发的发展过程

3.20 小结

数据仓库设计始于数据模型。企业数据模型用于操作型环境设计，而修改后的企业数据模型用于数据仓库。数据仓库以一种反复进行的方式建造。无法事先预知数据仓库的需求。数据仓库的建造以一种与传统操作型系统完全不同的开发生命周期进行。

数据仓库开发者主要关心的问题是对大量数据的管理。为了达到这个目标，数据粒度与分区成为数据库设计的两个最重要问题。然而，这里仍然存在很多其他的物理设计问题，其中大部分围绕数据访问的效率。

当数据从传统操作型环境向数据仓库中传送时，数据仓库就开始装载数据。数据从传统操作型环境向数据仓库传送要经过一个非常复杂的转换、重新格式化和集成的过程。当数据进入数据仓库时经常存在一个时间的转变。一些情况下，操作型数据没有加时戳，而另一些情况下，则需要对操作型数据的粒度级别进行调整。

数据模型有三个层次——高层，中层，低层。数据模型是能够采用反复方式建造数据仓库的关键。高层模型中的实体与企业的主要主题域有关。低层模型与数据仓库的物理数据库设计有关。

在最低层次的数据库设计中，如果整个机构对数据都有统一的观察方式，那么可以进行轻度反向规范化处理。数据轻度反向规范处理的一些技术包括建立数组、明智地建立数据冗余以及建立创造性索引。

数据仓库记录的基本结构包括时戳、关键字、直接数据和二级数据。所有（以某一种形式或其他形式进行的）数据仓库数据库设计都遵循这种简单模式。

参照表应当置于数据仓库中，并与其他数据一样根据时间变化进行管理。对包含在数据仓库中的参照数据的设计有多种方法。

数据以一种称为"时间间隔"的方式装载进入数据仓库。这意味着操作型环境一有活动发生，数据不是马上进入数据仓库。相反，操作型环境新更新的数据可以在操作型环境中停留达24小时，然后才转移到数据仓库。

数据在从操作型环境向数据仓库环境的传送过程中所经历的转换是非常复杂的。这其中有DBMS的变化、操作系统的变化、硬件体系结构的变化、语义的变化和编码变化等等。在数据从操作型环境向数据仓库环境的传送中要考虑到许多种问题。

数据仓库中记录的创建是由操作型环境中发生的活动或事件触发的。一些情况下，发生了如销售这样的事件；另一些情况下，则是用于标记规律性的时间推移的事件，如一个月的结束、一个星期的结束。

概要记录是由许多不同的历史活动组成的复合记录。概要记录是数据的复合表示。

星形连接是一种经常被错误地应用于数据仓库环境的数据库设计技术。在星形连接多维方法中，数据库设计是基于一个主题域中数据的出现次数和数据的访问方式进行的。星形连接设计适用于数据集市领域，而不适用于数据仓库领域。使用星形连接来建造数据仓库是一种错误，因为这将使建立起来的数据仓库对于一部分用户来说是最优的，而无法为所有其他用户带来最优的结果。

第4章　数据仓库中的粒度

确定数据仓库中数据的恰当的粒度是数据仓库开发者需要面对的一个最重要的设计问题。如果数据仓库的粒度确定得合理，设计和实现中的其余方面就可以进行得非常顺畅；相反，如果粒度确定得不合理，就会使得所有方面都很难进行。

粒度对于数据仓库体系结构设计人员也非常重要，因为粒度会影响到那些依赖于从中获得数据的数据仓库的所有环境。粒度影响数据传送到不同环境中的效率，从而决定可以进行的分析的类型。

粒度的主要问题是使其处于合适的级别，粒度级别既不能太高也不能太低。

如第2章所述，在选择适当粒度级别的过程中需要进行的权衡将围绕管理大量的数据和存储尽可能高粒度级别上的数据来进行，避免因细节数据量太大而导致的数据无法使用的问题。此外，如果有真正非常大量的数据，就要考虑将数据中不活跃的部分移送到溢出存储器上。

4.1　粗略估算

确定适当粒度级别所要做的第一件事就是对数据仓库中将来的数据行数和所需的DASD（直接存取存储设备）数进行粗略估算。毫无疑问，即使在最好的情况下，也仅能做一下估计。但在建立数据仓库之初，所需的其实也只是一个对数量级的估计。

对将在数据仓库中存储的数据的行数进行粗略估算对于体系结构设计人员来说是非常有用的。如果数据只有10 000行，那么几乎任何粒度级别都不会有问题。如果数据有10 000 000行，那么就需要一个低的粒度级。如果有100亿行，不但需要有一个高粒度级，还可能将大部分数据移到溢出存储器上去。

图4-1给出了一个计算数据仓库占用空间的方法路径。第一步是确定数据仓库中将要创建的所有表。通常情况下，几乎总是有一两个非常大的表和许多小一些的支持表。然后，估计每张表中行的大小。确切的大小可能难以确定，估计一个下界和一个上界足矣。

```
估算数据仓库环境中的行数/空间大小
1. 对每一个已知的表：
      计算一行所占字节数的
      •最大估计值
      •最小估计值
   一年内，
     最大行数可能是多少?
     最小行数可能是多少?
   五年内，
     最大行数可能是多少?
     最小行数可能是多少?
   对表的每个关键字：
     该关键字的大小（按字节）是多少?
   一年总的最大空间＝最大行大小×一年内最大行数
   一年总的最小空间＝最小行大小×一年内最小行数
2. 对所有已知的表重复第1步。
```

图4-1　空间/行计算

接下来，估计一年内表中可能的最少行数和最多行数。这也是设计者所要解决的最大问题。比方说一个顾客表，估计在一定的商业环境和该公司的商业计划影响下的当前的顾客数。如果当前没有业务，将其估计为总的市场业务量与期望市场份额的乘积；如果市场份额不可预测的话，就使用对竞争对手估计出的业务量。总之，以一个从一方或多方收集的对顾客数的合理估算作为出发点。

如果数据仓库用来存放业务活动，就不是估计顾客数量，而是估计在每个时间单位内进行的业务活动情况。同样，可以用相同的方法，分析所选时间段当前的业务报告、竞争对手的业务情况、经济学家的预测报告以及平均顾客活动情况等等。

估计完一年内数据仓库中数据单元的数量（用上下限推测的方法）后，重复用同样的方法对五年内的数据进行估计。

粗略数据估计完成之后，还要计算一下索引数据所占的空间。确定每张表（对表中的每个关键字或会被直接搜索的数据元素）的关键字或数据元素的长度，并弄清楚是否原始表中的每条记录都存在关键字。

现在，将各表中行数可能的最大值和最小值分别乘以数据的最大长度和最小长度。另外，还要将索引项数目与关键字长度的乘积累加到总的数据量中确定出最终需要的数据总量。

计算完索引之后，考虑备份和恢复需要多少空间。在一些情况下，备份和恢复使用磁盘存储器。在其他情况下，使用离线存储器。在一些情况下，只备份所有表中的一部分。在其他情况下，所有的表都被锁在一起，并且作为一个整体进行备份。

注意   对数据仓库大小的估计预测几乎总是偏低，而且，数据仓库的增长速率一般比预测的要快。

4.2 规划过程的输入

如图4-2所示，估计出的行数和DASD数就成了规划过程的输入。进行估计时，结果的准确程度只要达到数量级就行了，更精细的准确度只不过是浪费时间。

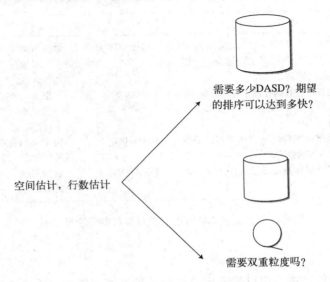

图4-2 使用空间估计得到的结果

4.3 溢出存储器中的数据

对数据仓库大小的粗略估计完成之后，下一步就是将数据仓库环境中数据的总行数和图4-3中所给出的表进行比较。需要根据数据仓库环境中将具有的总行数的多少，采取不同的设计、开发及存储方法。以一年期为例，如果总的行数少于1 000 000行，任何的设计和实现实际上都是可行的，没有数据需要转移到溢出存储器中。如果总行数是10 000 000行或略少，那么设计时就需要小心谨慎，这时也不太可能有数据一定要转移到溢出存储器。如果在一年内总行数超过100 000 000行，设计不但要小心谨慎地进行，而且有一些数据要转移到溢出存储器。如果在数据仓库环境中总行数超过10亿行，一定会有大量数据要转移到溢出存储器中去，并且在设计和实现中应该非常小心谨慎。

对于五年期，总行数将大致改变了一个数量级或更多。经推测，五年以后可能会出现如下因素：

- 在管理数据仓库中的大量数据时，将有更多可用的专门技术。
- 硬件费用将会有所下降。
- 将可以使用功能更强大的软件工具。
- 最终用户将更加专业化。

所有这些因素表明，可以对一个长期时间范围内的、量更大的数据进行管理。不幸的是，要对五年内的数据量进行准确预测几乎是不可能的，因此，这个估计只是一个粗略的推测。

有意思的一点是，数据仓库中使用的总字节数与该数据仓库的设计和粒度关系不大。换句话说，记录是25个字节长或者是250个字节长是没有关系的。只要记录的长度处于一个合理的尺寸范围内就行，如果是这样的话，则图4-3所示的表就仍然适用。当然，如果记录是250 000字节长，那么记录的长度就很重要了。然而，在数据仓库中，这种长度的记录是不多见的。忽略记录长度的理由与数据索引是密切相关的，还有其他很多东西与数据索引相关。无论创建索引的记录的大小怎样，需要相同数目的索引项。只是在特殊情况下创建索引的记录的实际大小在决定数据仓库中的数据是否应该放进溢出存储器的时候起到一定的作用。

一　年　期		五　年　期	
100 000 000	数据同时存在于磁盘与溢出存储器上，但大部分是在溢出存储器上，需要认真设计粒度	1 000 000 000	数据同时存在于磁盘与溢出存储器上，但大部分是在溢出存储器上，需要认真设计粒度
10 000 000	可能有一些数据存储于溢出存储器，但大部分仍处于磁盘中，需要考虑粒度问题	100 000 000	可能有一些数据存储于溢出存储器，但大部分仍处于磁盘中，需要考虑粒度问题
1 000 000	数据存储在磁盘上，几乎可以采用任何数据库设计	10 000 000	数据存储在磁盘上，几乎可以采用所有数据库设计
100 000	所有数据存储在磁盘上，可以采用任何数据库设计	1 000 000	数据存储在磁盘上，可以采用任何数据库设计

图4-3 将数据仓库环境中的总行数与本表进行对照

溢出存储器

数据仓库环境中的数据会以IT专业人员前所未见的速率增长。历史数据与细节数据的结合造成了这种显著的增长速率。在数据仓库出现之前，"万亿字节"和"千万亿字节"这些字眼还只用于理论中。

　　随着数据量的不断增长，经常使用的数据与不经常使用的数据出现了自然的分化。不经常使用的数据有时称为睡眠数据或不活跃数据。数据仓库在建立并使用了一段时期之后，其中的大部分数据都变旧而没人使用。此时，分离这部分数据，并将它们存储到另一种存储介质上去是非常有意义的。

　　大部分专业人员都从未在磁盘存储器之外建立过系统，但是随着数据仓库不断变大，将数据置于多种存储介质上去在经济和技术上都是有意义的。数据仓库中经常使用的数据仍然留在高性能的磁盘存储器中，而将不经常使用的那些数据转移到海量备用存储器或近线存储器中。

　　将数据存储在海量备用存储器或近线存储器中比存储在磁盘存储器中要便宜得多，而且，数据存储在海量备用存储器或近线存储器中并不是说就不能访问了。海量备用存储器或近线存储器中存储的数据与磁盘上存储的数据一样可以访问。通过将不经常使用的或睡眠数据转移到海量备用存储器或近线存储器上，体系结构设计人员就为高性能的、活跃的数据的有效使用清除了障碍。事实上，将数据转移到近线存储器能大大地提高整个环境的性能。

　　事实上，高性能的磁盘存储器有几种替代选择。一种是低性能的磁盘存储器（有时候称为"胖"存储器）。一种是近线存储器，即自动控制的基于卡式磁带机的串行磁带。还有一种串行磁带，这种磁带比近线存储器要不精密的多。事实上，高性能磁盘存储器之外还有各种物理存储媒介。

　　为了能在整个系统范围内访问数据，并为了能将不同的数据放在存储器的合适位置上，要求能为海量备用存储器/近线存储器提供软件支持。图4-4示出了海量备用存储器/近线存储器环境所需的支持基础框架的一些较重要的组成部分。

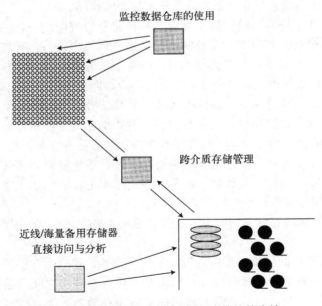

图4-4　使用海量溢出存储器要有相应的软件支持

　　图4-4中表明，为确定数据的使用情况，需要有一个数据监控工具。数据监控工具可以通过确定在数据仓库中应该在哪里存储数据，什么样的数据正在使用和没有使用。磁盘存储器和近线存储器之间的数据移动是通过一种称为跨介质存储管理器（CMSM）的软件来控制的。

针对海量备用存储器/近线存储器中的数据，如果要对其进行直接访问的话，可以使用能够知道数据在近线存储器中的存储位置的软件来完成。要有效地使用海量备用存储器/近线存储器，至少要具备三个软件组成部分。

在许多情况下，海量备用存储器/近线存储器是作为数据仓库的溢出存储器来使用的。在逻辑上，为了能实现一个数据存储映像，数据仓库同时延伸到磁盘存储器和海量备用存储器/近线存储器上。当然，在物理上，数据可以存放在任意数目的数据卷中。

存放不常用数据的溢出存储器是数据仓库的一个重要组成部分。溢出存储器对于粒度有很大影响。如果没有这种存储器，设计者必须将粒度级别调整到磁盘技术的容量和预算允许的水平。有了溢出存储器，设计者可以放手建立想要的低粒度级别。

溢出存储器可以建立在任意多种的存储介质上。一些常见的介质有光存储器、磁带（有时称为"近线存储器"）和廉价磁盘。磁带存储介质不再是那种老式的、带有真空单元且必须要有操作员关照的卷带，而是不再需要人手触及存储单元、存储量大、自动控制的筒仓式存储器，也可以快速检索筒仓等等。

备用形式的海量存储器便宜、可靠，并能存储比高性能磁盘设备（另一种存储器）所能存储的数据多得多的海量数据。这样，备用形式的海量存储器就作为数据仓库的溢出存储器。一些情况下，需要有一种能独立于存储设备进行操作的查询工具。这样，用户提出查询的时候，不需要预先知道数据存放在什么地方。查询提交后，由系统负责将数据找出来。

虽然最终用户只要获取数据而不需要知道数据放在何处是很方便的，但是，这里面蕴含了性能的代价。如果最终用户经常访问海量备用存储器里的数据，那么查询速度不会快，并且，为了给查询请求提供服务，需要消耗大量的机器资源。因此，强烈建议数据体系结构设计人员要保证存储于海量备用存储器中的数据不被经常访问。

有几种方法保证不经常访问存储于海量备用存储器的数据。一种简单的方法是当数据达到一段时间（如24个月）才将它们存放到海量备用存储器中。另一种方法是将某些类型的数据存储在海量备用存储器中，而将其他类型数据存储于磁盘存储器中。每月顾客记录汇总数据可以存储于磁盘存储器中，而生成每月汇总的细节数据则可以存储在海量备用存储器中。

在查询处理的另一些情况中，希望能将基于磁盘的查询与基于海量备用存储器的查询分开。这样，一种查询在磁盘存储器上进行，另一种查询在海量备用存储器上进行。这种情况下，不用担心需从海量备用存储器上取数据的查询带来的整体性能降低。

这种查询分离可以带来很多好处，特别是利于保护系统资源。通常，在海量备用存储器上进行的查询类型需要访问大量数据。由于这些长时间进行的活动在完全分离的环境中，数据管理员完全不必担心基于磁盘环境的查询性能。

要使溢出存储器环境正常运行，有几种软件是必需的。图4-5示出了这些软件的类型及其所处的位置。

图4-5表明，溢出存储环境要正常运行需要两个软件，跨介质存储管理器和数据活动监控器。跨介质存储管理器对在磁盘存储环境和海量备用存储环境之间的数据流动进行管理。当数据老化或访问率下降时，将从磁盘转移到海量备用存储器。当有数据请求或检测到将来会有多个数据请求时，数据可以从海量备用存储环境转移到磁盘存储环境。通过在磁盘存储器和海量备用存储器之间来回地移动数据，数据管理员可以获得系统的最佳性能。

数据活动监控器是所需的第二个软件，用于确定哪些数据正在被访问，哪些没被访问。数据活动监控器能提供数据存储的位置信息（存在磁盘存储器上还是海量备用存储器上）。

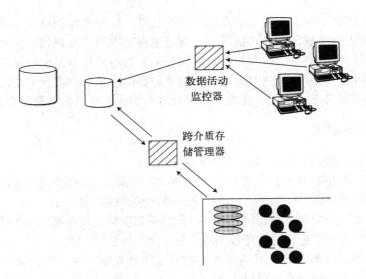

图4-5　要使得溢出存储器发挥正常作用，至少需要有两种
软件——跨介质存储管理器与数据活动监控器

4.4　确定粒度级别

　　在完成有多少数据将放入数据仓库的简单分析之后（事实上，许多公司发现他们需要至少将一部分数据存放到溢出存储器中），下一步就是确定存储在磁盘存储器中的数据的粒度级别。这一步需要一些常识和直觉。在很低的细节级上建立基于磁盘的数据仓库是没有意义的，因为处理这些数据需要太多的资源。而在太高的粒度级上建立基于磁盘的数据仓库，则意味着许多分析必须依靠溢出存储器中的数据进行。因此，确定适当的粒度级别要做的第一件事就是进行一次合理的推测。

　　进行合理的推测只是一个开端，还需要通过一定量的反复分析来改进这个推测，如图4-6所示。对于轻度综合的数据，为了确定合适的粒度级别，唯一可行的方法是将数据放到最终用户的面前。只有当最终用户实际看到了数据之后，才能做出确定的回答。图4-6说明了必须反复进行的反馈循环。

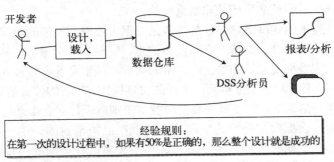

图4-6　最终用户的态度："既然我已看到我能够做些什么，我可以告诉你什么才是真正有用的"

在确定粒度级别的过程中，第二个需要考虑的是对从数据仓库获取数据的各个不同的体系结构实体的需求进行预测。在一些情况下，确定过程可以科学地进行。但实际上，这个预测不过是一种合理的推测罢了。通常，如果数据仓库中的粒度级别足够低，那么数据仓库设计就能满足所有体系结构中的实体的需求。很细节的数据总是可以进行汇总的，然而，要把不够细节的数据分开则不那么容易。因此，数据仓库中的数据需要处于最低的公共细节水平。

4.5 一些反馈循环技巧

可以使用以下的一些技巧使反馈循环和谐地进行：

- 以几个很小、很快的步骤建立数据仓库最初的几个部分，开发过程的每个步骤结束时，都要仔细聆听最终用户的意见，并准备随时做出快速的调整。
- 如果可能，使用原型并且利用从原型中收集的观察资料使反馈循环发挥作用。
- 看看别人是怎样确定他们的粒度级别的，学习他们的经验。
- 与对当前过程很了解、有经验的用户一起将反馈过程走一遍。无论如何，都要让你的用户清楚反馈循环的动态过程。
- 看看企业中那些具有意义的东西，并将那些功能需求作为参考。
- 进行联合应用程序设计（JAD）会议，并模拟输出结果以获得理想的反馈。

可以用许多方法来提高数据的粒度，如以下几条方法：

- 当源数据被放入数据仓库时，对它进行汇总。
- 当源数据被放入数据仓库时，对它求平均或进行计算。
- 把最大/最小的一组值放入数据仓库。
- 只把显然需要的数据放入数据仓库。
- 用条件逻辑仅选取记录的一个子集放入数据仓库。

对数据进行汇总或聚集有无数的方法。

在建立数据仓库时，有一个重点我们必须清楚地知道。在典型的需求系统的开发中，在还不清楚大部分需求之前就忙于进行下一步是不明智的。但是，在数据仓库的建造中，如果已知道了至少一半的需求后，还不开始建造，同样也是不明智的。换句话说，在建造数据仓库中，如果开发者想等着大多数需求明了以后才开始工作，那么这个仓库是永远建不起来的。尽快地启动与DSS分析员的反馈循环是非常重要的。

通常，在业务过程中创建事务时，这些事务是根据大量不同类型的数据建立起来的。一个订单包含零件信息、发货信息、价格、产品规格信息，等等。一个银行交易包含顾客信息、交易额、账户信息、顾客地址信息，等等。当正常的业务事务记录准备好放入数据仓库时，它们的粒度级别总是太高，必须对它们分解到一个低的粒度级别。正常的情况是要对数据进行分解。然而，至少在以下两种情况下，收集到的数据的粒度级别对于数据仓库来说是太低了：

- **生产过程控制**。模拟数据是作为生产过程的副产品被创建的。由于这些数据处于非常低的粒度级别，不能在数据仓库中使用。为了提高这些数据的粒度级别，需要对这些数据进行编辑和聚集处理。
- **在网络环境中产生的点击流数据**。收集在网络日志中的点击流数据的粒度太低，从而无法放入数据仓库中。为了使点击流数据可以被放入数据仓库，必须对数据进行编辑、清理、重新排序和汇总等处理。

由此可见，对于"业务产生的数据的粒度级别总是太高"这条规则确实存在一些例外。

4.6 确定粒度级别的几个例子[⊖]

4.6.1 银行环境中的粒度级别

下面，考虑如图4-7所示的银行/金融环境中的简单数据结构的例子。

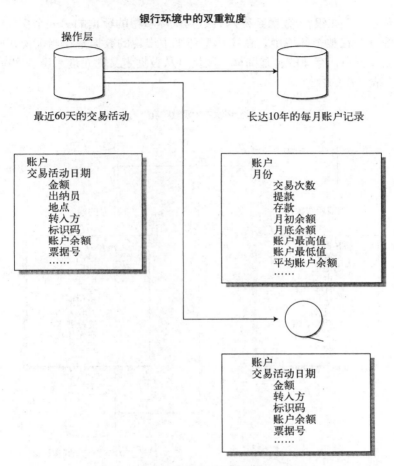

图4-7 银行环境中双重粒度的简单例子

左侧（在操作层上）是操作型数据，可以看到银行事物的细节。相当于60天的交易活动数据都存储在操作型在线环境中。

操作型数据的右边是轻度综合级的数据，总共是10年的历史活动记录。一个账户在给定月份的活动记录存储在数据仓库的轻度综合部分。这一部分仍然有很多记录，但比起源记录来说要紧凑得多。在轻度综合数据级上，DASD和数据行数都要少得多。

当然，也有档案级的数据（也就是溢出层数据），其中存储着每个细节的记录。档案级的数据存储在适合于大量数据管理的介质上。要注意，并不是数据的所有字段都传送到档案级中去。只有那些出于法律、信息等要求而需要的字段才会存储起来。即使是在档案级中，在将数据传送到档案级时，那些以后不会再用到的数据也会从系统中清除出去。

⊖ 4.6节的标题是译者根据上下文内容修改和添加的。——译者注

溢出环境可以放在单一介质上，如磁带这样的存储便宜但访问困难的介质。然而，将有可能要被访问的一小部分的档案级数据以在线的方式进行存储也是完全可能的。例如，一个银行可以将最近30天的业务记录以在线方式存储。最近30天的数据是档案级数据，而它们仍然是在线的。30天结束后，这些数据送到磁带上，腾出的空间可以存放下一个30天的档案级数据。

我们现在来看一下在银行/金融系统体系结构化环境中的数据的另一个例子。图4-8表明，所有的顾客记录分布在整个环境中。在操作型环境中出现的数据是在当前使用时准确的顾客数据，在轻度综合级中，存放的也是同样的数据（从数据定义的角度来说是同样的），但这些数据只是每月生成一次的快照。

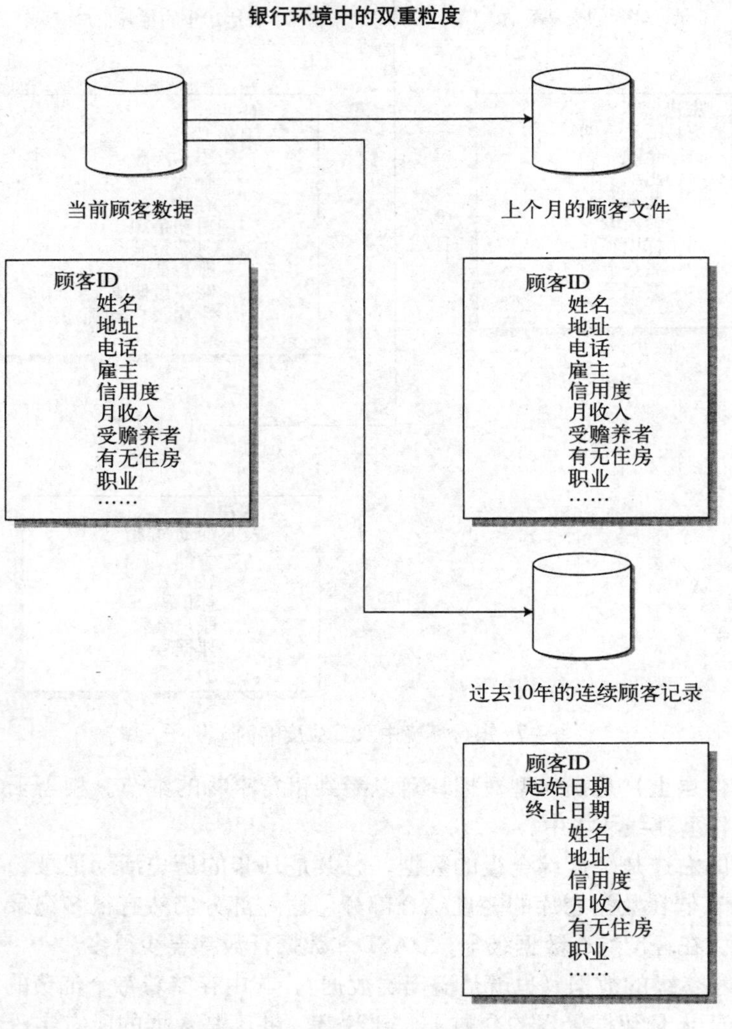

银行环境中的双重粒度

当前顾客数据   上个月的顾客文件

顾客ID
   姓名
   地址
   电话
   雇主
   信用度
   月收入
   受赡养者
   有无住房
   职业
   ……

顾客ID
   姓名
   地址
   电话
   雇主
   信用度
   月收入
   受赡养者
   有无住房
   职业
   ……

过去10年的连续顾客记录

顾客ID
起始日期
终止日期
   姓名
   地址
   信用度
   月收入
   有无住房
   职业
   ……

图4-8 银行环境中双重粒度的另一种形式

还有一个连续的文件存放长时间范围内的顾客数据（过去10年的数据），它是根据每月文件生成的。通过这种方式，一个顾客的历史记录能追溯到很长的一段时间以前。

4.6.2 制造业环境中的粒度级别

我们再来看另一类企业——制造业的体系结构化环境的一个例子，如图4-9所示。在操作层上，存储的是按给定若干零件的装配工作的完成情况的制造记录。随着装配过程的运转，每一天都会积累许多记录。

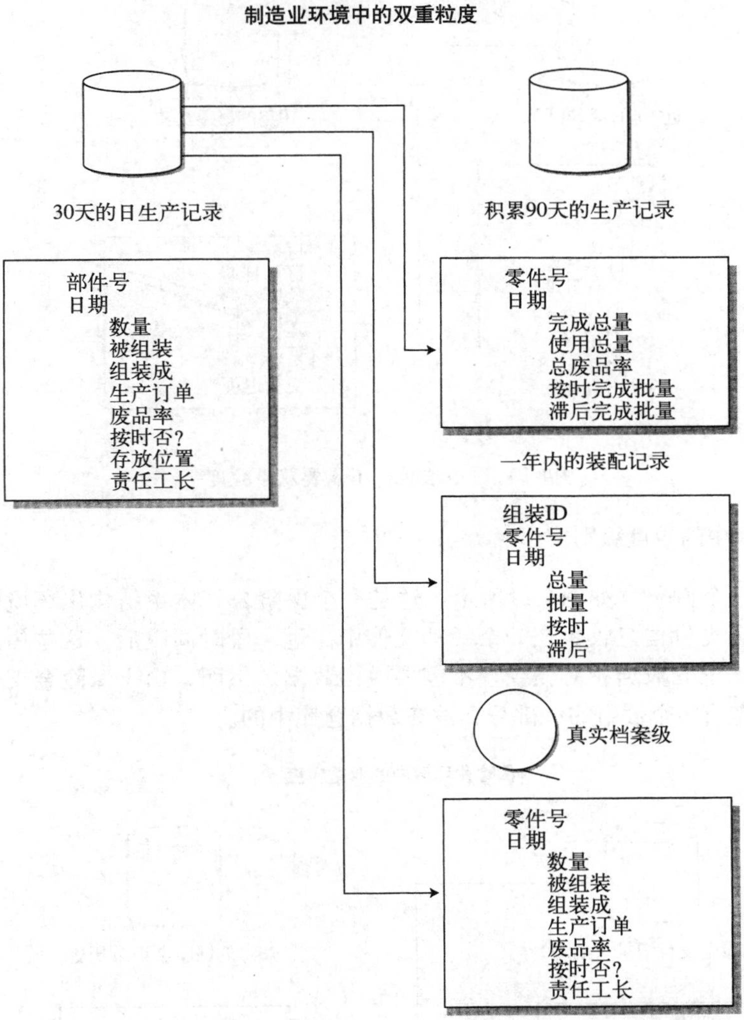

制造业环境中的双重粒度

图4-9 制造业环境中的一些不同粒度级别

轻度综合级上包括两个表，一个表按天汇总一种零件所有生产活动，另一个表按装配活动和零件进行汇总。零件的生产累计表存放的数据长达90天，而装配记录只存放数量有限的按日期汇总的生产活动数据。

档案级/溢出环境中包括每个生产活动的详细记录。与银行系统中相同，只有那些以后需要的字段才被存储起来（实际上，只有那些以后有可能有用的字段才会被存储起来）。

图4-10中，给出了另一个制造业环境中的有关数据仓库粒度的例子，在例子中，操作型环境中有一个活动订单文件。所有需要活动的订单都存储在那里。数据仓库存储着10年内的订单

历史。订单历史表有一个主关键字和几个辅助关键字。只有对以后的分析有用的数据才会存储在数据仓库中。订单数量很小，因此，没有必要将数据放到溢出层上。当然，一旦订单突然增加，那么，或许有必要转换到一个较低的粒度级，也可能需要将数据转移到溢出存储器。

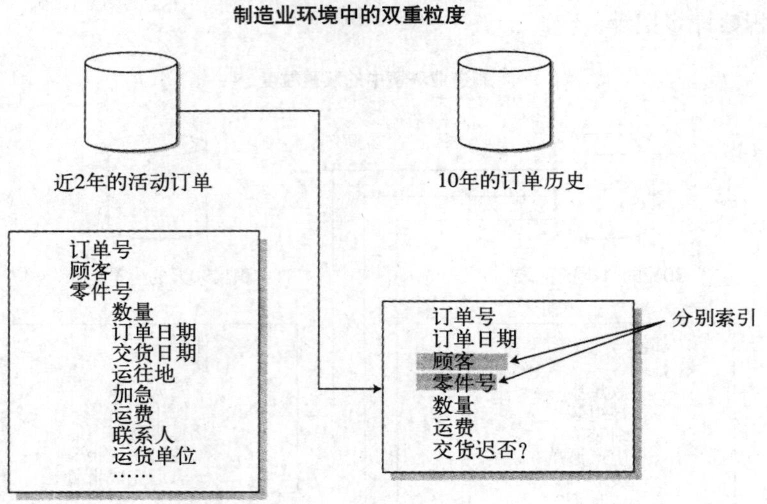

制造业环境中的双重粒度

图4-10 订单很少，不需要双重粒度

4.6.3 保险业环境中的粒度级别

请看另外的一个例子，如图4-11所示，这是一个保险公司体系结构化环境中数据的粒度转变情况。保险金支付信息收集在一个活动文件中。过一段时间以后，这些信息被传送到数据仓库中。因为这里的数据相对较少，不需要溢出数据。然而，由于保险金支付的定期性特点，支付数据是作为一个数组的一部分存放在数据仓库中的。

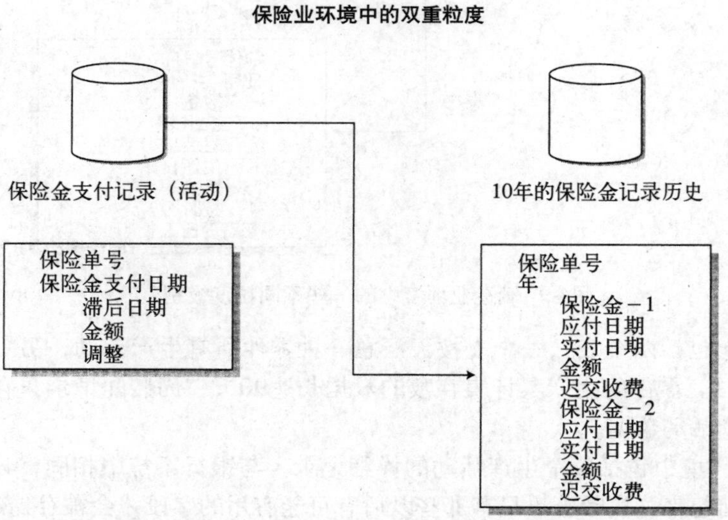

保险业环境中的双重粒度

图4-11 由于保险金支付记录数量很少，没有必要采用双重粒度；
并且由于保险金记账非常有规律，因此可以创建数据数组

作为保险业环境中的体系结构的另一个例子，考虑如图4-12所示的保险索赔信息。在当前的索赔系统中（图中环境的操作型部分），存储了大量的有关索赔的详细数据。当一个索赔已解决（或已确定不予以解决），或者索赔隔了好长时间还未办理，这个索赔的信息被传送到数据仓库中。在传送时，以多种方式对索赔信息进行汇总——按代理和月、按索赔类型和月，等等。在一个更低的细节级上，溢出存储器中以无限期方式对索赔信息进行保存。就像其他几个例子，当数据传送到溢出存储器时，只有那些以后有可能用到的数据才会被保留（这些数据是出现在操作型环境中的大部分信息）。

保险业环境中的双重粒度

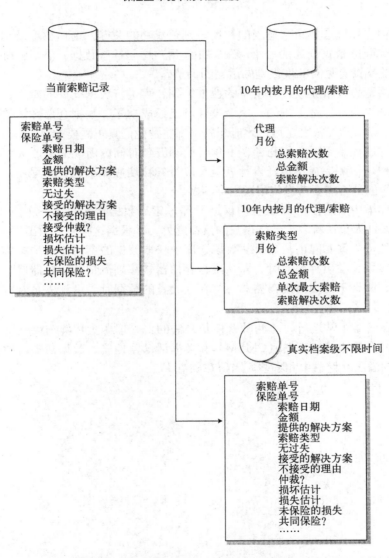

图4-12　数据仓库的轻度汇总部分中的索赔信息是按非主关键字汇总的。
索赔信息必须在数据仓库体系结构中的真实档案部分无限期存放

4.7　填充数据集市

选择数据仓库中的数据粒度的另一个重要的考虑因素是理解数据集市将会需要的数据粒度。填充数据集市是数据仓库的工作。不同的数据集市需要不同地看待数据。数据集市看待数据的方式之一是通过粒度的形式。

存在于数据仓库中的数据粒度必须是任何数据集市所需要的数据中的最小粒度。换句话说，为了合适地填充所有的数据集市，数据仓库中的数据必须在一个所有数据集市所需要的最低的粒度水平上。数据仓库中的数据于是成为DSS分析环境的最小公分母。

4.8　小结

为体系结构化环境选择一个适当的粒度级别是成功的关键。选择粒度级别的一般方法是利用常识。首先建立数据仓库的一小部分，并让用户访问这些数据。然后仔细聆听用户的意见，根据他们的反馈意见对粒度级别做适当的调整。

最坏的想法是想要事先设计好所有的粒度级别，再进行数据仓库的建造。即使是在最好的情况下，有50%的设计是正确的，这个设计就已经成功了。数据仓库环境的特点就是只有当DSS分析员实际看到了报表之后，才能想象出哪些是他们真正需要的。

粒度设计的过程始于对数据仓库在一年时间和五年时间内所能达到的大小的一个粗略估测。一旦这个粗略估测完成之后，设计者就可以得知粒度应该细到什么程度。此外，利用这个估测还可以得出是否需要考虑使用溢出存储器。

数据仓库环境中有一个非常重要的反馈循环。建造数据仓库的第一次循环设计完成后，数据体系结构设计人员认真聆听最终用户的反馈意见，并根据这些意见做出调整。

要考虑的另一个重要问题是需要从数据仓库中获取数据的不同体系结构实体所需的粒度级别。当数据转移到溢出存储器时，即从磁盘存储器转移到海量备用存储器时，粒度可以与期望的一样低。如果不使用溢出存储器，当存在大量的数据时，设计人员对粒度级别的选择就会受到约束。

要使溢出存储器正常运行，有两种软件是必需的：管理磁盘环境与海量备用存储环境之间数据流动的跨介质存储管理器（CMSM）和数据活动监控器。数据活动监控器用来确定哪些数据应当放到溢出存储器中和哪些应当留在磁盘上。

第5章 数据仓库和技术

在很多方面，数据仓库比其操作型前身（数据库）需要的一些技术特性更简单。数据仓库中没有联机的数据更新；锁定和完整性需要也非常少；而且对于远程处理接口的需要也只是最基本的，等等。但是数据仓库仍有许多技术上的需求。这一章就阐述一下这些方面的要求。

5.1 管理大量数据

在数据仓库技术以前，TB（Terabyte，万亿字节）和PB（Petabyte，千万亿字节）这样的术语是不为人所知的。数据的容量是以MB和GB来度量的。在数据仓库技术出现以后，所有的概念全改变了。原先很大的数量显得微不足道了。因为数据仓库要求在同一环境中要混合存储细节和历史数据，所以数据量急剧地膨胀。存储和管理大量的数据的问题是如此的重要，影响到数据仓库技术的各个方面。认清这点之后，对于数据仓库来说，第一个也是最重要的技术需求就是能够管理大量的数据，如图5-1所示。有许多管理大量数据的方法，并且，在大规模的数据仓库环境中，会使用多种管理大量数据的方法。

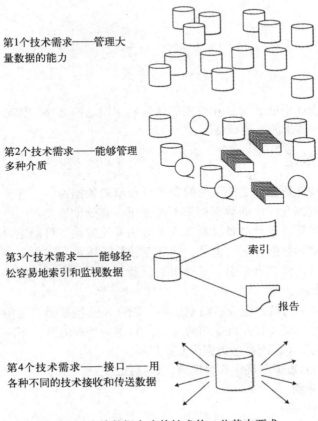

第1个技术需求——管理大量数据的能力

第2个技术需求——能够管理多种介质

第3个技术需求——能够轻松容易地索引和监视数据

索引

报告

第4个技术需求——接口——用各种不同的技术接收和传送数据

图5-1 对支持数据仓库的技术的一些基本要求

需要用许多方法来管理大量数据——通过存储在处理器和存储在磁盘中的数据灵活的寻址能力、通过建立索引、通过数据的外延、通过有效管理溢出数据等等方法。不论如何管理数据,很明显有两个根本要求——能管理大量数据的能力并且能够将其管理好的能力。有一些方法可以用来管理大量的数据但很笨拙。另外有一些方法则能以一种有效而精巧的方式来管理大量的数据。要使管理方法有效,所使用的技术一定要同时满足容量与效率的要求。

在理想的情况下,数据仓库开发者在建造数据仓库时,假定所使用的技术能够满足处理所需求数据量。在开发和实现数据仓库的时候,如果开发者不得不做过量的工作,那么所用的基本技术就存在一定的问题。当技术本身成为问题时,通常会选用一种以上的技术。如果某种技术具有将不活跃的数据移入到溢出存储器的能力,也许是最具有战略性意义的。

当然,除了基本的技术问题和效率以外,存储和处理的费用也是要考虑的因素。

5.2 管理多种介质

为了能有效和划算地管理大量数据,数据仓库中的基本技术应该能够解决多种存储介质的问题。仅仅在直接存取存储设备(DASD)上管理一个成熟的数据仓库是不够的。下面给出的是各种层次级别的存储设备的存取速度和费用的情况:

主存	非常快	非常贵
扩展内存	非常快	贵
高速缓存	非常快	贵
DASD	快	适中
磁带	不快	不贵
近线存储	不快⊖	不贵
光盘	不慢	不贵
缩微胶片	慢	便宜

由于存在数据仓库中的数据量和数据的访问率不同这两方面的因素,所以一个满载的数据仓库应该放在多种层次的存储设备上。

5.3 索引和监控数据

数据仓库的本质就是能够支持灵活的和不可预测的数据访问。这要求能够对数据进行快速和方便的访问。数据仓库中的数据如果不能方便、有效地建立索引,那么这个数据仓库就不能算是成功的。当然,设计者可以利用许多方法来使数据尽可能地灵活,例如,在不同的存储介质中分布数据和数据分区。但是,这些存放数据技术一定要支持方便的索引,一些索引技术常常是有用的,如二级索引、稀疏索引、动态索引、临时索引等等。而且,建立和使用索引的费用不能太高。

同样,数据仓库中的数据也应能随意监控。而且,监控数据的费用不能太高,过程也不能太复杂。在需要时,监控程序应能随时运行。与事务处理的监控不同,数据仓库活动的监控决定哪些数据被使用了,而哪些数据没有被使用。

监控数据仓库中的数据能确定很多因素,包括:

• 是否需要数据重组。

⊖ 找到所要的第1条记录不快,但找到该块中所有其他记录非常快。

- 索引是否建立得不恰当。
- 是否有太多或不足数据在溢出区中。
- 数据存取的统计成分。
- 剩余的可用空间。

如果数据仓库技术不能对数据仓库中的数据进行方便而有效的监控，那么这个技术是不合适的。

5.4 多种技术的接口

数据仓库另一个非常重要的问题是能够用各种不同的技术接收和传送数据。数据从操作型环境和ODS中传入数据仓库，从数据仓库传入数据集市、DSS应用、探查和数据挖掘数据仓库以及海量备用存储设备。这个过程必须是流畅且容易进行的。如果在向数据仓库传送数据和从数据仓库传出数据时有很大限制，那么这种支持数据仓库的技术实际上是没有用的。

除了要能高效而且方便地使用以外，进出数据仓库的接口必须能够在批模式下运行。接口若能以在线模式运行，是很吸引人的，但这种模式不是非常有用。从数据到达操作型环境开始到数据准备被传入数据仓库这段时间内，通常存在一段静止期。因为这个延迟，数据到数据仓库的在线传送过程几乎是不存在的（与到第1类ODS的在线传送过程相反）。

不同技术的接口要求考虑如下几个因素：

- 数据能否很容易地从一个DBMS传送到另一个DBMS？
- 数据能否很容易地从一个操作系统传送到另一个操作系统？
- 在传送过程中数据是否需要改变它的基本格式（EBCDIC，ASCII等等）？
- 数据多维空间的处理通道能否容易地实现？
- 能否选择增量数据传送，比如变化数据捕获（CDC），而不是传送整个表？
- 数据在传送到其他的环境中时是否有内容丢失？

5.5 程序员/设计者对数据存放位置的控制

出于对数据访问效率和更新的考虑，程序员/设计者必须在物理的块/页一级上对数据的存放进行特殊控制，如图5-2所示。

存放数据仓库数据的技术可以将数据放到任何它认为合适的地方，只要该项技术能在需要时明确地调整就行。如果该项技术坚持将数据存放在某一物理位置而不允许程序员对其进行调整，这将是一个严重的错误。

程序员/设计者经常安排数据的物理存储位置，使之适合其使用。这样做可以使数据访问更加经济。

5.6 数据的并行存储和管理

数据仓库中数据管理的最强大的特征之一是数据的并行存储和管理。当数据并行存储和管理时，可以极大提高性能。而且，用并行的方法可管理的数据量将显著增长。通常，假定对数据的访问是等概率的话，性能的提高与数据所分布的物理设备的多少成反比。

整个数据的并行存储和管理是非常复杂的，通常，当数据能够并行管理时，管理数据的容量是没有限制的。或者说，如果有限制的话，也是经济上的限制而不是技术上的。

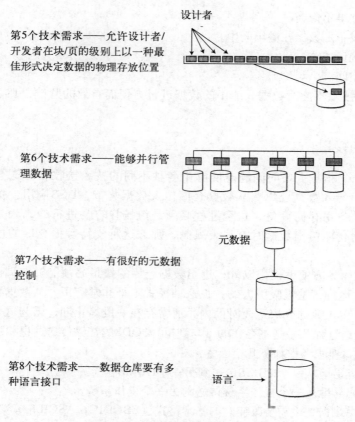

图5-2 数据仓库的另外一些技术需求

元数据管理

如第3章所提到，由于各种各样的原因，元数据在数据仓库中比在传统操作型环境中更重要。元数据之所以重要是由于与数据仓库相关的开发生命周期与传统开发生命周期在根本上是不同的。数据仓库是在一种启发式、迭代式的开发生命周期上运作的。为了更加有效，数据仓库的用户应该能够对准确和实时的元数据进行访问。如果没有一个好的元数据源支持运作的话，DSS分析人员的工作就非常困难。典型地，数据仓库的语言接口应该包括以下几个方面：

- 数据仓库的表结构。
- 数据仓库的表属性。
- 数据仓库的源数据（记录系统）。
- 从记录系统到数据仓库的映射。
- 数据模型的说明。
- 抽取日志。
- 访问数据的公用例行程序。
- 数据的定义/描述。
- 数据单元之间的关系。

值得注意的是元数据有多种不同的形式。一种形式是业务元数据，另一种是技术元数据。

业务元数据就是对业务人员有用或有价值的元数据。技术元数据就是对技术人员有用或有价值的元数据。

另一个要考虑的元数据就是每一个业务智能环境的技术都有其自己的元数据。报表作者，业务智能工具，ODS环境和ETL都有其自己的元数据。

5.7 语言接口

数据仓库应该有丰富的语言规定。程序员和DSS最终用户用于访问数据仓库中数据的语言应该易于操作而且稳健。没有一种稳健的语言接口，进入数据仓库和访问其中的数据就非常困难。而且，访问数据仓库的语言一定要是高效的。

一般，数据仓库的语言接口需要满足以下几点：

• 能够一次访问一组数据。
• 能够一次访问一条记录。
• 特别要保证，为了满足某个查询要求能够支持一个或多个索引。
• 有SQL接口。
• 能够插入、删除、更新数据。

实际上，根据所进行的操作的不同，有不同类型的语言。这些语言包括数据挖掘和数据探查时数据的统计分析语言、数据的简单访问语言、处理预制查询的语言、优化接口图形特性的语言。这些语言都有它们各自的优缺点。

由于SQL语言的复杂性，强烈需要一种语言接口，这个接口能够创建和管理SQL语言的查询，以至最终用户不需要实际了解或是使用SQL语言。换句话来说，语言接口不应以SQL语言的形式出现，而是以更好更优的组织形式出现在普通最终用户前。

在大多数公司内部，仅仅只有技术人员才直接写SQL查询语句。而所有其他的人，包括最终用户，需要一种比SQL语言更加简单的数据接口。

5.8 数据的有效装载

数据仓库的一个重要的技术能力就是能够高效地载入数据，如图5-3所示。不管什么地方，对于高效载入要求都是重要的，对大型的数据仓库更是如此。

向数据仓库中载入数据有两种基本的方式：通过一个语言接口一次载入一条记录，或者使用一种工具全体批量地装入。通常，通过工具装入数据的方式是比较快的。另外，在装载数据的同时，索引也必须高效地装入。有些时候，为了平衡工作负载，数据索引的装载可以推迟。

当数据装载的容量负荷成为一个问题时，经常采用并行装载。出现这种情况时，要装载的数据被分成几个工作流。一旦对输入的数据进行划分以后，每一个工作流独立于其他工作流执行。由于将数据分为几个工作流，装载数据所消耗的总时间就降低了（粗略来讲）。

另一种相关的高效装载大量数据的方法是在装载之前先对数据进行缓冲处理。通常来说，大量的数据在抽取/转换/装载（ETL）软件处理之前被集中在一起放入缓冲区。在传送到ETL层之前，需要对缓冲区中的数据进行合并（编辑、汇总，等等）。只有当数据量很大而且处理的复杂性很高时，才需要对数据进行缓冲处理。设置缓冲区的另一种情况是协调合并数据的需要。假设来自源ABC的数据在上午9时即可进入到数据仓库，但是，来自源BCD的数据必须和来自源ABC的数据相合并。然而，来自源BCD的数据在下午6时才能到达。所以在处理数据之前，来自源ABC的数据必须在缓冲区内等待来自源BCD的数据的到来。

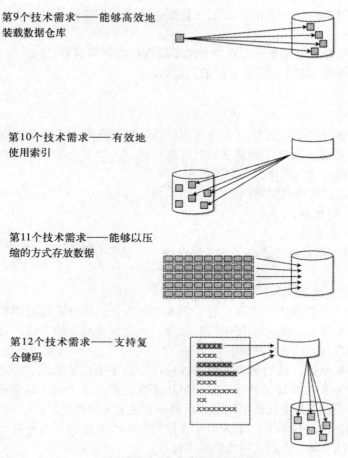

第9个技术需求——能够高效地
装载数据仓库

第10个技术需求——有效地
使用索引

第11个技术需求——能够以压
缩的方式存放数据

第12个技术需求——支持复
合键码

图5-3　进一步的技术需求

5.9　有效利用索引

　　数据仓库技术不仅必须能够方便地支持新索引的创建和载入，而且必须能够高效地访问这些索引。数据仓库技术能以如下几种方式支持高效的索引访问：

- 用位图。
- 用多级索引。
- 将部分或全部索引装入内存。
- 当被索引数据的次序允许压缩时对索引项进行压缩。
- 创建选择索引和范围索引。

　　除了索引的高效存储和扫描以外，在主存储器层次上对数据的后续访问也很重要。不幸的是，对主存数据访问的优化并不像对索引数据的访问一样有那么多选择。

5.10　数据压缩

　　数据仓库环境的成功之处在于能够管理大量的数据。达到这一目标的主要原因是数据压缩。当数据压缩后，便能存储在很小的空间中。另外，当数据被存储到很小的空间中时，对数据的访问也就更加有效。数据压缩和数据仓库的环境尤为相关，因为数据在进入数据仓库环境中后，很少会被更新。数据仓库中的数据的稳定性减少了在更新被紧密压缩的数据时会出现的空间管理问题。

　　数据以压缩的形式存储数据所带来的另一个好处是程序员可以充分发挥给定I/O资源的功效。当然，针对数据的访问，会有一个相应的解压缩的问题。虽然解压缩需要一定的开销，但这个开销不是I/O资源的开销，而是CPU资源的开销。通常，在数据仓库环境中，I/O资源比CPU资源少得多，因此，数据的解压缩并不是一个主要的问题。

5.11　复合主键

　　在数据仓库环境中，一种简单而又重要的技术需求就是能够支持复合主键。这种主键在数据仓库环境中随处可见，主要是因为数据仓库中数据的时变特性，以及形成数据仓库的原子数据中主键/外键关系相当常见的关系。

5.12　变长数据

　　数据仓库环境的另一个简单而又重要的技术需求是有效地管理变长数据的能力，如图5-4所示。变长数据如果经常更新和改变，就会带来严重的性能问题。但当变长数据很稳定，例如在数据仓库中时，就没有固有的性能问题。

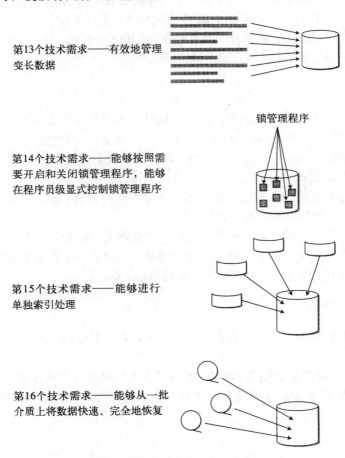

图5-4　数据仓库还需要的另外一些技术

另外，由于数据仓库中数据的多样性，必须对数据的变长结构进行支持。

5.13　加锁管理

数据库技术的一个基本部分是加锁管理。加锁管理程序确保没有两个或两个以上的用户在同一时刻对同一条记录进行更新。但在数据仓库中，并没有更新操作。取而代之的是，数据存储在一系列的快照记录中。当数据改变时，将会加入一个新的快照记录，而不是进行数据更新。

应用加锁管理程序所产生的一个影响是它消耗了相当数量的资源，即使数据没有被更新也是一样。一直将加锁管理程序处于运行状态会消耗很多资源。因此，为了使数据仓库环境更加合理，需要有选择地将加锁管理程序打开或关闭。

5.14　只涉及索引的处理

数据库管理系统的一个基本特征是能够进行只涉及索引的处理。在许多情况下，只查看一个索引（或一些索引），用不着查看数据的最初数据源就可以满足某些请求，因而非常有效。但并不是所有的DBMS都能智能地辨别索引是否能满足请求。

如果在索引中查找数据的请求可以明确地表示出来，而且/或者允许查询用户指明已经指定了一个这样的索引查询的话，则数据仓库环境中的最好的技术应该能以独占方式在索引中查找数据。这样，DBMS技术必须能为DSS最终用户提供这种选择，让用户指明一个索引查询能否被执行，以及该查询在这种方式下能否得到查询结果。

5.15　快速恢复

数据仓库环境的一个简单（而重要的）技术特性，是能够从非直接存取存储设备中快速地恢复一个数据仓库表。当可以从二级存储设备上进行恢复时，可能节约大量的开支。如果不具备从二级存储设备上快速恢复数据的能力，通常的做法是将DASD的数目增加一倍，然后将其中的一半作为恢复/复原的存储区。

快速恢复能力应该不仅能恢复全部数据库，还能恢复部分数据库。数据仓库中所具有的数据的大小决定了只有数据库的一部分能被恢复。

另外，DBMS需要尽可能地以一种自动的模式去侦测发生的错误。把数据损坏检测的任务留给最终用户是非常不明智的。另外一个比较有用的技术是创建用来判定哪些数据已经被损坏的诊断工具的能力。诊断工具必须能在大量数据中工作。

5.16　其他的技术特征

这里所讨论的数据仓库特征只是最重要的一些。有许多其他的特征，但由于数量太多而不便详述。

值得注意的是，传统的事务处理DBMS中的许多其他DBMS技术特性在用于支持数据仓库环境时，只能起到很小的作用（如果它们还能起作用的话）。这样的一些特征包括：

- 事务完整性。
- 高速缓存。
- 行/页级的锁定。
- 参照完整性。

- 数据视图。
- 部分块载入。

事实上，不论何时在数据仓库环境中使用基于事务的DBMS，由于这些特性将会阻碍数据仓库中高效的数据处理，所以较好的方法是将这些特性关闭。

5.17 DBMS类型和数据仓库

随着数据仓库技术的出现，人们认识到DSS是现代信息系统基本结构不可缺少的一部分，一类新的DBMS产生了。这类新的DBMS可以称为"**数据仓库专用数据库管理系统**"。数据仓库专用数据库管理系统是特别为数据仓库技术和DSS处理而优化设计的。

在数据仓库技术以前，只存在事务处理，DBMS系统为这种处理类型的需要提供支持。但是，在数据仓库中的处理是截然不同的。数据仓库环境中的处理类型可以概括为装载和访问过程。数据从原来操作型数据环境和ODS中集成、转换和装载到数据仓库中去。一旦进入数据仓库，集成的数据就在那里访问和分析。在数据仓库中，数据一旦被装载，通常是不更新的。如果需要对数据仓库更正和调整的话，也是在对数据仓库数据没有分析操作的空闲时间进行。而且，这些改变也是通过加入一个当前的数据快照来完成。

传统的事务处理数据库环境和数据仓库环境的另一个重要的区别在于，数据仓库环境中有很多的数据，比一般的操作型环境中要多得多，以万亿或千万亿计，而一个通用的DBMS通常管理下的传统事务处理数据库中的数据要少得多。数据仓库要管理大量的数据，是因为它们包括如下内容：

- 粒化的原子细节。
- 历史信息。
- 细节和汇总数据。

谈到基本的数据管理功能，数据仓库用与标准的操作型DBMS非常不同的一组参数进行优化。

传统的通用DBMS和数据仓库专用DBMS的第一个也是最重要的区别在于数据更新是如何进行的。传统的通用DBMS必须将记录级的、基于事务的更新作为一个正常的操作部分。由于记录级、基于事务的数据更新是通用DBMS的一般特征，所以它必须提供以下功能：

- 锁定。
- 提交。
- 检查点。
- 日志磁带处理。
- 死锁。
- 逆向恢复。

不仅这些特征确实已成为DBMS一个常规部分，它们的开销也是巨大的。有趣的是，当DBMS不使用时也要耗费这笔开销。换句话说，当通用DBMS仅执行只读操作时，DBMS也至少要提供更新和锁定的开销（取决于DBMS）。根据不同的通用DBMS，更新所需的开销能不同程度地最小化，但不能完全没有。而对于一个数据仓库专用的DBMS来说，不用支付任何更新所需的开销。

通用DBMS和数据仓库专用DBMS之间的第二个主要区别是对基本数据的管理的不同。对于通用的DBMS来说，对数据在块级上的管理要包括一些附加的空间，这些空间是用于以后更新和插入数据时块的扩展。一般情况下，这些空间是自由空间。对于通用DBMS，自由空间可能占到50%。对于数据仓库专用的DBMS，根本就不需要自由空间，因为数据一旦装入到数据仓库后是不需要更新的，也就没有物理块扩展的需要。事实上，给定了数据仓库中要管理的数据量后，留下以后将永远不会用到的大量空间是没有任何意义的。

数据仓库和通用环境之间的另一个相关的区别反映在不同类型的DBMS上，是索引的区别。通用DBMS环境限制在有限数量的索引，这个限制是因为当有数据的更新和插入时，索引本身需要空间和数据管理。然而，在数据仓库环境中没有数据的更新，却有必要对数据的访问进行优化，也有多种索引的必要(和机会)。事实上，数据仓库相对于操作型的、面向更新的数据库来说，能够应用更稳健和更完善的索引结构。

除了索引、更新和物理块级上的基本数据管理以外，在数据管理能力和策略上，通用DBMS和数据仓库专用DBMS之间还存在其他一些基本区别。其中，这两种类型的DBMS最基本的区别可能是在物理上以优化方式组织数据以适应不同类型访问的能力。通用DBMS在物理上组织数据是为了优化事务的访问和处理。以这种方式进行的组织使得许多不同类型的数据可以根据一个公共关键字聚集起来，并能有效地通过1次或2次I/O访问。最适合于信息型访问的数据通常具有一个区别很大的物理描述。最适合于信息型访问的数据是经过组织的，可以使对同一类型数据的许多不同值能够通过1次或2次物理I/O高效地进行访问。

数据能够在物理上得到优化以便于事务访问或DSS访问，但无法同时做到这两点。通用的、基于事务的DBMS只针对事务访问对数据进行优化，而数据仓库专用的DBMS则针对DSS访问和分析在物理上对数据进行优化。

5.18 改变DBMS技术

信息仓库需要考虑的一个有趣的因素是，在数据仓库数据已经载入以后， DBMS技术发生变化。有以下几个原因说明进行这种改变：

- 当今可用的DBMS技术，在数据仓库首次载入数据时并不一定适合。
- 数据仓库大小已经增长到一定的程度，要求提出新的技术方法。
- 对数据仓库的使用逐步增加，也发生了很多变化，使得当前的数据仓库的DBMS技术不满足要求了。
- 需要不时地对基本的DBMS选择进行审查。

是否应考虑找一种新的DBMS技术？要考虑的因素是什么？以下的几点非常重要：

- 新的DBMS技术是否满足可预知的需求？
- 从旧的DBMS技术向新的DBMS技术的转换应该怎样去做？
- 转换的程序应该怎样改变？

所有的这些考虑因素中，最后一个是最令人头痛的。即使在最好的情况下，试图去改变转换程序也是一项很复杂的工作。

事实上，一旦数据仓库已经采用了一个DBMS，在以后某个时间进行更改是可能的。但这种情况在事务处理的过程中是永远不可能的，因为一旦采用了一个DBMS，只要事务处理系统仍在运行当中，这个DBMS就必须保持不动。

5.19 多维DBMS和数据仓库

一项在数据仓库中经常讨论的技术是多维数据库管理系统处理（有时称为OLAP处理）。

多维数据库管理系统或者数据集市提供了一种信息系统结构，这种结构可以使企业灵活地对数据进行访问，可以用多种方法对数据进行切片、分块，动态地考察汇总数据和细节数据之间的关系。多维DBMS为最终用户提供了灵活性和控制功能。为此，它非常适合于DSS环境。如图5-5所示，多维DBMS和数据仓库之间存在着非常有趣和互补的关系。

数据仓库中的细节数据为多维DBMS提供了非常稳健和方便的数据源。因为多维DBMS需要定期地刷新，为此，数据要定期从数据仓库中导入到多维DBMS中。由于历史应用数据在进入数据仓库时被集成，多维DBMS就不再需要从操作型环境中抽取与集成它所需要的数据。另外，数据仓库在最低级别上保存了数据，这样就能为那些使用多维DBMS的用户在需要的时候进行的低级别分析提供"基础"数据。

可能有人会认为多维DBMS技术应该是用于数据仓库的数据库技术，事实上除一些非常特殊的情况外，这种想法是不正确的。那些为了多维DBMS技术的功能而对其进行优化的性质并不是数据仓库的最基本的重要特性。数据仓库中最重要的特性也不是多维DBMS技术的特性。

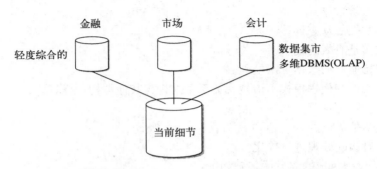

图5-5　数据仓库的传统结构以及当前细节数据是如何同部门数据
（或多维DBMS，数据集市）结合起来的

看一下数据仓库和多维DBMS的区别：
- 数据仓库有大量的数据；多维DBMS中的数据至少要少一个数量级。
- 数据仓库只适于少量的灵活访问；而多维DBMS适合大量的不可预知的数据访问和分析。
- 数据仓库内存储了很长时间范围内的数据（从5年到10年）；而多维DBMS中只存储较短时间范围内的数据。
- 数据仓库只允许分析人员以受限的形式访问数据，而多维DBMS允许自由的访问。
- 多维DBMS和数据仓库有着互补的关系，而并不是数据仓库建立在多维DBMS之上的关系。

数据仓库和多维DBMS关系中有趣的一点是，数据仓库可以为非常细节的数据提供基础，而这些数据在多维DBMS中通常是看不到的。数据仓库能容纳非常详细的数据，这些数据在导入多维DBMS时被轻度综合了。而导入到多维DBMS之后，数据会被进一步地汇总。在这种模式下，多维DBMS可以包含除了非常细节以外的所有数据。使用多维DBMS的分析者可以以一种灵活而高效的方法来对多维DBMS中所有不同层次的数据进行钻取。如果需要，分析者还可以向下钻取到数据仓库。通过这种方式将数据仓库和多维DBMS相结合，DSS分析者可以得到这二者的好处，在大部分时间里在多维DBMS中享受操作高效的优点。同时，还可以向下钻取到最低层次的细节数据。

另一个优势是汇总的信息在多维DBMS中计算和聚集后存储在数据仓库中。这样，汇总数据在数据仓库中能比在多维DBMS中存储更长的时间。

数据仓库和多维DBMS还有一个方面也是互补的。多维DBMS存放中等时间长度的数据，根据应用的不同从12个月到15个月。而数据仓库存放数据的时间跨度要大得多——从5年到10年。基于这一点，数据仓库就成为多维DBMS分析者进行研究的数据源。如果需要，多维DBMS分析者可以高兴地知道有大量的可用数据，而不用为在他们的环境中存储所有这些数据而进行花费。

多维DBMS有不同的特色。一些多维DBMS建立在关系模型基础上，而另一些多维DBMS建立在能优化"切片和分块"数据的基础上，在这里数据可以认为存储在多维立方体内。后者的技术基础可以称为立方体基础或OLAP基础。

两种技术基础都支持多维DBMS数据集市。但在这两种技术基础之间存在着一些差异。

多维DBMS数据集市的关系型基础如下：

■优点：
- 能支持大量数据。
- 能支持数据的动态连接。
- 已被证实是有效的技术。
- 能够支持通用的数据更新处理。
- 如果对数据的使用模式不清楚，关系型结构与其他结构一样好。

■弱点：
- 性能上不是最佳的。
- 不能够对访问处理进行优化。

多维DBMS数据集市的立方体基础如下：

■优点：
- 对DSS处理在性能上是优化的。
- 能够对数据的非常快的访问进行优化。
- 如果已知数据访问的模式，则数据的结构可以优化。
- 能够很轻松地进行切片和分块。
- 可以用许多途径进行检测。

■弱点：
- 无法处理像标准关系模式那么多的数据。
- 不支持通用更新处理。
- 装载的时间很长。
- 如果想选取的访问路径不被数据设计所支持，这种结构就显得不灵活。
- 对数据的动态连接的支持是有问题的。

多维DBMS(OLAP)是一种技术，而数据仓库是一种体系结构基础。这两者之间存在着依存的关系。在通常情况下，数据仓库是作为需要流入多维DBMS的数据的基础，将选出的细节数据的子集转入多维DBMS，在那里对数据进行汇总或聚集。但在某些范围内，有一种观点是多维DBMS并不需要数据仓库作为它的数据的基础。

如果没有数据仓库作为多维DBMS的基础，那么装入多维DBMS中的数据就是直接从旧的、历史应用环境中得到的。图5-6展示了数据直接从历史环境中装入多维DBMS中的情形。由于它很直接，并且很容易实现，所以这种方法很吸引人。一个程序员能立刻开始工作来建造它。

传统的应用   多维DBMS数据集市   金融

图5-6 从没有当前细节数据的应用建立多维DBMS数据集市

不幸的是，图5-6所示的体系结构中有一些并不是那么明显的主要缺陷。由于各种各样的原因，将数据仓库中的当前细节级的数据装入多维DBMS环境提供数据比将历史应用的操作型环境中的数据装入其中更具意义。

图5-7展示了将数据仓库的当前细节级的数据装入多维DBMS环境中。在导入数据仓库的过程中，对旧的、历史的操作型数据进行了集成和转换。

一旦到了数据仓库以后，被集成的数据就以当前细节数据的级别存储。多维DBMS就是要载入数据仓库中这一级别的数据。

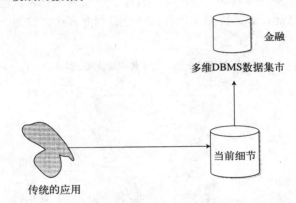
金融   多维DBMS数据集市   传统的应用   当前细节

图5-7 从应用环境流入当前细节级再到多维DBMS数据集市的数据流

初看起来，图5-6和图5-7所示的两种结构之间似乎并没有本质上的区别。事实上，将数据首先装入到数据仓库中似乎是浪费精力。但是，有一个非常好的理由说明为什么创建多维DBMS的第一步是将数据集成到数据仓库中。

考虑一下在通常情况下，一个公司需要建立多个多维DBMS。金融部门需要自己的多维DBMS，财务部门也需要。市场部、销售部和其他部门也都需要自己的多维DBMS。因为在公司里会有众多的多维DBMS，所以图5-6所示的情形会变得非常复杂。在图5-8中，将图5-6扩展成了一个实际的情形。众多的多维DBMS直接而独立地从历史系统环境中获得数据。

图5-8表明，众多的多维DBMS直接从相同的历史应用中获得数据。那么，这种结构有什么问题呢？问题如下：

- 抽取数据所需进行的开发量是巨大的。每一个不同的部门多维DBMS都需要定制开发一套适合自己的抽取程序。抽取处理过程有大量的重叠。这样，浪费的开发工作量很大。当多维DBMS是从数据仓库中抽取数据时，它只需要一套集成和转换的程序。
- 当多维DBMS是从历史系统环境中直接抽取数据时，并没有数据的集成基础。每个部门的多维DBMS对于怎样从不同的应用中集成数据都有自己的解释。不幸的是，通常一个部门集成数据的方法和其他部门对相同数据的集成方法是不同的。结果导致最终没有单一集成的、确定的数据源。相反地，在建造数据仓库时，有一个能够作为构造基础的单一的、集成的、确定的数据源。

- 维护所进行的开发工作量是巨大的。在旧的传统应用中，仅仅一个改变就会影响许多抽取程序。有抽取程序的地方由于这个改变而做一些改动，而且这种改动会很多。当有了数据仓库后，由于只需要写很少的程序来处理历史环境和数据仓库的接口，所以应用中的改变所产生的影响也是最小的。

- 需要消耗的硬件资源的数量是很大的。对于每一个部门的每一个抽取处理，同样的历史数据都要顺序地重复传送。而在数据仓库中，历史数据只需要传送一次来刷新数据仓库中的数据。

- 从历史环境中将数据直接导入多维DBMS环境中的复杂性无法对元数据进行有效的管理和控制。在数据仓库中，捕获和管理元数据可以直接进行。

- 缺乏数据的一致性。当不同的部门之间存在意见分歧时，各自都有自己的多维DBMS，很难解决。但用数据仓库后，冲突的解决是很自然并且很容易的。

- 每次必须构建一个新的多维DBMS环境，而且必须根据历史环境建立，所需要的工作量是相当可观的。然而，如果数据基础是在一个数据仓库中，建造一个新的多维DBMS环境将快速而容易。

直接应用多维数据库管理系统方法是难以实现的一个主要原因

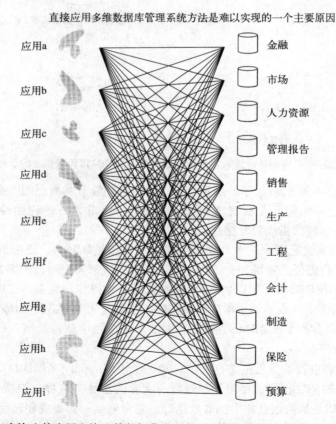

图5-8　有许多的应用和许多的数据集市，每对之间都需要一个接口。回避
细节数据的当前级的后果是产生一个无法管理的"蜘蛛网"

如果一个企业考虑的是一种短期的方法，那么数据仓库代价的合理性分析将很难进行。如果从长期来看，构建许多多维数据库环境所需的费用是非常高的。而当一个企业从长期的观点出发建立一个数据仓库时，则数据仓库和数据集市所需的长期总费用将会显著降低。

5.20　在多种存储介质上构建数据仓库

数据仓库有一个有趣的方面，就是当大量数据分布在多种存储介质上时，经常会创建双重环境。一个处理环境是可以进行在线的、交互式处理的DASD环境。另一个处理环境通常是本质上具有不同特征的磁带或其他的大容量存储环境。在逻辑上，两种环境结合在一起形成了一个数据仓库。然而，在物理上，这两种环境具有很大的不同。在许多情况下，支持DASD环境的底层技术和支持大容量存储环境的底层技术是不同的。当在数据仓库中有双重环境时，采用混合技术是很普遍和自然的。

但是，还有另一种方式可以把技术分离，这种方式是不寻常或不自然的。可以想象得到，数据仓库环境的DASD部分可以用多种技术将其分离。换句话说，数据仓库的DASD环境的一部分是采用一个厂商的数据库技术来存储，而另一部分则采用其他厂商的数据库技术来存储。如果分离是预先计划好的，并且是一个大的分布式数据仓库的一部分的话，那么这种分离是恰当的。但是，如果分离是出于政治和历史上的原因，那么将数据仓库的不同部分分散存储在不同厂商的平台上是不可取的。

5.21　数据仓库环境中元数据的角色

在数据仓库环境中元数据所扮演的角色和在操作型环境中数据所扮演的角色是不同的。在操作型环境中，元数据几乎被当成是事后补记，并归入与文档相同的重要性级别。然而，在数据仓库环境中，元数据的重要性提高了。

数据仓库环境中元数据的重要性如图5-9所示。操作型数据和数据仓库中的数据服务于两类不同的群体，操作型数据由IT专业人员使用，许多年来，IT人员都是很偶然地使用元数据。IT专业人员不仅懂计算机，而且由于学历背景和所受的培训，他们会在系统中找到他们想去的地方。然而，数据仓库数据是给DSS分析者用的。DSS分析人员通常是专业人员，没有很高的计算机水平。为了能够有效地使用数据仓库环境，DSS分析人员需要尽量多的帮助，而元数据恰能很好地帮助他们。另外，在DSS分析者计划该怎样去做信息型或分析型处理时，他们首先要看的就是元数据。由于所服务的人员的群体不同，以及元数据在每天的工作中所起的作用不同，元数据在数据仓库环境中比在操作型环境中要重要得多。

然而，还有其他原因使数据仓库的元数据很重要。其中一个原因是元数据涉及对操作型环境和数据仓库环境之间的映射管理，图5-10表明了这一点。

当数据从操作型环境传入数据仓库环境时，数据要经历一个重大的转变。转换、过滤、汇总、结构改变等等都会发生。有必要对这些转变仔细地跟踪，而数据仓库中的元数据就是进行这项工作的理想场所。当一个管理者需要将数据从数据仓库追溯到操作型环境中时（最终的向下钻取），对这种转变保持一个细致的记录的重要性就显而易见了。在这种情况下，对数据转变的记录恰恰描绘了怎样从数据仓库钻取到操作型环境的源数据。

对于数据仓库环境中的元数据需要细致管理还有另外一个重要原因，如图5-11所示。数据仓库中数据会存在很长一段时间——从5年到10年。而在5年到10年这么长的时间段内，数据仓库改变它的结构是绝对正常的。那么，随着时间的变化来跟踪数据结构的变化，则是数据仓库中元数据很自然的一项任务。

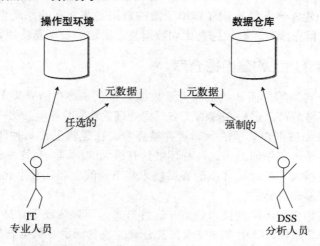

图5-9　IT专业人员偶尔使用元数据，DSS分析人员经常使用元数据并作为分析的第一步

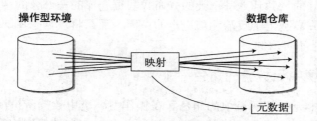

图5-10　操作型环境和数据仓库环境之间的映射是需要元数据的另一个主要
原因；没有这种映射，对接口进行控制是非常困难的

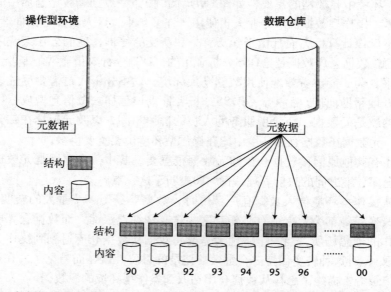

图5-11　数据仓库中包含很长一段时间的数据，因此必须管理多种数据结构/定义。
操作型环境假设在任一时刻只有唯一正确的数据定义

将数据仓库环境中具有许多随时间变化的多种数据结构的概念与操作型环境中的元数据比较一下。在操作型环境中，总是假定，在任何时刻，对数据结构有且仅有一个正确的定义。

5.22 上下文和内容

过去，典型的操作型信息系统将注意力集中在企业的当前数据上。在操作型世界中，强调的重点是此刻账目的余额是多少，此刻的存货有多少，或此刻货物的运送情况如何。当然，任何一个企业都有必要知道当前的信息。但对过去一段时间的信息进行考察也有真正的价值，并且，在有了数据仓库技术以后，这个要求变得可能了。例如，对历史信息进行观察就可以明显地看到相应的发展趋势，而仅仅查看当前信息是看不到这一点的。数据仓库定义中的一个最重要特征就是能够对一段时间内的数据进行存储、管理和访问。

伴随着作为数据仓库一部分的足够长的时间谱，出现了一个新的数据维——上下文。为了阐明上下文信息的重要性，下面给出了一个例子。

假定一个管理者想从数据仓库中要一份1995年的报表。报表生成后，管理者很满意。事实上，由于管理者很满意，所以想要一份1990年的报表。由于数据仓库载有历史信息，这样的要求并不难实现。1990年的报表生成了。现在，管理者手上有两份报表——1990年和1995年各一份，并宣布这些报表是一场灾难。

数据仓库体系结构设计者检查了报表，发现1995年的财政报告显示收入为50 000 000美元，而1990年的报告对同一种类显示为10 000美元。管理者宣称任何账户或分类都不可能在5年时间内就增长这么多。

就在要放弃之前，数据仓库体系结构设计者向管理者指出，还有一些相关的因素没有在报表中体现出来。1990年和1995年的数据是从不同来源得到的；1990年的产品定义不同于1995年的；1990年和1995年有不同的市场范围；1990年和1995年有不同的计算方法，如针对贬值问题。另外，还有许多不同的外部因素需要考虑，如在通货膨胀、税款、经济预测等方面的差别。一旦把报表的上下文向管理者解释之后，内容就在相当程度上显得可接受。

在这个简单而又常见的例子中，如果随着时间变化数据的内容没有任何附加信息，那么内容本身就是非常难于解释和难以令人相信的。然而，随着时间的变化同时，把上下文加入到数据的内容上，内容和上下文都变得非常明了。

为了解释和理解一段时间内的信息，需要一个全新的上下文维。虽然信息的内容仍十分重要，但是，一段时间内信息的比较和理解使得上下文和内容具有同等的重要性。而在过去的几年中，上下文一直是信息的一个未被发现、未被探索的维。

5.22.1 上下文信息的三种类型

需要管理三种级别的上下文信息：

• 简单上下文信息。

• 复杂上下文信息。

• 外部上下文信息。

简单上下文信息与数据本身的基本结构有关，包括如下一些内容：

■ 数据的结构。

■ 数据的编码。

■ 数据的命名习惯。

■描述数据的度量，如：
- 数据量有多少。
- 数据增长速度。
- 数据的哪一部分在增长。
- 数据是如何被使用的。

以往，简单上下文信息用字典、目录、系统监视器等进行管理。复杂上下文信息描述的数据和简单上下文信息描述的相同，但是从不同的角度进行描述。复杂上下文信息如下说明数据：

- 产品定义。
- 市场范围。
- 定价。
- 包装。
- 组织结构。
- 配送。

复杂上下文信息是一些非常有用，同时又是非常难以捉摸的信息。难以捉摸是因为它被人们想当然，并存在于背景环境中。它非常基本，以至于没有人会想到要定义它是什么，或怎样随时间变化。然而，长期下去，复杂上下文信息在理解和解释一段时间内的信息方面有着非常重要的作用。

外部上下文信息是处于企业之外的、在理解随时间变化的信息方面起重要作用的信息。外部上下文信息的实例包括：

■经济预测：
- 通货膨胀。
- 金融。
- 税务。
- 经济增长。

■政治信息。
■竞争信息。
■技术进展。
■用户人数的统计变动。

外部上下文信息并没有直接指出关于一个企业的任何事情，但指出了企业运转和竞争中所处的大环境。考虑到外部上下文信息的立即显现和随时间变化的特性，外部上下文信息是很令人感兴趣的。同复杂上下文信息一样，很少会有企业尝试去采集和量度这些信息。外部上下文信息非常之多，也很显然，以致被人们想当然，因此，它会很快被遗忘，而在需要时却又很难重建。

5.22.2 捕获和管理上下文信息

复杂上下文信息和外部上下文信息难以捕获和确定，是因为这些信息都是非结构化的。与简单上下文信息相比较，外部上下文信息和复杂上下文信息显得非常杂乱无章。另外的一个较轻的因素是上下文信息变化很快。这一刻相关的信息，在下一时刻就消失了。正是因为外部和复杂上下文信息的这些不断变化和没有固定状态的特点，使得这种类型的信息难于系统化。

5.22.3 回顾上下文信息管理历史

有人可能会争辩说，信息系统行业在过去已经有了上下文信息。字典、知识库、目录和库都是用来管理简单上下文信息的尝试。尽管有这些好的想法，但存在的一些明显的局限性大大地降低了它们的有效性。下面给出以往管理简单上下文信息的方法存在的一些缺点：

- 信息的管理是针对信息系统的开发者，而不是最终用户。这样，对于最终用户有很少的可视性。结果，最终用户对并不明显的事情没有什么热情，或者不支持这样的事情。
- 这些上下文信息管理的尝试都是被动的。开发者可以选择用或不用这些上下文信息管理工具，很多人倾向于回避这些工具。
- 这些上下文信息管理的计划在很多情况下都会被从开发计划中删除。在许多的实例中，应用是在1965年开发的，而数据字典是1985年做的，而到了1985年，就再也没有更多的开发经费了。甚至，那些对组织和定义简单上下文信息最有帮助的人早已改行或到了其他公司了。
- 这些上下文信息管理的尝试仅局限于简单上下文信息，并没有尝试去捕获或管理外部和复杂上下文信息。

5.23 刷新数据仓库

一旦数据仓库建好以后，注意力就从建造数据仓库转向日常的运作。不可避免的是，人们发现运作和维护数据仓库的费用很高。数据仓库中，数据量的增长速度比任何人预计的都要快。最终用户DSS分析人员对数据仓库的分布很广、不可预测的大量使用，引起了在管理数据仓库的服务器端的竞争，而与数据仓库运作有关的最大最不可预知的开销是根据历史数据的定期刷新。在刚开始的时候，这些开销几乎可以算是偶然性的很少的开销，但很快就变为一项有相当规模的开销。

多数企业在考虑对数据仓库进行刷新时所采取的第一个步骤是从老的传统数据库中读取数据。对于某些类型的处理，在某些环境下，直接读取老的传统文件是对数据仓库进行刷新的唯一选择，例如，当需要从多个不同的传统数据源读取数据，形成一个整体放入数据仓库中时，或当一个事务处理同时引发了多个传统文件的更新时，直接读取历史数据是对数据仓库进行刷新的唯一方法。

然而，作为一个通用的策略，重复地直接读取历史数据开销非常大。直接读取传统数据库的开销以两种方式增长。首先，在读取过程中，传统的DBMS必须是在线的和活动的。对传统环境的长时间连续处理的时间窗口总是要受到限制的。为了刷新数据仓库而扩大这个时间窗口永远是不可取的。其次，相同的历史数据并没必要地传送了好几次。当只需要1%或2%的历史数据时，刷新活动却100%地扫描整个传统文件。在每一次刷新时，这种资源浪费都会发生。由于操作的这些低效性，直接而重复地读取历史数据来进行刷新是在用途和应用上非常有限的一种策略。

有一个更吸引人的方法，就是在传统环境中捕捉正在被修改的数据。通过捕获数据，当需要对数据仓库刷新的时候，就不再需要对历史环境中的表进行整表扫描。另外，因为数据在其被修改时被捕获到，所以，也就不需要为了长时间的顺序扫描而使传统DBMS以在线方式进行运作。相反，捕捉到的数据可以离线进行处理。

当传统操作型环境中的数据发生改变时，可以使用两种基本的技术来捕获这些数据。一种技术称为数据复制。另一种称为变化数据捕获，这种方式将发生的变化从在在线更新时生成的日志或日志磁带中提取出来。

数据复制要求将要捕获的数据在修改之前标识出来。这样，当发生改变时，数据就能被捕获。一般，需要设置一个触发器来捕获数据的更新活动。数据复制的一个好处是可以有选择地控制捕获处理。事实上，只有需要捕获的数据才会被捕获。数据复制的另外一个好处是数据的格式"整洁"、定义完善。被捕获的数据的内容和结构都具有很好的文档说明，易于被程序员所理解。数据复制的缺点是，捕获数据的同时带来了许多额外的I/O操作。同时，由于数据仓库不稳定、总在变化的特性，系统也要不断地注意控制捕获过程的参数和触发器的定义。所需的I/O数量通常也不是很小。另外，所需消耗的I/O都是在系统高性能运行时进行的，在这个时间，系统是很难提供这种花费的。

有效刷新的第二种方法是通过所谓变化数据捕获（CDC）。CDC通过使用日志磁带来捕获和确定在在线过程中发生的变化。在这种方法中，读取日志或日志磁带。然而，读取一个日志磁带并不是件小事，其中存在有很多障碍，包括：

- 日志磁带包含许多无关数据。
- 日志磁带格式难于理解。
- 日志磁带包括跨区记录。
- 日志磁带通常包含的是数据的地址而并非它的值。
- 日志磁带反映了DBMS的特征，并随DBMS的不同而有很大的不同。

CDC的主要障碍就是读取和理解日志磁带。但是，一旦解决了这个问题，就会发现用日志来处理数据仓库刷新很吸引人的好处。第一个优点就是高效率。日志磁带处理不像复制处理需要附加的I/O操作。日志磁带不管是否用于数据仓库的刷新，它都是要写的。因此，日志磁带的CDC处理不增加I/O操作。CDC的第二个好处是，日志磁带捕获所有的数据更新操作。对数据仓库或对传统系统环境做改变时，用不着重新定义参数。而且日志磁带是所能得到的最稳定和基本的设备。

CDC还有第二种方法：当数据变化发生时，从DBMS的缓冲区提出已改变的数据。在这种方法中，数据改变能立即反映。因此，读日志磁带变得没有必要，而且节约了一段从数据发生改变到改变被反映到数据仓库之间的时间。但是，因为需要更多在线资源，包括系统软件和对数据改变的敏感性，因此，这种方法会给性能带来一定的冲击。尽管如此，这种直接缓冲方法能够以非常高的速度处理大量的数据。

这里所描述的刷新技术的发展进程是通过模仿企业在对数据仓库的理解和运作逐渐成熟的过程中所产生的各种想法形成的。首先，企业从传统数据库中直接读取数据来刷新数据仓库。然后尝试数据复制。最后，运作的经济和效率因素又使他们把CDC当作数据仓库刷新的主要方法。在这个过程中，一些文件是需要直接读取的。另外，还有一些文件适合于复制方法。但对于业界常见的、彻底的、通用的数据仓库刷新来说，CDC是一种长期的、最终的数据仓库刷新方法。

5.24   测试问题

在经典的操作型环境中，设置两个并行的环境——一个用于生产，一个用于测试。生产环境是生产过程进行的地方。测试环境是程序员测试新程序和修改现有程序的地方。这种想法出于程序员在所写的代码允许进入在线环境之前，有机会先看看这些代码能否正常工作，具有更高的安全性。

在数据仓库领域，很难找到相似的测试环境，这是因为：

- 数据仓库都是如此的大，公司测试其中的一个就很困难，更不用说是两个了。
- 数据仓库的开发生命周期的特征是反复式的。对于多数部分，程序以一种启发式的模式运行，并不是以重复的模式来运行。如果一个程序员在数据仓库环境做错了什么（程序员们经常会出错），在这环境下，程序员只需要简单地重做一遍。

因此，数据仓库环境在根本上与传统的生产环境不同。这是因为在数据仓库环境中，在很多情况下测试环境是完全不需要的。

5.25 小结

为了满足数据仓库处理的需要，需要一些技术特征。这些技术特征包括稳健的语言接口、支持复合关键字和变长数据，以及如下的一些能力：

- 管理大量数据。
- 管理各种各样介质上的数据。
- 方便地索引和监控数据。
- 大量接口技术。
- 允许程序员将数据直接存放在物理存储设备上。
- 数据的并行存储和访问。
- 有数据仓库的元数据控制。
- 有效地装载数据仓库。
- 有效地使用索引。
- 以压缩方式存储数据。
- 支持复合关键字。
- 有选择地关闭锁管理。
- 能进行只涉及索引的处理。
- 从大容量存储器迅速恢复。

另外，数据体系结构设计人员必须意识到基于事务的DBMS和基于数据仓库的DBMS之间的区别。基于事务的DBMS的重点在于事务和更新的有效执行。而基于数据仓库的DBMS的重点在于有效查询处理以及对装载和存取工作的处理。

多维OLAP技术适用于数据集市处理而不适用于数据仓库处理。当将数据集市方法作为数据仓库技术的基础时，会带来一些问题：

- 抽取程序的数目变多了。
- 每个新的多维数据库为了获取自己的数据，都必须返回到传统操作型环境。
- 在分析中没有协调分歧的基础。
- 在不同的多维DBMS环境中存在大量的冗余数据。

最后，元数据在数据仓库环境中扮演了一个与它在传统操作型环境完全不同的角色。

第6章　分布式数据仓库

大部分企业所建立和维护的是一个集中式数据仓库环境。集中式数据仓库环境比较流行，有许多原因：

- 数据仓库中的数据是全企业范围内集成的，而且只有总部才会使用集成的数据。
- 公司是以集中式商务模式运作的。
- 数据仓库中的数据量非常大，将数据集中存储在一个地方是较为妥当的。
- 即使数据能被集成，但是，若将它们分布于多个局部站点，那么存取这些数据将是很麻烦的。

总之，政策、经济和技术等诸多因素都更倾向于集中式数据仓库环境。但是，在这章所提到的某些特定场合，需要建立分布式数据仓库环境。

6.1 分布式数据仓库的类型

分布式数据仓库有以下三种类型：

- 业务是在不同地域或不同的生产线上进行的。在这种情况下，就出现了局部数据仓库和全局数据仓库。局部数据仓库是在远程站点上提供和处理数据，而全局数据仓库提供的是在整个业务范围集成后的数据。
- 数据仓库环境包括大量的数据，它们分布在多个处理器上。从逻辑上看只有一个数据仓库，但从物理上看，存在许多有紧密联系但存放在不同的处理器上的数据仓库。这种配置可称为技术上分布的数据仓库。
- 数据仓库环境是以一种不协调的方式建立起来的——首先，建立一个数据仓库，然后再建立另一个。不同数据仓库缺乏协调性的原因通常是政策和机构上的差异。这种情况可称为独立演进的分布式数据仓库。

不同类型的分布式数据仓库都有各自所涉及和要考虑的因素，我们将在随后各节对这些因素进行探讨。

6.1.1 局部数据仓库和全局数据仓库

当一个企业遍及世界各地时，总部和分支机构都需要信息。中心数据仓库负责采集数据，同时可以满足总部对企业信息需求。但是对于分布在不同的国家的各个分支机构，仍然有建立各自的数据仓库的需要。在这种情况下，需要建立分布式数据仓库。数据将会以集中式和分布式两种方式存在。

当一个大企业有许多不同的业务时，又需要有局部/全局分布式数据仓库。尽管在不同范围的业务间可能很少或者没有必要集成，但是从企业层面上（至少对于财务）来讲，在业务间需要有集成。不同范围的业务可能除了在财务上没有重合的地方；也可能存在相当大的业务集成，包括客户、产品、销售等等。在这种情况下，企业集中式数据仓库就由不同范围的业务的数据仓库来支持。

　　在某些情况下，数据仓库的一部分以集中方式（即全局）存在，而另外一些部分则以分布方式（如局部）存在。

　　为了便于理解基于地理或业务分布的分布式数据仓库在什么情况下起作用，考虑一些业务处理的基本拓扑结构。图6-1显示了一种常见的业务处理拓扑结构：

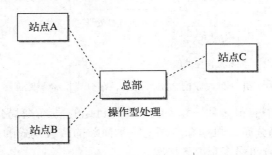

图6-1　许多企业典型的业务处理拓扑图

　　如图6-1所示，某企业设有一个总部，负责处理所有的业务。如果在基于地理分布的分支机构上有一些业务处理的话，这些处理也是非常基本的，可能只有一些哑终端。在这种拓扑结构中，没有必要建立分布式数据仓库环境。

　　当分支机构出现基本数据和事务的获取活动时，局部处理的复杂性将有所提高，如图6-2所示。在图6-2中，在分支机构上有少量的基本处理。一旦事务在局部发生并被捕获，它们就传送到总部进行进一步处理。

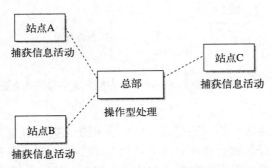

图6-2　某些场合，在站点层处理一些基本业务活动

　　在这种简单的拓扑结构中，也不需要建立分布式数据仓库环境。从业务的观点来看，在分支机构上并没有出现大量的业务，在分支机构所做的决策也不需要数据仓库。

　　现在，将图6-3所示的业务处理拓扑结构同前两种处理拓扑结构进行一下对比。在图6-3中，相当多的处理是在分支机构进行的：销售、收银、付账（分支机构上）。就操作型处理来说，分支机构站点是自主的。仅偶然地或对于某些特定的处理需要将数据和业务活动发送到总部处理。在总部存有一份集中的公司财务平衡表。对于这类企业来说，采用某种形式的分布式数据仓库是必要的。

　　接下来，更常见的当然是在分支机构上要做大量的处理。例如：生产商品、雇佣销售人员、行销、建立完整的子公司等等。当然，分支机构还要和所有其他部门做同一份财务平衡表。但总的来看，分支机构有效地运营它们的业务，只有很少数量的企业级业务集成。在这种情况下，在分支机构建立一个完整的数据仓库很有必要。

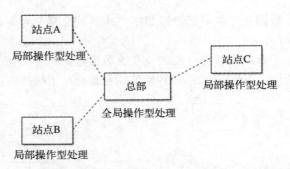

图6-3 在另一类分布式数据仓库谱系中，在分支机构要做许多操作型处理

正如分布式商业模型有很多种一样，我们即将讨论的局部/全局分布式数据仓库也有很多种。那种认为局部/全局分布式数据仓库仅是一种简单的两级模式的看法是错误的。实际上，各种分布式数据仓库的分布程度有很多层次。

在大多数企业中，分支机构的自主权不大，拥有一个中心数据仓库，如图6-4所示。

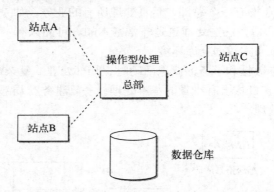

图6-4 大部分企业具有一个集中控制和集中存储的数据仓库

局部数据仓库

局部数据仓库是数据仓库的一种形式，仅包含对分支机构有意义的数据。例如巴西、法国和中国香港各有一个局部数据仓库。或者小汽车零部件、摩托车和重型货车各有一个局部数据仓库。每个局部数据仓库都有它自己的技术、数据、处理器等等。图6-5表明了一系列局部数据仓库的简单实例。

在图6-5中，局部数据仓库是为不同地区的分部或不同的技术联营组织创建的。局部数据仓库除了作用环境是局部的外，具有与其他任何数据仓库相同的功能。例如，在巴西的数据仓库不包含在法国的任何业务活动信息。小汽车零部件数据仓库也没有任何有关摩托车的信息。换句话说，局部数据仓库包含的是在局部站点上的历史和集成的数据。局部数据仓库间的数据或数据结构不需要协调一致。

全局数据仓库

当然，全局数据仓库也是需要的，如图6-6所示。全局数据仓库的范围涉及整个企业或组织，而企业内部的每个局部数据仓库的范围只涉及各自服务的局部站点。例如，在巴西的数据仓库不用和在法国的数据仓库协调一致或共享数据，但在巴西的局部数据仓库必须与在芝加哥的公司总部数据仓库共享数据。又如小汽车零部件数据仓库不用和摩托车数据仓库共享数据，但是必须和在底特律的总部数据仓库共享数据。全局数据仓库的范围是在企业级集成的业务。有时，企业集成数据相当多，而有的时候则非常少。同局部数据仓库一样，全局数据仓库也包含历史数据。局部数据仓库的数据源如图6-7所示，可看出它们的数据来源于相应的操作型系统。企业全局数据仓库的数据来源通常是局部数据仓库，有时，全局数据仓库也可能直接更新。

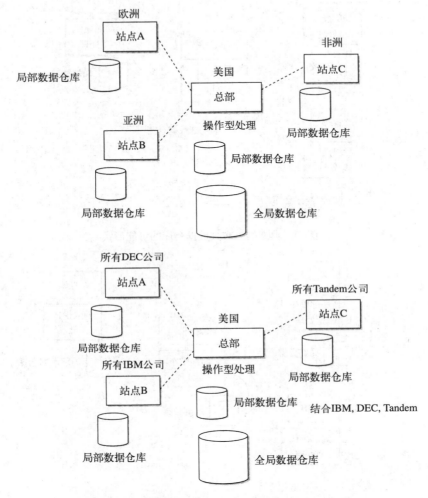

图6-5　需创建两级数据仓库的一些情形

全局数据仓库中包括了必须在企业级集成的信息。在许多情况下，全局数据仓库仅仅包括财务信息；另外一些情况，全局数据仓库则可能包含客户、产品等集成的信息。有相当多的信息专属或仅用于分支机构，而其他企业通用信息则需要在企业层次上共享和管理。全局数据仓库中包括了那些需要全局管理的数据。

研究不同的局部数据仓库数据的共性是一个很有意义的问题。图6-8表明每个局部数据仓库都有自己独特的数据和结构。在巴西的数据仓库中可能有许多亚马逊河上运输货物的信息，这些信息在中国香港和法国是没有用的。相反，在法国的数据仓库可能存储着法国贸易团体和欧洲贸易的信息，但是对中国香港和巴西来说，意义很小。

再如对于小汽车零部件数据仓库，在小汽车零部件数据仓库、摩托车数据仓库和重型货车数据仓库之间可共享的有意义的是火花塞的信息，但是摩托车部门的轮胎的信息对重型货车和小汽车零部件部门就没有意义。这就是指局部数据仓库的共性和个性。

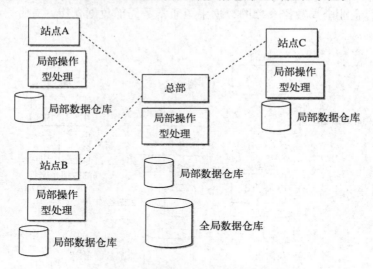

图6-6　典型的分布式数据仓库的可能形式

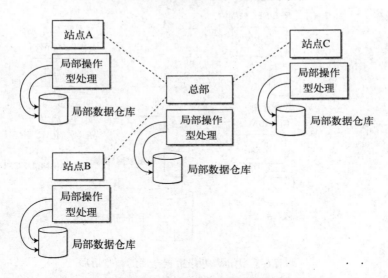

图6-7　从局部操作型环境到局部数据仓库的数据流

局部数据仓库间数据的重叠部分或公用部分是完全等同的，图6-8所示的局部数据仓库之间的无论什么数据、处理过程或定义都没有必要协调。

然而，假定某企业内一个站点和另一个站点间的数据存在自然重叠是合理的。如果存在这样的交叉部分，那么最好将这些数据存放在全局数据仓库中。图6-9表明全局数据仓库中数据来自于现有的局部操作型系统的情形。公有数据可能包含财务信息、客户信息、零售商的信息等等。

全局和局部数据的重叠

图6-9显示数据正从局部数据仓库环境转入到全局数据仓库环境。数据可能同时存在两种

数据仓库中，当数据导入到全局数据仓库中时有一个简单的数据转换。例如，一个在局部数据仓库中以港币存储的信息在转入全局数据仓库时需要转换为美元。再如在法国数据仓库中的信息可能是用公制描述的，但在转入全局数据仓库时要转换为英制。

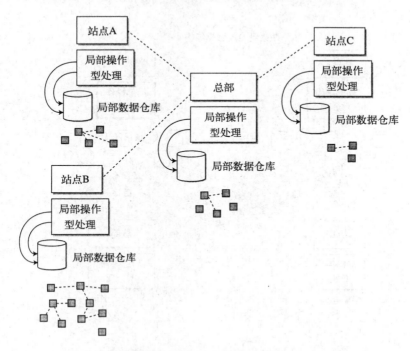

图6-8 局部数据仓库间的数据及结构是非常不同的

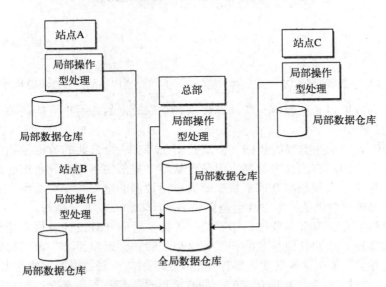

图6-9 全局数据仓库中数据来自于远程的操作型系统

　　全局数据仓库中包含的是企业级公共数据和集成的数据。分布式数据仓库环境成功的关键就是如何将局部操作型系统中的数据映射到全局数据仓库的数据结构中，如图6-10所示。这种映射决定哪些数据要进入到全局数据仓库、数据的结构、必须做的转换。映射是全局数据仓库设计的最重要的部分，对于每一个局部数据仓库来说映射都不同。例如，中国香港的数据如何映射到全局数据仓库的方式和巴西的数据如何映射到全局数据仓库是不同的，当然也和法国数据仓库的数据如何映射到全局数据仓库的不同。局部商业行为的差异决定了映射到全局数据仓库的方式。

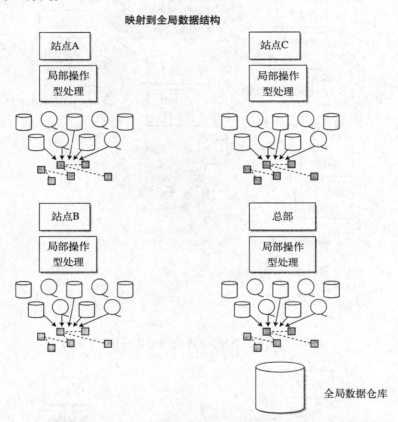

映射到全局数据结构

图6-10　全局数据仓库有一个公共结构，每个局部站点以不同的方式映射到公共结构

在创建全局数据仓库过程中，从局部数据到全局数据的映射很可能是关于建造全局数据仓库的最困难的部分。

图6-10表明对于某些类型的数据，全局数据仓库有一个公共的数据结构。公共的数据结构包含和定义企业内所有的公有数据。但是，从每个局部站点到全局数据仓库的数据映射是不同的。换句话说，全局数据仓库是根据公共企业数据的定义和标识集中定义和设计的，而从已存在的局部操作型系统的数据映射是由局部设计者和开发者选择的。

从局部操作型系统到全局数据仓库系统的数据映射刚开始设计时很可能不完全准确。但是随着时间的推移，用户反馈信息的积累，这个映射将会逐步得到完善。如果对于一个数据仓库的反复式开发，那么这种反复主要存在于局部映射的全局数据的创建和完善。

已做过讨论的局部/全局数据仓库的一种变化形式是将全局数据仓库的数据缓冲区域保存在分支机构。图6-11显示，每个局部区域在将全局数据仓库数据传送到中心位置前先将其缓冲。例如，在法国有两个数据仓库，一个局部数据仓库用于法国子公司的决策，在这个数据仓库中所有的事务信息以法国法郎为货币单位进行存储。另外，在法国还有一个"缓冲区域"，其中的信息是以美元为货币单位进行存储。法国的公司可以随意地将自己的局部数据仓库信息或者是缓冲区域信息用于决策。在许多情况下，这种方法可能在技术上是必需的。与这种方法相联系的一个重要问题是：当缓冲全局数据的局部数据仓库中保存的缓冲数据传送到全局数据仓库后应该清空吗？如果分支机构不删除这些信息，那么将导致出现冗余数据。

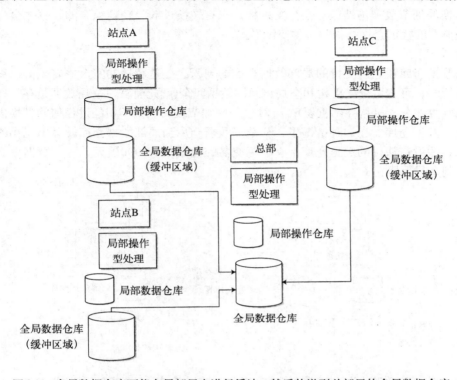

图6-11　全局数据仓库可能在局部层上进行缓冲，然后传送到总部层的全局数据仓库

　　在某些情况下，一定量的冗余数据也是需要的。对此问题必须做出决定，且应提出处理策略与过程。例如，巴西的数据仓库可能会为它以美元为货币单位的数据和用于全局的产品描述而创建一个缓冲区域。巴西的子公司拥有以使用巴西货币单位和产品描述的数据仓库。巴西的公司为了做报表和分析可能同时使用他们自己的数据仓库和缓冲数据仓库。

　　虽然任何主题域都可以成为最初建立数据仓库的候选主题域，许多企业还是以企业财务作为最初一个主题域。财务是一个好的起点，因为：
- 它是相对稳定的。
- 具有高的可视性。
- 仅是企业业务的一部分(当然除了金融机构)。
- 它是企业的神经中枢。
- 仅需处理少量数据。

　　对于全局数据仓库来说，巴西、法国、中国香港的数据仓库都将用于创建企业范围的财务数据仓库。在巴西、法国、中国香港的业务操作中还有很多其他的数据，但只有财务信息将会进入全局数据仓库。

　　建造全局数据仓库时，必须处理一些特殊问题。因为就数据层来说，全局数据仓库并不符合典型的数据仓库结构。其中一点是细节数据（或者至少是细节数据的数据源）存在于分支机构，而轻度综合数据存在于集中全局层。例如，假定一个公司的总部在纽约，在远离总部的得克萨斯州、加利福尼亚州和伊利诺伊州设有分部。这些分部各自在当地的细节级上管理销售和财务细节数据。总部将数据模型传送到各分部，各分部将需要的企业数据转换为完成在企业级上集成所需要的数据形式。数据在分支机构进行转换后，传送到纽约总部。原始的、未转换的细节数据仍然保存在分支机构。只有转换过的、轻度综合的数据才会传送到总部。这是典型的数据仓库结构的一种变化形式。

冗余

全局数据仓库和它所支持的局部数据仓库的问题之一是数据的冗余或者重叠。图6-12显示了一种策略，可避免分支机构和全局层间的数据冗余(就此而言，全局数据是存放在局部缓冲区还是存放在分支机构并不重要)。有时，一些细节级的数据不用经过任何的转换或变化就进入到全局数据仓库。在这种情况下，从全局数据仓库到局部数据仓库就会出现小的数据重叠。例如，假设在法国的数据仓库中有一笔交易的数据是10 000美元，这一数据可能毫不修改地导入到全局数据仓库中。

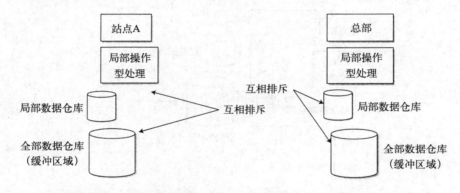

图6-12　数据可以存放在局部数据仓库或全局数据仓库，但不能在两者中都存放

另一方面，多数数据在从局部数据仓库导入到全局数据仓库时，要经过某种形式的换算、转换、重新分类或者汇总。在这种情况下，在全局数据仓库和局部数据仓库之间（严格地说）不存在数据冗余。例如，假设在中国香港的数据仓库记录了一笔175 000港元的交易数据。这笔业务可能被分成几个小的业务，交易额可能会被换算，业务可能和其他的一些业务合并等等。在这种情况下，局部数据仓库的细节数据和全局数据仓库的数据之间一定存在一种关系。但是在两种环境之间不会有数据冗余。

如果局部数据仓库和全局数据仓库间存在大量的数据冗余，即表明没有正确定义不同级别的数据仓库所辖的范围。当局部数据仓库和全局数据仓库间出现大量的数据冗余时，出现蜘蛛网系统将是迟早的事。出现这样的系统会带来很多问题——不一致的结果、不能很容易地创建新系统、操作的代价问题等等。为此，除了少量数据的偶然重叠外，应当对局部数据和全局数据实行互斥。这是一种很重要的策略。

局部和全局数据存取

与管理和构造局部和全局数据仓库所需要的策略类似，有一个数据存取问题。初看起来，这个问题好像微不足道。每个人可以获取所有数据的策略似乎是显而易见的。但实际上，却存在一些重要的分歧和细微差别。

图6-13表明了一些局部站点存取全局数据的情形。这些存取方式正确与否是与查询有关的，它们可能是或者不是数据仓库的正确使用方法。例如，一个巴西的分析人员可能正在将

巴西分部的盈利与整个企业的盈利进行比较分析。或许一个法国人正在察看整个企业的盈利能力。如果分支机构分析的意图是提高分支机构的效益，那么在分支机构对全局数据的存取可能就是一个好的政策。如果在存取过程中，全局数据作为信息使用，并且仅访问一次以提高局部业务运作，那么在分支机构上这种存取方式就可能是正确的。

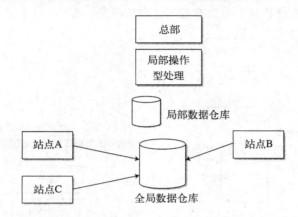

图6-13　需要解决的一个重要问题是局部站点是否应访问全局数据仓库

原则上，局部数据应局部使用，全局数据应全局使用。但这又会引发另一个问题：为什么全局分析还要在局部处理呢？例如，假设在中国香港的一个人将整个公司的利润和其他公司进行比较。除了这种全局分析最好在总部层进行以外，这个分析本身没有什么错误。这时必然会问：如果在中国香港的分析人员发现该公司没有与其他公司很好地竞争时会怎么办?在中国香港的分析人员对于这个信息能做些什么？这个人可能进行了全局性的思考，但是并不是全局性的决策者。因此，如果不是为了提高局部业务运作，一个分支机构的分析人员是否应该为了其他目的察看全局数据是受到质疑的。原则上，局部业务分析人员应使用局部数据。

另一个问题是在体系结构化信息环境中信息请求的路径选择问题。当仅仅存在一个中心数据仓库时，关系不大。但是，当数据分布在一种复杂环境中时，例如图6-14所示的分布式数据仓库中，就需要考虑如何确保信息请求来自正确的地方。

例如，通过查询局部站点来确定整个公司的薪资情况是不正确的。还有，在中心数据仓库中查询上月对在某一特定站点上某一特定服务的承包人支付多少费用也是不正确的。对于局部和全局数据存在请求起因的问题，这在简单的集中式数据仓库环境中不会遇到。

另外一个局部/全局分布式数据仓库技术的重要问题是数据从局部数据仓库到全局数据仓库的传输。对于这个问题要考虑很多因素：

- 从局部环境到全局环境数据传输的频率如何？一天？一周？还是一个月？传输的速率依赖许多个因素。全局数据仓库要求数据传输要多快？在分支机构出现了多少业务活动？要传输的数据量是多少？
- 从局部环境到全局数据仓库的传输是否合法？一些国家有严格的规定来限制一些特定数据的传输出入。
- 从局部环境到全局环境的数据传输要使用什么样的网络？因特网足够安全吗？足够可靠吗？在因特网上可以安全地传输足够的数据吗？备份策略是什么？什么样的安全保护措施来确定所有的数据已经传输完毕？
- 在从局部环境到全局环境数据传输过程中，应使用什么样的安全保护措施来判断数据是否被非法入侵？

- 为了从局部环境到全局环境传输数据，处理过程的哪一部分是可见的？当数据仓库的负载很重的时候，是否还传输数据？
- 局部数据应采用什么技术？全局数据应采用什么技术？将局部技术转换为全局技术必须采取什么措施？在转换过程中会有数据丢失情况发生吗？

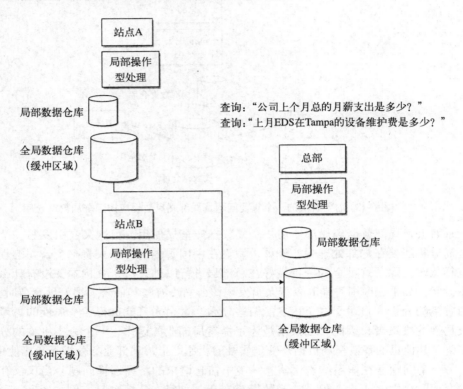

查询："公司上个月总的月薪支出是多少？"
查询："上月EDS在Tampa的设备维护费是多少？"

图6-14 正确响应查询需要引向体系结构的不同位置

与数据传输到全局数据仓库环境相关的问题有很多。有时候，这些问题简单、平凡；但有时候却绝不是如此。

本章没有论述有关全局操作型数据这一相对独立的问题。到目前为止，本章假定每个局部站点具有自己特有的操作型数据和处理。然而，局部站点的操作型系统间存在某些共性是完全可能的。在这种情况下，某种程度的公司操作型数据和处理或许是可取的。例如，有些客户可能需要进行全局的处理，比如像可口可乐、麦当劳、IBM和AT&T这样的大型跨国公司。对价格、订货量和货运的全局性考虑可能会与局部性的考虑不同。在这种全局操作型处理当中，全局操作型数据仅仅成为全局数据仓库的另一个数据源。但是在操作型数据和DSS信息型数据之间还是存在差别。

分布式数据仓库的整个问题是比较复杂的。在简单的集中式数据仓库环境下，角色和职责是相当明了的。但是，在分布式数据仓库环境下，范围、协调、元数据、响应能力、数据传输以及局部数据映射等问题确实使得整个环境复杂化了。

对于全局数据仓库主要考虑的问题之一是数据仓库应该集中创建还是全局创建。说起全局数据仓库应该进行集中设计和创建，明显是一个错误。对于全局数据仓库集中式构造（最好）仅有一个边缘的局部系统进入全局数据仓库。这就是说在局部系统和全局数据的需求之间的映射定义是集中式的，而不是局部的。为了成功，必须对映射处理进行局部管理和控制。换句话说，创建和装载全局数据仓库唯一最大的困难是局部数据和全局数据的映射。这些映射关系不能集中生成，必须局部生成。

例如，假设总部打算把巴西的数据映射到全局数据仓库。这会带来以下几个问题：

- 葡萄牙语不是总部的母语。
- 总部人员不理解分支机构的业务和习惯。
- 总部人员不理解分支机构的传统应用。
- 总部人员不理解局部数据仓库。
- 总部人员不能随时知道局部系统每日的变化。

为什么从局部数据到全局数据仓库环境的映射不能由总部人员来集中创建有大量的原因。因此，分支机构必然是参与全局数据建造的一部分。

最后一个意见是分支机构的数据应当采用尽可能灵活的形式。这也就是说分支机构的数据必然是以关系型的方式在低粒度级别上进行组织。如果分支机构数据是以一个星形连接的多维模型进行组织的话，要将其分割、重组用来给全局数据仓库提供数据是相当困难的。

6.1.2 技术分布式数据仓库

分布式数据仓库的需求不仅由于公司分布在多个地区或有多条生产线，也有其他一些因素。例如，一种因素是把数据仓库置于销售商的分布式技术基础上，客户机/服务器技术非常适合这种需求。

第一个问题是，数据仓库能采用分布式技术吗？答案是肯定的。第二个问题是，数据仓库采用分布式技术的优缺点是什么？分布式数据仓库的第一个优点是引入代价低。换句话说，当最初采用分布式技术所付出的数据仓库的软硬件代价比最初采用传统的大型集中式硬件所付出的代价低得多。第二个优点是存放在数据仓库中的数据量在理论上没有限制。如果数据仓库中的数据量开始超过一个分布式处理器的处理能力，那么可在网络中加入另一个处理器。所以可实现持续增加数据。只要数据过多，就可以加入新的处理器。

图6-15所示的进程描述了一种数据仓库中数据量可能无限增加的情况。这是具有吸引力的，因为数据仓库将包含很多的数据(但并不是无限量)。

但是随之又带来另一些问题。当数据仓库中的处理器(即服务器)扩展到一定数量时，网络上会出现过量的传输负载。当一个请求需要的数据分散在多个服务器上时，访问多个服务器带来数据传输的增加。例如，假设一台服务器存有1998年的数据，另一台存有1999年的数据，还有一台存有2000年的，第四台存有2001年的。当一个查询需要访问从1998年至2001年的数据时，这个查询的结果集必须访问存有不同年限数据的服务器。在这种情况下，从四个服务器上得到的数据必须进行汇总。在这一数据处理过程中，将会增大网络的传输负载。

问题不仅仅出现在一个查询要访问存储在多个服务器的数据，而且出现在需要从一台服务器上传输大量的数据。例如，假设一个查询操作打算存取1999年和2000年的所有数据的话，就要从一个或另一个服务器中获得数据。图6-16描述了一个查询希望访问来自多个服务器的大量数据。

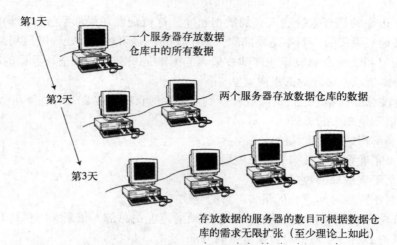

图6-15　添加服务器来保存数据仓库中数据的进程

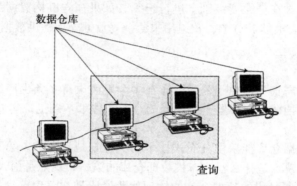

图6-16　一个查询访问多个数据仓库服务器上的大量数据

　　当然存在着一些技术和方法来处理分布在多个服务器上的数据仓库问题。确定无疑的是，随着时间的推移，数据仓库变得越来越庞大，服务器越来越多，这个问题也就越来越严重。在分布式数据仓库的早期，只有很少的数据和服务器，这个问题还不明显，但是数据仓库越成熟，数据和处理环境就越难于管理。

6.1.3　独立开发的分布式数据仓库

　　在开发第三种类型的分布式数据仓库的过程中，多个独立的数据仓库是同时开发的，且数据仓库之间没有进行协调和约束。

　　许多企业采用数据仓库技术时，首先是为财务或市场部门建立数据仓库。一旦获得成功，企业内其他部门就很自然地希望在此基础上建立相应的数据仓库。总之，数据仓库体系结构设计员需要管理和协调企业内的多个数据仓库项目。

6.2　开发项目的本质特征

　　数据体系结构设计者管理多个数据仓库开发项目时，所面临的首要问题是开发项目本身的性质。只有了解这些数据仓库开发项目的类型以及它们同整个体系结构的关系，否则很难有效地管理和协调这些开发项目。因为不同方法所涉及的开发问题差异较大，所以不同类型的数据仓库项目需要采用完全不同的管理方案。

多个数据仓库开发项目可以分为四种典型情况,这些情况大体如图6-17所示。

首先,图6-17中给出一种较少出现的情况,即一个公司的业务是完全分离的、非集成的,对应的数据仓库是由不同的开发小组独立创建的。不同的业务独立向公司汇报情况,但是除了共享公司名称,在公司内没有业务集成或者数据共享。这种公司结构在现实中是存在的,但不常见。在这种没有任何业务集成的罕见情况下,一项数据仓库开发项目与另一项数据仓库开发项目间发生冲突的危险几乎没有。相应地,数据仓库开发项目间很少或不需要管理和协调。

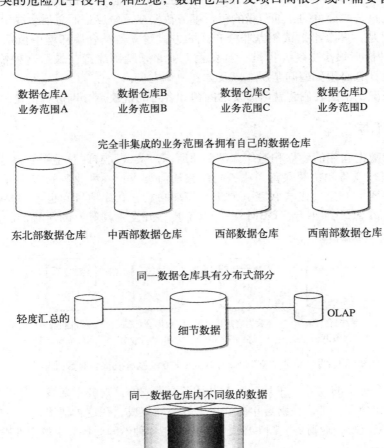

数据仓库A   数据仓库B   数据仓库C   数据仓库D
业务范围A   业务范围B   业务范围C   业务范围D

完全非集成的业务范围各拥有自己的数据仓库

东北部数据仓库   中西部数据仓库   西部数据仓库   西南部数据仓库

同一数据仓库具有分布式部分

轻度汇总的   细节数据   OLAP

同一数据仓库内不同级的数据

数据仓库的细节级的不同的非分布式部分

图6-17　多个小组建造数据仓库的四种可能方式,每种均与其他各种不同

多个数据仓库项目同时出现的第二种情况是,各个开发小组负责创建同一个数据仓库的不同部分,导致多个数据仓库开发项目同时出现。在这种情况下,同一级细节数据是由不同开发小组创建的,但是它们分散在不同的地理位置。例如,某汽车制造商在美国的底特律和加拿大分别建有一个产品制造数据仓库。两个数据仓库中数据的细节程度是一样的。除非采取特殊措施,否则在使用其进行分析时,必定会出现大量的冲突。前一种情况很少出现,而这种情况却是常见的。由于这种情况较常见,所以值得充分关注。为了从总体上获得满意的集成效果,要求开发小组间进行密切协作。若开发项目不协调,则大量数据的冗余存储和处

理将可能导致较大的浪费。如果数据存在冗余，那么建立的数据仓库的效率可能很低，因为
DSS环境中将存在典型的蜘蛛网问题。

第三种情况是，不同小组负责建立数据仓库环境中的不同级的数据（即汇总数据和细节数据）。像前面的情况，这种情况也很常见。由于多种原因，这种情况比前面提到的两种情况容易管理。因为各层中数据的不同，它们的作用和可能性也不相同。两个小组之间的协调就有可能是简单的运作。例如，一个小组可能在最低的细节层上创建一个捕捉和分析每一个银行事务的数据仓库。而另一个小组的分析人员可能正为已汇总到月份层的数据创建客户记录。两个小组间的接口是很简单的：细节级的银行事务数据在月份层上汇总后生成聚集/汇总记录。

第四种情况是，多个小组试图以非分布式的方式建立数据仓库环境中数据当前细节级的不同部分。这种情形很少出现，但是一旦发生，就必须特别注意。最后这种情况非常关键，数据体系结构设计者必须知道问题所在以及如何协调它们。

对于每种情况，下面我们将就所涉及的问题和各自的优缺点分别进行讨论。

完全无关的数据仓库

完全无关的数据仓库的建立和运作如图6-18所示。某公司有四种业务：高尔夫球场管理、炼钢厂、小额银行业务和快餐联营。业务间没有任何集成：一种业务的客户可能是另一种业务的客户，但两种客户之间没有联系。因此对将来的数据仓库项目间也不需要进行协调。从建模到基本技术的选择(即平台、DBMS、存取工具、开发工具等）的所有机制，每种业务的运作均可完全独立地进行。

数据仓库A   数据仓库B   数据仓库C   数据仓库D
快餐联营   炼钢厂   小额银行业务   高尔夫球场管理

图6-18 四个完全独立的业务部门在业务级没有或很少有数据集成

即使对于完全自主的业务，在某一层上也是必须集成的：财务平衡表。如果各种不同的业务对一个财务实体负责，那么在财务平衡表层上就必须集成。在这种情况下，可能需要建立一个企业数据仓库来反映企业财务。图6-19表明了一个在各种不同业务之上的企业财务数据仓库。

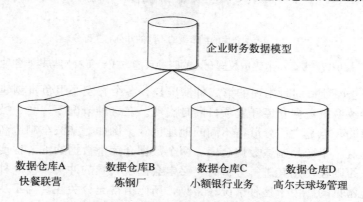

企业财务数据模型

数据仓库A   数据仓库B   数据仓库C   数据仓库D
快餐联营   炼钢厂   小额银行业务   高尔夫球场管理

图6-19 独立的业务部门共享共用的企业财务数据

　　企业的财务数据仓库包含一些简单（和抽象）的实体，例如花费、收入、资金支出、折旧等信息。这些业务数据基本上是在每个平衡表中出现的，除此之外的业务数据即使有也非常少。（换句话说，在财务数据仓库中没有公用企业描述信息，诸如客户、产品、销售等。）当然，图6-19描述的企业财务数据仓库中的数据可能来自局部数据仓库或独立运作企业层中所出现的操作型系统。

　　在分支机构元数据是至关重要的。如果有一个企业财务数据仓库，那么企业财务层也需要元数据。但是在这种情况下，由于不存在真正的业务集成，因此没必要把任何元数据捆绑在一起。

6.3　分布式数据仓库的开发

　　与无关的数据仓库模式不同，大部分企业内的部门间存在某种程度的集成。很少的企业是像图6-19所示的那样自主的。更常见的多个数据仓库项目的开发形式如图6-20所示。

非洲数据仓库　　美国数据仓库　　加拿大数据仓库　　远东数据仓库　　南美洲数据仓库

图6-20　逻辑上属于同一个数据仓库

　　在图6-20中，某公司在世界各地诸如美国、加拿大、南美、远东，非洲等地设有不同的分支机构。每个分支机构具有自己特有的数据。机构间不存在数据重叠、特别是对于细节事务数据。作为创建体系结构化环境的第一步，公司希望为它的每个分支机构各创建一个数据仓库。在不同的分支机构间存在某种程度的业务集成。同时假定在不同的区域，业务运作也具有当地特色。这种企业组织模式在许多公司是很常见的。

　　许多企业建造数据仓库时，首先是为每个不同地域的分支机构各创建一个局部数据仓库。图6-21表明了一个局部数据仓库的构造情况。

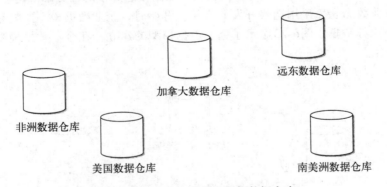

远东数据仓库

加拿大数据仓库

非洲数据仓库

美国数据仓库

南美洲数据仓库

图6-21　在每个子公司建立局部数据仓库

　　每个分部根据自己的需要创建特有的自主数据仓库。值得注意的是，至少就事务数据而言，在不同的区域间不存在冗余的细节数据。换句话说，反映非洲事务的数据单元不可能出现在欧洲的局部数据仓库中。

　　用这种方法创建分布式企业数据仓库有几个优缺点。优点之一是很快完成。每个局部小组控制局部数据仓库的设计和资源。它们也乐于拥有自主权和控制权。这样开发的数据仓库的优点能在整个企业内实时地表现出来。在6个月内局部数据仓库就能建好、运行并使分支机构分公司受益。不利之处是如果部门间的数据结构(不是内容)存在共同性的话,这种方法却不能识别或合理处理这样的共同性。

6.3.1 在分布的地理位置间协调开发

另一种方法就是尽量协调不同的局部组织间的局部数据仓库的开发项目。这种方法理论上听起来很合理,但真正贯彻起来不是太有效。局部开发小组之间不可能完全同步,局部开发小组则认为中央开发小组对不同局部开发小组的协调工作阻碍了自己项目的进展。必须提出一个新的数据模型作为各个局部数据仓库的设计基础。

当数据仓库技术的价值在分支机构表现出来后,公司就会决定建造一个企业数据仓库(图6-22)。

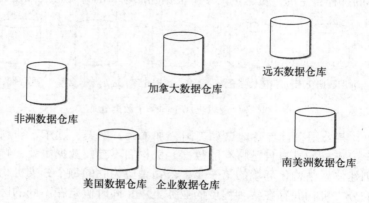

图6-22　决定建立企业数据仓库

企业数据仓库反映不同地区、不同部门间的业务集成。它与局部数据仓库有关,但又不同。建立企业数据仓库的第一步是为将反映在企业数据仓库中的业务部门建立企业数据模型。一般来说,企业数据仓库采用迭代开发的方法。开始时,企业数据模型的规模较小、比较简单且限于一个业务子集。图6-23显示了企业数据模型的建立。在企业数据模型建立后,将形成企业数据仓库。

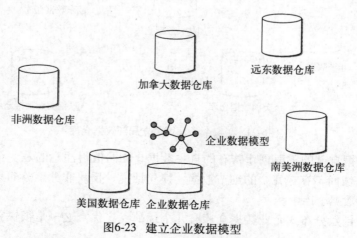

图6-23　建立企业数据模型

6.3.2 企业数据的分布式模型

企业数据模型反映企业级的业务集成，因此可能与局部数据模型中的某些部分重叠。这是合理的也是正常的。而在其他情形下，企业数据模型与局部数据模型不同。不管什么情况，都由局部组织来决定如何使企业的数据需求和局部的数据提供能力相适应。因为局部组织比任何人都更了解自己的数据，也知道应如何组织和重组织自己的数据以满足数据仓库中企业数据设计的规范。

当分支机构间数据结构的重叠部分设计得较好时，数据内容就不会有大的重叠。图6-24显示出从分支机构建立和装载企业数据仓库的情况。

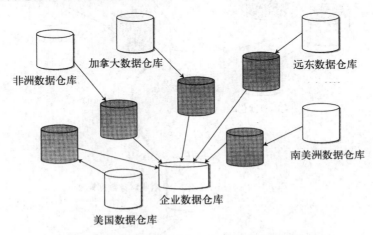

图6-24 从不同的自主运作分公司装入的企业数据仓库

企业数据仓库的数据源可能来自局部数据仓库，也可能来自局部操作型系统。这完全应在分支机构确定。记录系统的定义大多需要几次循环往复。

此外，一个重要的设计问题是从技术角度考虑如何将分支机构的记录系统数据创建和传送到企业数据仓库。在某些情况，正式"缓冲"数据保留在分支机构。而另一些情况，它们被传送到企业环境，且在分支机构不可存取。

通常，企业数据仓库中的数据在结构和概念上都是简单的。图6-25表明企业数据仓库中的数据对企业层的DSS分析员来说是细节数据，同时对分支机构的DSS分析员来说却是汇总数据。这种表面上的矛盾同这样一个事实是一致的，即表现为汇总数据还是细节数据是由观察者的不同角度决定的。

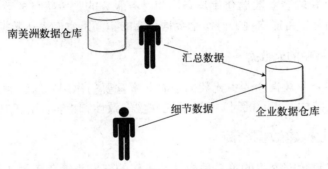

图6-25 在一个层次上是细节的而在另一个层次上是汇总的

分布式数据库的企业数据仓库与完全无关的各公司的企业财务数据仓库的对比，如图6-26所示。

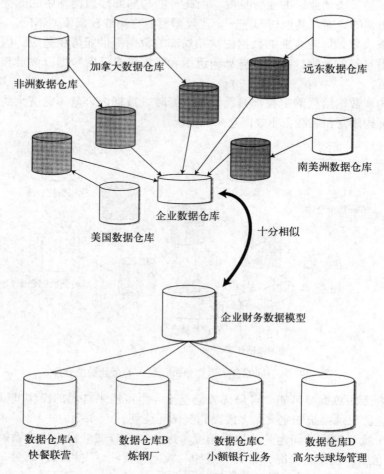

加拿大数据仓库

非洲数据仓库

远东数据仓库

南美洲数据仓库

企业数据仓库

美国数据仓库

十分相似

企业财务数据模型

数据仓库A
快餐联营

数据仓库B
炼钢厂

数据仓库C
小额银行业务

数据仓库D
高尔夫球场管理

图6-26 分布式公司的数据仓库可以非常类似于一些无关公司的数据仓库

分布式公司的数据仓库在许多方面非常类似于无关公司的数据仓库，诸如在设计和运作方面。然而，它们之间存在一个主要区别。企业分布式数据仓库是对业务本身的扩展，反映客户、销售商、产品等的信息集成。因此，企业分布式数据仓库表示了业务本身的体系结构。但是，业务无关的公司的企业数据仓库是专门为财务服务的，希望财务数据仓库为公司各部分的其他关系所使用是不可能实现的。两个数据仓库的不同是它们表达数据的深度不同。

6.3.3 分布式数据仓库中的元数据

在整个分布式的企业数据仓库中元数据起着非常重要的作用，通过它可以协调不同地域的数据仓库中的数据结构。毫无疑问，元数据是实现一致性和相容性的工具。

6.4 在多种层次上构建数据仓库

一个企业同时构建数据仓库的第三种模式是不同的开发小组负责构建数据仓库的不同层

次，如图6-27所示。这种模式与分布式数据仓库开发模式区别很大。如图所示，A组负责建造高度汇总的数据，B组建造中度汇总的数据，C组建造当前的细节数据。

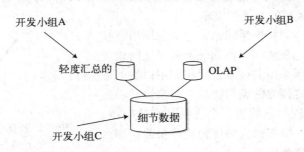

图6-27　不同的开发小组负责建造体系结构不同层上的数据仓库的不同部分

这种数据仓库的多层模式是很常见的。幸运的是，这种模式最容易管理，而且风险最小。

数据体系结构设计者主要关心的问题是如何协调不同开发小组的工作，包括内容的规范说明和结构的描述以及开发时间的确定等。例如，如果A组的进展情况明显超前于B组和C组时，那么将出现一个问题，即当A组在汇总级装载他们的数据时，要使用的细节数据可能还不存在。

不同的开发小组同时建造同一数据仓库的不同汇总级时，一个有趣的问题是，正是建造当前细节级的开发小组在使用数据仓库的数据模型。图6-28显示了这个关系。

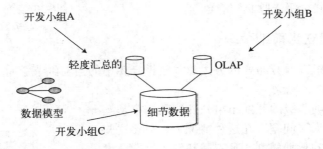

图6-28　正在开发最低细节级的开发组使用该数据模型

数据仓库的数据模型直接反映了负责当前细节级分析和设计的开发小组的设计和开发工作。当然，数据仓库模型间接地反映了所有开发小组的需求。由于其他开发小组是对当前细节级数据进行汇总的，所以它们对各自的需求都有自己的描述。在大多数场合，较高汇总级的开发小组拥有反映他们特定需要的自己的数据模型。

在数据仓库中管理建造不同汇总级的多个小组的问题之一，是数据仓库各层采用的技术平台的问题。一般来说，不同的开发小组选用的开发平台不同。事实上，不同的开发小组选取相同平台的情况非常少见。这有几个原因，而主要的是代价问题。数据的细节级，由于处理的数据量大，所以要求一个企业级的平台。不同汇总级，特别是在较高的汇总级，需处理的数据量相对较少，所以要求较高的汇总级同细节级采用同一平台（尽管这也是可以的）未免太过分（代价太高）。

数据仓库中各种汇总级使用的技术平台常常不同于细节级技术平台的另一个原因是，这些可选用的平台提供多种多样的特殊软件，而许多是细节级单一平台上所不支持的。不管数据的不同层次是采用单一平台还是多种平台，都必须认真存储和管理元数据，以保证从一个细节级到下一层细节级的连续性。

　　由于数据仓库的不同开发小组在开发不同级数据时通常采用不同平台，这就出现了互连性问题。图6-29显示了级间的互连性需求。

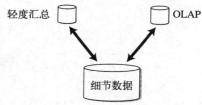

图6-29　数据仓库的不同级次之间的互连性是个重要问题

　　我们从几个方面来强调互连性问题。一是在调用级存取的兼容性。换句话说，在数据仓库的任何两级之间构成细节数据和汇总数据时所采用的技术之间在调用语法上是否兼容？如果不存在一定程度的调用语法的兼容性，那么接口将不会有用。互连性问题的另一个方面是有效带宽。如果两级数据仓库中某一级有很大的传输处理负载，那么两个系统间的接口将会成为瓶颈。

　　无论数据仓库开发小组之间是如何相互协作的，有一个要求十分明确：管理低级细节数据的开发小组必须为在其基础上汇总并建立新层次数据的开发小组提供一个正确的数据基础。这种要求如图6-30所示。

　　开发小组间的协作可以很简单，即满足各方面需求的数据模型上的一个协议。如果条件许可，也可制定非常详尽的协议。开发项目本身的协调是另一个问题。不同的开发小组之间需要遵循一定的时间顺序安排，以使所有开发小组在需要数据之时都能获取所需的、在较低级上收集到的数据。

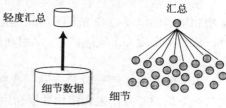

图6-30　细节级数据是建立汇总级数据的基础

6.5　多个小组建立当前细节级

　　当多个开发小组以非分布式的方式建立数据仓库中的当前细节级时，将出现某些特殊情形。图6-31显示了这种现象。

　　只要开发当前细节级的开发小组开发的数据集是互斥的，就不会出现太多问题。在这种情况下，只要这些开发小组使用相同的数据模型，且不同开发小组的技术平台间是兼容的，就没有什么风险。不幸的是，这种情况很少出现。更常见的是多个开发小组设计和装载的是一些或全部相同的数据。

　　当开发小组的工作出现重叠时，会引发一系列问题。第一个问题是费用，特别是存储和处理的费用。当前细节级的数据量是如此之大，很少的冗余也会引发严重的问题。处理细节数据的费用同样是一个主要问题。

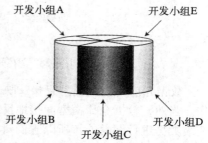

图6-31　不同的开发小组共同建立数据仓库中的当前细节级

　　第二个，也更麻烦的问题是蜘蛛网问题在DSS环境中又出现了。由于存在大量冗余的细节数据，所以自然会造成由冗余引起的、对数据的错误解释，且没有有效的解决方法。在数据仓库中的细节级出现大量的冗余细节数据是一种非常不理想的状态，也违背了最初的目的。如果多个开发小组并行地设计和装载当前细节级数据，那么一定要确保没有产生冗余数据。

　　为了确保不产生冗余数据，必须创建一个反映公共细节数据的数据模型。图6-32显示了多个开发小组根据他们的需求共同创建一个公用数据模型的情形。

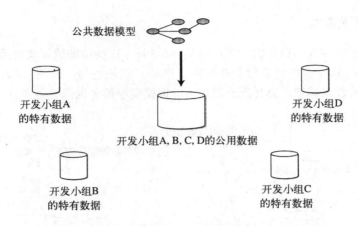

图6-32 对于所有开发小组，数据模型标识公用数据

除了当前正在进行开发的小组外，那些当前没有开发将来可能介入的其他开发小组也可以提出他们的需求。（当然，如果开发小组知道将来的需求，但是又不能清楚地描述它们，那么这些需求不会作为公用细节数据模型中的考虑因素。）公用细节数据模型反映了数据仓库中不同开发小组对细节数据的共同需求。

数据模型构成了数据仓库的设计基础。图6-33表明在设计过程中数据模型将分割为多张表，每一个均在物理上成为数据仓库的一部分。

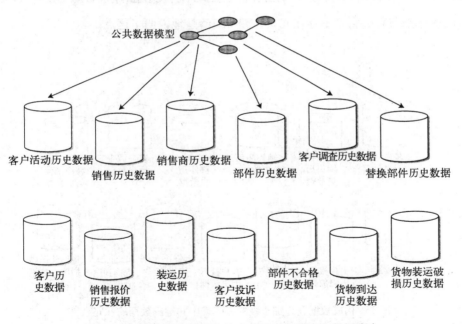

图6-33 数据仓库在物理上分布在多个物理表和数据库中

在实现时，数据模型分割为多张物理表，所以数据仓库的开发以迭代式方法进行，不需要立即建立所有表。事实上，一次只建立几张表的优点是，可在需要时使用最终用户的反馈信息来有条不紊地对表进行修改。另外，由于公用数据模型分割为多张表，因此，在以后增加新表来弥补目前未知的需求就不成问题了。

6.5.1　不同层的不同需求

一般来说，不同开发小组的需求不同（见图6-34），这些特殊的需求导致所谓"局部"当前细节级。这些局部数据肯定是数据仓库的一部分，但是它与"公用"部分是截然不同的。局部数据有自己的数据模型，通常比公用细节数据模型小得多也简单得多。

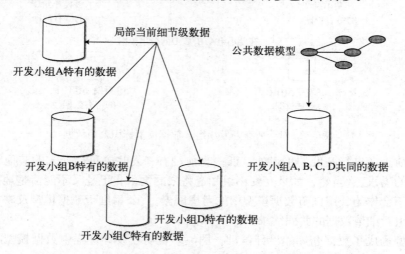

图6-34　数据仓库中的当前细节级包含各开发小组的特有数据

所有的这些细节数据肯定不存在冗余。图6-35清楚地说明了这点。

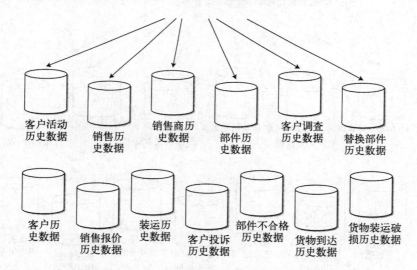

图6-35　构成数据仓库细节级的多张表中非键码数据的非冗余性

当然，数据非冗余性仅仅限于非键码数据。主键数据肯定是冗余数据，因为外键用于将不同类型的数据相关联。图6-36显示了使用外键关联表的情况。

在图6-36表中的外键与受参照完整性所支配的典型的外键关系不同。因为数据仓库中收集和存取的是快照数据，出现的外键关系是以"人工关系"组织的。若想进一步了解人工关系，请参考www.inmoncif.com网站的技术论坛（Tech Topic）白皮书（见本书最后的参考文献）。

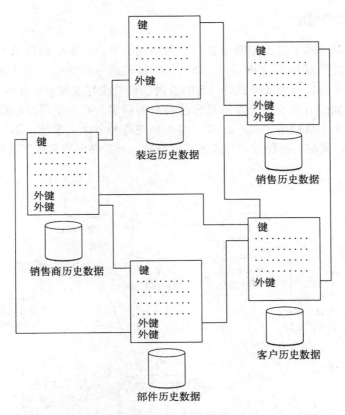

图6-36　数据仓库环境中的外键

　　是否应采用同样的技术来存放所有的细节表（公用的和局部的）？图6-37显示了所有表以同样技术存放的情况。使用同样的技术存放所有细节表有许多优点。一是单一平台比多个平台代价要低得多；二是维护和培训费用较低。实际上，细节数据采用多个平台唯一的理由是，如果使用多个平台，可能不需要单一的大平台，而多个小平台的代价可能比一个大平台的代价要低。不管怎么说，事实上，许多机构为它们的所有细节数据仓库数据采用单一平台策略，并且运行效果很好。

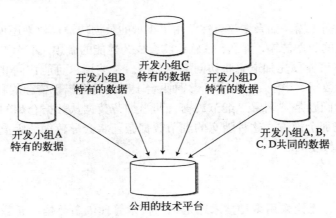

图6-37　数据仓库细节级不同类型的数据都在同一个技术平台上

6.5.2　其他类型的细节数据

　　另一种策略是对不同类型的细节级数据使用不同的平台。图6-38显示了采用这种配置的一个实例。一些局部数据使用一种平台，公用数据使用另一种平台，而其他的局部数据又采用其他的一种技术平台。这种选择具有一定的合理性，能很好地满足企业内不同的策略需求。采用这种选择，不同的开发小组至少能对自己特有的需求具有一定程度的控制能力。不幸的是，这种选择有几个主要缺陷：第一，必须购买和支持多个技术平台；第二，最终用户必须接受多种技术培训；最后，各种技术可能很难融合在一起。图6-39表明了这种困境。

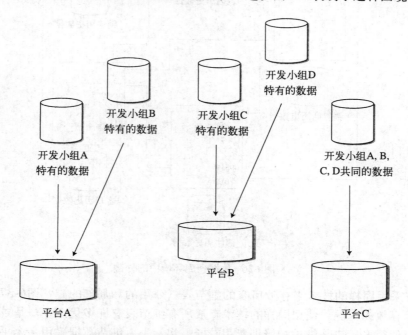

图6-38　数据仓库的细节级数据的不同部分分散在不同的技术平台上

　　如果数据仓库中细节的不同级采用多种技术，那么操作时就必须跨越不同的技术平台。目前已经有一些为跨越不同的技术平台访问数据而设计的软件。但如图6-40所示，仍然存在一些问题。

　　问题之一是数据传输。如果多接口技术用于少量的数据传输，效果还可以。但是，如果多接口技术用于大量的数据传输，那么，该软件将会成为性能的瓶颈。不幸的是，在DSS环境中，对任一个请求都不可能预先知道它将访问多少数据。某些请求可能访问非常少的数据，而另一些可能访问大量数据。当细节数据位于多种平台上时，将会出现资源的利用和管理的问题。

　　另一个相关的问题是"剩留"细节数据，即当细节数据从数据仓库的一个地方传送到另一个地方后驻留在那个地方。这种随意的细节数据搬迁将会导致细节级上出现冗余数据，在一定程度上是不可接受的。

6.5.3　元数据

　　在任何情况下，无论采用多种技术还是单一技术管理细节数据，元数据的作用都不可忽略。图6-41表明元数据需要位于数据仓库的细节数据的顶层。

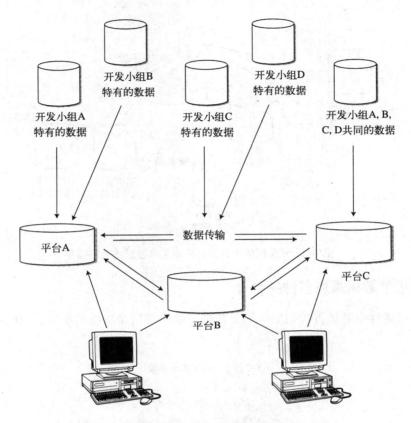

图6-39 数据传输和多表查询出现特殊技术问题

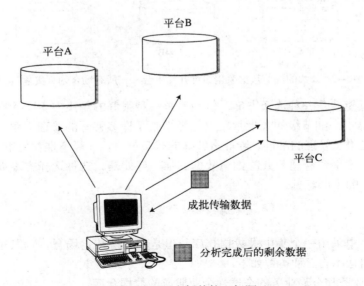

图6-40 不同平台间的接口问题

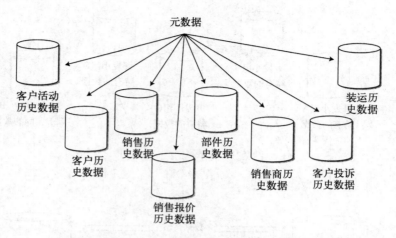

图6-41 元数据位于数据仓库中实际数据内容的顶层

6.6 公共细节数据采用多种平台

另一种可能性也是值得考虑的，即公共细节数据采用多种技术平台。图6-42概括了这种可能性。

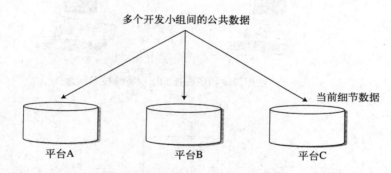

图6-42 公共的细节数据采用多种开发平台——所有场合的真实危险信号

虽然这种可能性是一种选择方案，但绝不是一种很好的解决方案。管理当前公共的细节数据已经很困难了。细节级的大批量数据已经带来了许多特殊的管理问题。跨越多种技术平台的复杂性只能增加管理的难度。除非有特殊的减负策略，一般不推荐使用这种方案。

采用多种技术平台管理公共的细节数据的唯一好处是，这种选择方案能够立刻满足企业在政策和组织上的不同意见。

6.7 小结

大部分环境中采用一个集中式数据仓库。但是在某些特定场合，可以建立分布式数据仓库。分布式数据仓库的三种类型如下：

• 拥有局部业务和全局业务的全球性企业服务的数据仓库。
• 数据分布在多个物理的存储空间上的技术分布式数据仓库。
• 拥有组织或管理上独立的企业中各独立部门无关联的数据仓库。

不同类型的分布式数据仓库都有各自考虑的因素。

一个全局数据仓库最难的是在分支机构上所做的映射。映射必须解决转换、集成和不同的业务实践等问题。映射是迭代式完成的。在许多情况下，全局性数据仓库是相当简单的，因为全局数据仓库中只包含参与业务集成的企业数据。许多局部数据永远不会传送到全局数据仓库，或者参与全局数据仓库的装载过程。全局数据的存取依据分析员业务的需求。分析员只有着眼于局部业务操作，才有理由存取全局数据仓库中的数据。

局部数据仓库经常建造在不同的技术平台上。另外，全局数据仓库可能采用的技术和任何局部数据仓库所采用的不同。对于不同的局部数据仓库在全局数据仓库的交集来说，在全局数据仓库的数据模型如胶水一样，把不同局部数据仓库的数据汇合到一起。局部数据仓库可能包含有仅仅服务于本地业务的独有数据。 全局数据仓库也可能是分布式的。分布式全局数据仓库的结构和内容是集中确定的，而进入全局数据仓库的数据映射是局部确定的。

分布式数据仓库环境的协调和管理远比单个数据仓库要复杂得多。把数据从局部环境传送到全局环境会带来几个相关的问题：

- 采用什么样的网络技术？
- 数据的传输合法吗？
- 在全局站点上有足够大的处理窗口吗？
- 必须做什么样的技术转换？

第7章 主管信息系统和数据仓库

主管信息系统（EIS）是数据仓库之前的一个概念。EIS的意义在于说明计算机是对企业中每一个人都是有用的，而不仅仅对办事员处理日常事务有用。EIS向主管们提供了一系列有吸引力的用户界面，因为华丽的界面可以吸引主管们的注意。EIS的创建者认为计算领域应该对主管开放，但他们还没有把数据提供给管理人员所需的基本结构的概念。EIS的基本思想是提供信息，但不需要真正理解创建这些信息的基本结构。

当数据仓库首次出现时，EIS界对它完全持一种嘲讽的态度，认为数据仓库是低级而复杂的。相对于数据仓库当中操作和管理的复杂性而言，EIS是一种高级的、优雅的方法。EIS研究者们认为管理人员不值得担心像数据源、数据质量、数据流通等等这样一些问题。因此，EIS的失败在于缺乏这样的基础结构。（有人认为数据仓库出现后，EIS转义为商业智能。）如果给出的数据是不可信的、不精确的，或者完全不能使用，数据无论如何优雅地展现给管理人员，也是没有意义的。

我第一次写这一章的时候，EIS正走向消亡。像最初所写一样，本章的意图在于呼吁EIS研究者们重视基础结构。但EIS研究者们和他们的风险资本赞助者却认为在EIS和数据仓库之间没有关系。当谈到必须有基层结构来支持EIS研究者们的宏伟计划时，EIS研究者和风险资本赞助者们却不接受这一点。

现在最早出现的为人们所熟知的EIS已几乎完全消失。但由EIS提出的目标却仍有其价值和现实意义。因此，如今EIS又重新以许多新的形式出现——例如OLAP处理和像客户关系管理（CRM）的DSS应用。这些EIS的现代形式是和数据仓库密切相连的，在这一点上，它们并不同于最早期的EIS形式。

7.1 EIS概述

EIS是计算的最有效形式之一。通过EIS，高级管理分析人员可以精确指出问题并发现对于管理至关重要的趋势。在某种意义上，EIS是计算机技术的最复杂的一个应用。

EIS处理是出于帮助主管制定决策而设计的。从某种意义上说，EIS成为主管观察公司运营的窗口。EIS处理总揽全局并且弄清与商业运作相关的方面。EIS最典型的用途是：

- 趋势分析和发现。
- 关键比例指标度量和跟踪。
- 向下钻取分析。
- 问题监控。
- 竞争分析。
- 关键性能指标监控。

7.2 一个简单例子

在主管看来，EIS分析是怎样的呢？作为一个例子，见图7-1，它显示了一家保险公司提供保险的信息，按季度次序跟踪新的人寿、健康、意外事故保险的销售情况。这张简单的图表是主管调查业务情况的一个很好的出发点。如图7-2中趋势分析所示，主管在了解了全面的信息之后，就能开始做更深入的调查。

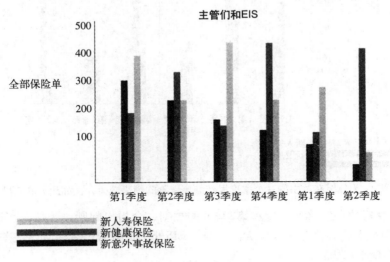

图7-1 EIS处理的典型图表

如图7-2，主管已经把新人寿保险销售、新健康保险销售和新意外事故保险销售分隔开。通过观察新的意外事故保险销售数据，主管发现一个趋势：每个季度的新意外保险销售一直在下降。发现这种趋势后，主管就能进一步研究为什么销售额会一直下降。

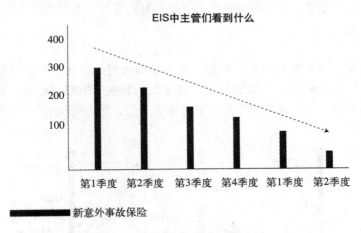

图7-2 趋势——新意外事故保险销售下滑

EIS分析提醒主管趋势是怎样的，然后由他（她）发现造成这种趋势的根本原因。

主管对积极的和消极的趋势都感兴趣。如果生意正在变糟，为什么会变糟？以什么样的速度变糟？要补救这种情况，能做些什么？或者，如果生意正在上扬，那么为什么会上扬？为促进和加强成功因素，能做些什么？这些成功因素能用到生意上的其他领域吗？

趋势分析并不是EIS所能做的唯一的分析类型。另一种有用的分析类型是比较分析。图7-3显示了一种EIS分析中可能用到的比较分析。

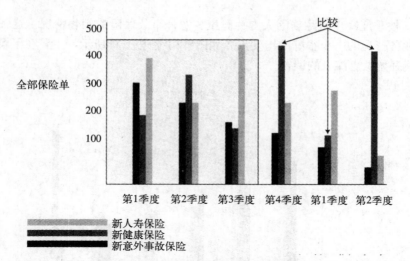

图7-3 为什么在过去的三个季度里新健康保险的销售额会存在如此大的差异

观察图7-3中第4季度、第1季度和第2季度的数据，会提出问题：为什么在过去的三个季度里新健康保险的销售额会存在如此大的差异？EIS处理提醒管理者注意这些差异。然后EIS分析员去确定其根本原因。

对一个大型的多种经营的企业的管理者来说，EIS允许以很多方式观察企业行为。跟踪大量行为比只跟踪少量行为要困难得多。从这个意义上说，EIS可以用来拓展管理者的控制范围。

但是趋势分析和比较分析还不是管理者有效使用EIS的仅有方法。另一种方法是"切片和分块"。通过这种方法，分析员取得基本信息，用一种方式归类、分析它。然后用另一种方式将其分组并再分析这些数据。切片和分块允许管理者对正在发生的行为以不同角度进行观察。

7.3 向下钻取分析

为了切片和分块，有必要向下钻取数据。向下钻取数据是指从一个汇总数据开始，将该汇总数据分解成一组更细致的汇总数据。通过获取汇总数据下的细节数据，管理者能够知道究竟正在发生什么事情，特别是汇总数据在哪里出现异常。图7-4显示了一个向下钻取分析的简单实例。

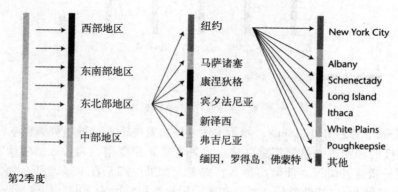

图7-4 为使EIS显示的数据有意义，汇总数据需要支持向下钻取处理

在图7-4中，管理者已经看过了第2季度的汇总结果并想对它做进一步探查。于是管理

者观察构成汇总数据的各个地区。要进行分析的数据是西部地区、东南部地区、东北部地区、中部地区的数据。在观察各个地区数据的过程中，管理者决定仔细查看一下东北部地区的数据。

东北部地区的数据是纽约、马萨诸塞、康涅狄格、宾夕法尼亚、新泽西、弗吉尼亚、缅因、罗得岛和弗蒙特的数据的综合。在这些州中，管理者决定再仔细观察纽约州的数据。这就需要再查询该州有保险销路的各个城市的数据。

一般情况下，管理者选择一条从汇总数据到细节数据的路径，然后逐次进入到下一层进行观察。在这种模式下，能够确定哪里存在问题。一旦发现异常，管理者就知道到何处去查看更详尽的数据。

EIS另一个重要的功能是跟踪关键性能指标的能力。尽管每个公司都有自己的一组指标，但是典型的关键性能指标可能如下所示：

- 手头的现金。
- 客户渠道。
- 销售周期的长度。
- 储存时间。
- 新产品渠道。
- 竞争的产品。

每个公司通过几个关键性能指标（使用单一的度量）来反映公司某些方面的重要情况。对他们来说，关键性能指标表明公司的运转情况。从长远来看，关键性能指标甚至能够表明公司的发展趋势。

如果手头的现金是X美元，说明了公司运作的一些状况。如果数据表明，两个月前手头的现金为Z美元，一个月前手头的现金为Y美元，而这个月为X美元，那么可以说明的状况更多更深入。长期观察关键性能指标是主管要做的极其重要的事情之一，EIS是做这项工作的绝佳工具。

有很多成熟的软件能用于EIS，把分析结果呈现给管理者。EIS的困难之处不在于图形表示，而在于显示图形过程中准确地、完全地、集成地查找和准备数据的过程，如图7-5所示。

只要数据存在，EIS完全能够以图形的形式支持向下钻取处理。如果要分析的数据不存在，向下钻取处理就变得乏味而笨拙。这样的向下钻取就不是主管需要的了。

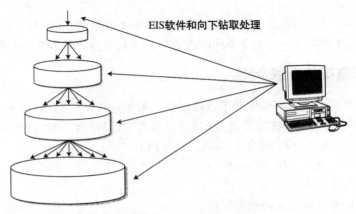

图7-5　只要能取得需要的数据并且数据构造得合理，EIS软件支持向下钻取处理

7.4 支持向下钻取处理

生成用于向下钻取分析的基本数据是成功执行向下钻取处理的主要障碍，如图7-6所示。的确，有一些研究表明，每花费1美元用于开发EIS软件和硬件，就要为向下钻取数据准备而花费9美元。

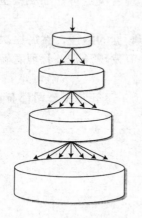

购买及安装EIS
软件既快又容易

图7-6 困难在于生成用于EIS处理的基本数据

这个问题之所以严重，是因为主管时而对这件事感兴趣，时而对那件事感兴趣，总是在改主意。图7-7显示了使主管感兴趣的事情总是不时变化的特性。第1天，主管想了解公司的财务状况，EIS分析员花费很大精力找出了支持这个EIS需求的基本数据。第2天，意外地出现了一个生产问题，管理者把注意力转向这个问题，EIS分析员赶紧尽力收集主管需要的数据。第3天，EIS分析员又将注意力转向发货中出现的问题。对主管来说，每天都有一个新的关注焦点。EIS分析者不可能很容易地跟上主管变化的节奏。

不要责怪管理者经常改变主意。因为生意发生变化时管理者就需要改变主意，事实上，生意状况每天都在发生变化。

每当新问题或新机遇出现时，管理者的关注焦点就会改变。没有模式能预测管理者关注的下一个焦点是什么。结果是，EIS分析员总是处在鞭梢的位置——这是错误的！EIS分析员总是处于一种被动响应的状态。并且，一旦为EIS分析准备基本数据的工作分配下来，EIS分析员就会疲于奔命。

问题在于EIS分析员没有一个能够便于操作的基本数据集。对EIS分析员来说，管理者每一个新的关注焦点都要求一个完全不同的数据集。没有支持EIS环境的数据基础。

7.5 作为EIS基础的数据仓库

数据仓库在EIS环境中的操作效率是最高的。数据仓库是根据EIS分析员的需要而定制的。一旦建立了数据仓库，EIS的工作比起EIS分析员没有能够操作的数据基础时要容易得多。图7-8显示了数据仓库怎样对EIS数据的需求提供支持。

有了数据仓库，EIS分析员不必担心：

• 搜索限定的数据源。
• 从现存系统中生成特定的抽取程序。
• 处理非集成数据。

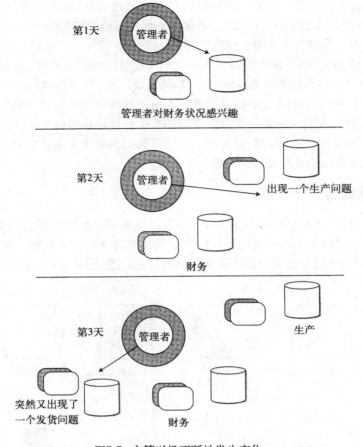

第1天

管理者对财务状况感兴趣

第2天

出现一个生产问题

财务

第3天

生产

突然又出现了
一个发货问题

财务

图7-7　主管兴趣不断地发生变化

- 编译和链接细节和汇总数据以及两者之间的链接关系。
- 寻找合适的数据时基（寻找历史数据）。
- 管理者是否改变下一步要观察的对象。

另外，EIS分析员有大量的汇总数据可用。

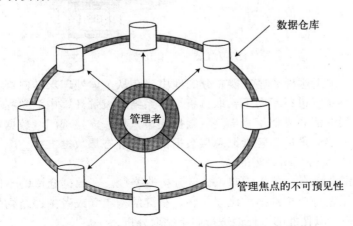

数据仓库

管理者

管理焦点的不可预见性

图7-8　数据仓库为管理者对EIS数据的需要提供支持

简而言之，数据仓库提供了EIS分析员有效支持EIS处理所必需的数据基础。通过使用数据仓库中丰富的数据资源，EIS分析员能以主动的姿态去满足管理者的需求——而不是无休止地被动响应。正是由于有了数据仓库，EIS分析员的工作从数据工程师的工作转变为真正的分析工作。

数据仓库能够满足EIS领域需要的另外一个非常重要的原因是数据仓库是在低粒度级上进行操作。数据仓库由（缺乏恰当的词）原子数据组成。原子数据能够以不同的方式来设计。当管理者有公司以前没有遇见过的信息需求时，由于数据仓库中有细节数据，就会以某种能满足管理者需要的方式组织需要的信息。因为在数据仓库中存储的是粒状的原子数据，所以分析是灵活的而又反应快速的。数据仓库中的细节数据用于将来未知的信息需求。这就是为什么数据仓库能够将机构从被动响应转换为主动响应。

7.6 到哪里取数据

EIS分析员可以在体系结构中多个不同的位置获取数据。如图7-9所示，EIS分析员可能到个体处理层、部门（数据集市）处理层、轻度汇总处理层或档案（静态）数据层中去取数据。并且，EIS分析员为满足管理者的需要获取数据的过程，总是遵循一个标准的顺序或层次（如图7-9）。

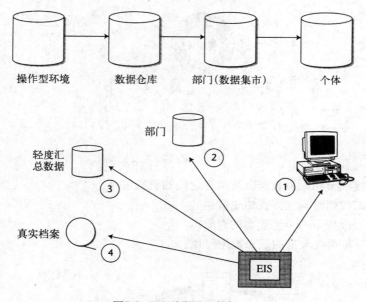

图7-9 EIS到哪里取数据

如图7-10所示，采用这种顺序有很充分的理由。在从个体处理层转向档案或静态处理层的过程中，分析员事实上进行了向下钻取分析。体系结构设计环境中汇总程度最高的数据出现在个体层。个体层的汇总支持层是部门（数据集市）层，支持部门（数据集市）层汇总的数据来自于轻度汇总层。最后，轻度汇总层数据由档案静态层数据支持。以上陈述的汇总顺序正是支持EIS向下钻取分析所必需的。

按照惯例，数据仓库有一条用于向下钻取分析的路径。在数据仓库的不同层次及整个的汇总过程中，数据通过一个主键结构建立关联。主键结构本身或者主键结构衍生出来的结构将各层数据联系起来，以便能够方便地进行向下钻取分析。

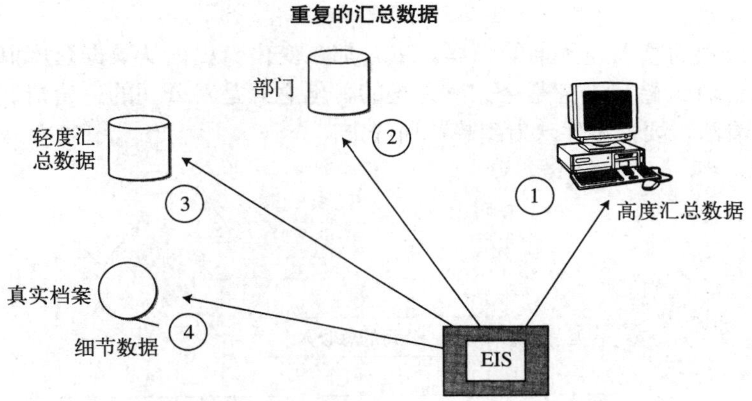

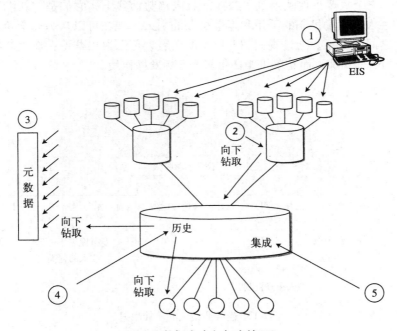

图7-10 向下钻取处理是从个体处理层到真实档案数据

数据仓库对EIS支持的方式如图7-11所示。

图7-11 数据仓库如何支持EIS

EIS功能使用如下：

• 用数据仓库提供汇总数据。
• 用数据仓库结构支持向下钻取处理。
• 用数据仓库的元数据为DSS分析员规划建造EIS系统。
• 用数据仓库的历史内容支持管理人员所需要的趋势分析。
• 用数据仓库中的集成数据观察整个公司的运行概况。

7.7 事件映射

EIS处理使用数据仓库的一个有用的技术是事件映射。描述事件映射最简单的方式是从一条简单趋势曲线开始。

图7-12显示公司的收入与预期的一样,每月都在变化。根据从数据仓库取得的数据,已经估计出了趋势。收入趋势本身是令人感兴趣的,但它只是对公司的运营情况的一个肤浅看法。要加强这种看法,要把事件映射到趋势曲线上。

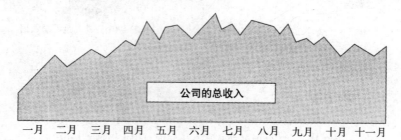

图7-12 公司收入按月变化

如图7-13,三个重要事件映射到了公司的收入趋势曲线上,它们是"新潮彩电"生产线的引入,对销售人员激励机制的采用和竞争机制的引入。现在可以从另一个角度观察公司收益和重要事件之间的关系。通过观察图7-13中的图表,可以得出结论:新生产线和新激励机制的引入使公司收入猛涨,而竞争机制在年末才开始发挥作用。

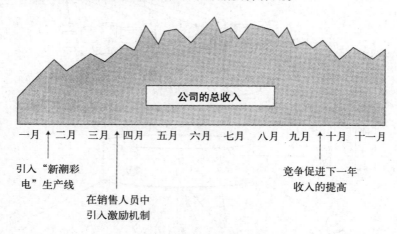

图7-13 趋势曲线上的事件映射

对某些类型的事件,事件映射是度量事件结果的唯一方法。一些事件和行为不能直接度量,而不得不用一种相关方式。对于一些类型的事件,成本合理性和实际成本收益用任何别的方法是不能度量的。

但是,观察相关信息可能会得出错误的结论。而观察与该事件有关的多组趋势图常常是有益的。例如,图7-14表明,公司收益与消费者置信指标结合可以产生具有多个视角的图表。观察图7-14,主管能确定所映射的事件是否对销售产生了影响。

数据仓库可以既存储产生于内部的收入数据,又存储产生于外部的消费者置信数据。

7.8 细节数据和EIS

需要多少细节数据才能运行EIS/DSS环境呢?一种学院派的说法是需要尽可能多的细节数

据。通过存储尽可能多的数据，能做任何当前需要的分析工作。既然DSS的特性是探究未知的东西，谁知道你需要什么样的细节数据呢？为安全起见，你最好把当前能得到的所有细节数据都保存起来。而且，你能得到的历史细节数据越多越好，因为你永远不会知道为完成给定的DSS分析，需要在历史数据中回溯多远。

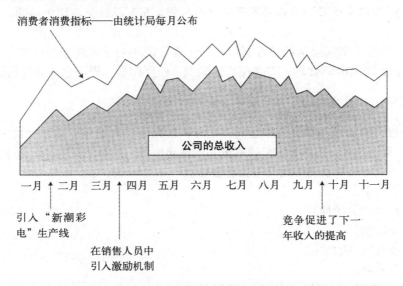

图7-14 将一个趋势分析置于现存的趋势分析之上，就可以得到另一个分析视角

关于为DSS处理存储大量细节数据的讨论，其核心逻辑很难评论。从理论上说，为DSS或EIS处理准备尽可能多的数据肯定是正确的。但是在某些重要方面，关于EIS中细节数据的讨论如同Zeno悖论。在Zeno悖论中，逻辑不可避免地"证明"，只要乌龟比兔子先出发，兔子就永远追不上乌龟。当然，实际情况和我们的观察告诉我们并非如此，这警告我们仅仅根据逻辑得出的结论是不可靠的。

那么，在建造DSS/EIS环境时，保存所有细节数据为什么错误呢？有几个原因。首先，存储和处理的开销可能是个天价。仅仅存储和处理大量细节数据的开销就不允许建立一个所谓有效的EIS/DSS环境。说它不切实际的第二个原因是大量数据是有效使用分析技术的一个障碍。有大量的数据需要处理，重要的趋势和模式可能就隐藏在漫无边际的细节数据记录的掩饰之下了。第三个原因是前面所做的细节分析不可重用。只要存在大量的细节数据，DSS分析员就会被鼓舞从头做新的分析。这是一种无益的浪费，甚至具有潜在的危害。如果新老分析的方式不完全相同，非常相似的分析还可能得到矛盾的结论。

做EIS分析不仅要存储细节数据，也要存储汇总数据。DSS和EIS分析对汇总数据的使用与对细节数据的使用一样多。汇总数据比细节数据的数据量小得多，并且管理起来容易得多。从访问和表示的角度来看，汇总数据对管理来说是理想的。汇总数据是未来分析的基础，并且由于它的存在，不必进行重复分析。仅就这些原因，就应将汇总数据作为DSS/EIS环境的主要部分。

7.9 在EIS中只保存汇总数据

但是，只保存汇总数据存在一些现实问题。第一个问题就是汇总数据蕴含着一个过程——汇总数据永远是计算过程的结果。计算可能简单也可能复杂。任何情况下都不存在孤立的汇总数据，它总是和汇总过程联系在一起的。为有效利用从计算过程中得到的汇总数据，DSS分析员必须取得汇总数据、理解用来产生汇总数据的过程。只有DSS和EIS理解了汇总过程和汇总数据之间的关系，并能有效地利用汇总数据，汇总数据才能组成EIS和DSS分析的理想基础。但是，如果EIS/DSS分析员不理解这个过程是与汇总数据密切相关的，分析结果可能会是误导性的。

汇总数据的第二个问题是汇总数据可能处于也可能不处于即将进行分析所需要的合适的粒度级。为进行EIS和DSS处理，需要在数据的细节程度和汇总程度之间进行权衡。

7.10 小结

在EIS分析员的需求和数据仓库之间存在着密切联系。数据仓库显然支持EIS分析员的所有需求。有了数据仓库，EIS分析员就不再处于被动地位，而是处于主动地位了。

数据仓库使EIS分析员能处理以下管理需要：

- 快捷信息存取。
- 转变思路（即灵活性）。
- 观察集成数据。
- 分析一段时间内的数据。
- 进行向下钻取。

数据仓库为EIS分析员的分析提供了数据基础。

第8章 外部数据与数据仓库

大部分企业在建立其第一个数据仓库时是以现有系统（即企业的内部系统）作为数据源的。在绝大部分情况下，从现有系统抽取的数据可称为内部结构化数据。数据来自于企业内部，并且数据已经转换成一种规则的格式。

但是，产生于企业外部系统的数据被企业大量使用也是很正常的。这类数据称作外部数据，通常是以非结构化、不可预测的格式进入企业的。图8-1表示了进入数据仓库的外部数据。

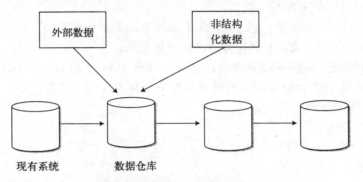

图8-1 外部数据归入数据仓库

数据仓库是存储外部数据的理想场所。如果外部数据没有存放在一个集中确定的位置，势必会产生一些问题。图8-2表明当外部数据以反向规范的形式进入企业时，就失去了数据来源的标识，并且不管怎样有次序地使用数据都不存在数据间的协同。

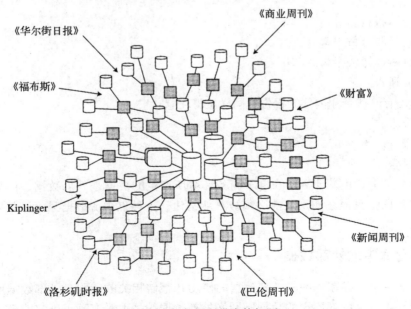

图8-2 外部数据所带来的问题

一般来说，当外部数据没有进入数据仓库时，这些数据通过PC进入企业。本质上，在PC级上进入的数据不存在任何错误。但是，当数据在PC级上进入时，几乎都是通过电子表格或其他非正式系统方式手工输入的，并且绝不会试图捕获有关附加在数据上的任何数据源或数据完整性的信息。例如，在图8-2中分析员得到了《华尔街日报》中的一个报告。第二天，这个分析员采用《华尔街日报》中的数据作为某个报告的一部分。然而，当此报告进入企业主数据流时，有关原始数据源的信息就丢失了。

获取外部数据的自由方式所导致的另一个困难是，在以后很难再使用这些数据。这些数据进入企业系统，使用一次后便消失了。即使仅仅几个星期后，也很难找到并进一步使用这些外部数据。这是很不幸的，因为许多来自外部数据源的数据在一段时间范围内都是非常有用的。

以下是外部数据的两种基本类型：

- 通过数据源（例如药房，超级市场等）收集到的外部数据记录。
- 来自于随机报告、文章及其他数据源的外部数据。

用于外部数据记录的一些数据源可以是Dun&Bradstreet、Acxiom、IMS等。

来自非面向记录的外部数据源的数据类型是多种多样的。一些值得关注并且有用的外部数据的典型数据源如下：

- 《华尔街日报》。
- 《商业周刊》。
- 《福布斯》。
- 《财富》。
- 行业新闻。
- 技术报告。
- 咨询员专门为企业研究的报告。
- Equifax报告。
- 竞争分析报告。
- 市场比较与分析报告。
- 销售分析与比较报告。
- 新产品通告。

另外，还有一些企业内部的报告也同样值得注意：

- 审计季报。
- 年度报告。
- 专家报告。

在某种意义上，由基于Web的电子商务环境所产生的数据是外部数据。由于这种数据的细节程度非常低，数据在使用之前必须被重新构建。这种点击流数据只不过是外部数据的一种复杂形式。

8.1 数据仓库中的外部数据

在数据仓库中，存在一些与外部数据的使用和存储相关的问题。外部数据所存在的一个问题是可用频率。与内部出现的数据不同，外部数据的呈现没有真正固定的模式。当为了确保捕获正确的数据而必须建立永久的监控方式时，这种不规则就是一个问题。在一些环境中，比如因特网，可以创建一些监控程序用于产生自动提示信息和自动加载。

外部数据的第二个问题是外部数据的形式是完全没有规则的。为了使之有用并能放置于数据仓库内，就必须对外部数据进行一定的重新格式化，将其转化成为内部可接受的、可用的形式。一般是在外部数据进入数据仓库环境时对其进行转换。外部的关键字数据转换成内部的关键字数据。或者是对外部数据进行简单的编辑，比如域的检查。另外，外部数据需要经常重组使之与内部数据相匹配。

在某些情况下，外部数据的粒度级和企业内部系统的粒度级是不匹配的。例如，假设一个企业已经有了大量的普通家庭的信息。现在该企业又购买了一个按邮编列出家庭平均收入的清单。根据外部数据清单，每一邮政编码区域的家庭的平均收入是X美元。在将这些外部数据与内部数据相匹配时，内部数据中某一邮政编码中的每一个家庭的收入根据外部文件指定。（也就是说，一些家庭被赋予低于平均值的收入级别，而其他的家庭被赋予高于平均值的收入级别。但是，平均来说，家庭收入是比较正常的。）一旦收入被赋值之后，数据可以通过切片和分块转换成许多其他的模式。

导致外部数据难以获得的第三个因素是其不可预测性。外部数据几乎在任何时候都可能来自于任何数据源。

尽管如此，仍有许多获取和存储外部信息的方法。最佳的一个途径是将其存储在大容量存储介质如近线（near-line）存储设备上。使用近线设备，仍然可以访问外部数据而且花费不高。当然，可以对外部数据做扩展索引，并将这些索引同时存储在磁盘设备和近线设备上。用这种方式可以不必直接访问外部数据而管理有关对外部数据的请求。另外，有一些请求完全可以在外部数据自身的索引内进行处理。还有，如果外部数据的一个外部索引被创建后，外部数据就能和结构化数据以及数据仓库关联起来。然后，此索引可以用来确定将哪些外部数据传送到磁盘设备。在这种情况下，只有那些做了预先准备和预先选择的外部数据才会传送到磁盘设备。

另外一种时常有效的处理外部数据的技术是创建两种外部数据的存储形式。一种存储包括所有的外部数据，另一种小得多的存储只包含外部数据的一个子集。这个子集可以在大的、完全的外部数据被分析之前进行存取和分析。这样一来，就有可能大幅度地降低工作量。

外部数据成了数据仓库的附属物。外部数据通过索引和数据仓库连接起来，只有当对外部数据进行限定的、有预先准备的请求时，它才被引入到数据仓库。

8.2 元数据和外部数据

如前所述，在任何方案中，元数据都是数据仓库的一种重要组成部分。但是，当面对存储和管理外部数据时，元数据的作用呈现出完全不同的一面。图8-3显示了元数据的作用。

元数据是至关重要的，因为在数据仓库环境中正是通过元数据来对外部数据进行注册、访问和控制的。在数据仓库中对于外部数据来说，元数据的典型内容就是元数据重要性的最好解释，例如：

- 文件标识符（ID）
- 进入数据仓库的日期
- 文件描述
- 文件来源

- 文件来源的日期
- 文件的分类
- 索引字
- 清理日期
- 物理地址引用
- 文件长度
- 相关引用

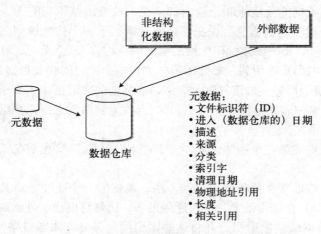

图8-3 对外部数据，元数据起着新的作用

正是通过元数据，管理者可以判断许多有关外部数据的信息。在许多情况下，管理者甚至不看源文件，只看元数据。浏览元数据可为管理者减少大量的工作，因为它过滤掉了不相关或过时的文件。因此，就外部数据而言，适当地建立和维护元数据对于数据仓库的操作是完全必要的。

与元数据有关的另一种数据类型是通知数据。图8-4所示的通知数据是一个为系统用户创建的文件，它表明用户所关心的数据的分类。当数据进入数据仓库和元数据时，要检查谁对该数据感兴趣。一旦发现获得的数据是某人感兴趣的，就向那个人发出通知。

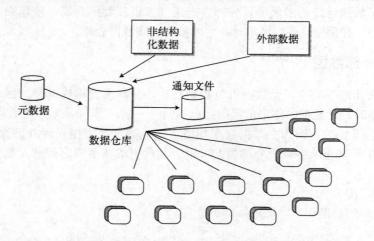

图8-4 外部数据和元数据的另一个优点是能够创建专门的通知文件

8.3 存储外部数据

如果方便且费用允许的话，外部数据实际上可以存储在数据仓库中。但在许多情况下，将所有的外部数据存储在数据仓库中是不可能的也是不经济的。另外一种方法是，在数据仓库的元数据中，对外部数据进行登记，创建一个条目来说明什么地方能找到外部数据本身，而外部数据可以存储在任何一个方便的地方，如图8-5所示。外部数据可能存储在文件柜中、缩微胶片、磁带上等等。

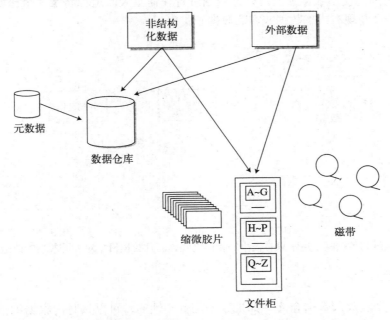

图8-5 在任何情况下，外部数据总是与元数据一起进行登记，但实际数据依据其大小和存取概率来决定是否存储在数据仓库中

不论怎么做，存储外部数据都需要相当多的资源。外部数据与数据仓库关联起来后，公司的各个部门，比如财政部门、市场部、会计部、销售部、工程部等等都可以使用外部数据。言外之意，一旦数据被集中地捕获和管理，公司就不得不一次承受处理这些数据的花费。但是，如果外部数据没有和数据仓库关联起来的话，那么公司不同的部门将很有可能捕捉和存储相同的数据。这种精力和资源的重复是一种极大的浪费，也需要付出很大的代价。

8.4 外部数据的不同部件

外部数据的重要设计问题之一是它经常包括许多不同的部件，其中一些部件要比其他部件有用得多。作为一个例子，考虑一个所购买的产品的完整生产历史记录。生产过程的某些方面是很重要的，如从开始生产到最后装配的时间长度。另一个重要的生产度量是所有装配前的原材料的总成本。但还有许多其他不重要的信息同样也与生产信息相关，例如生产的实际日期、装运说明书、生产温度。

为了管理这些数据，有经验的DSS分析员或工程师需要决定哪些数据单元是最重要的，然后将最重要的数据存储在一个联机的、容易访问的位置。这是一个存储和访问效率的问题。其余不重要的细节不能丢弃，而是将其放在大容量存储设备中。以这种方式，就能够有效地存储和管理大量的外部数据了。

8.5 建模与外部数据

　　数据模型和外部数据的关系是什么？图8-6反映了这个问题。数据模型通常的作用是根据设计塑造环境。但外部数据是根本不可塑的。所以，看起来好像数据模型和外部数据之间没什么关系。能做的最有用的事就是在相关的关键词和关键字解释范围内，记录数据模型和外部数据之间的区别。使用数据模型对外部数据进行任何重大改造都将是一个错误。我们能做的顶多是创建一个与现有内部数据兼容的数据子集。

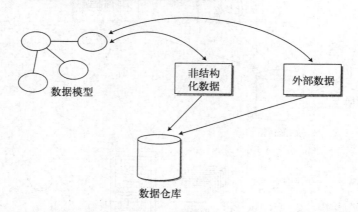

图8-6　外部数据与数据模型通常只有极少的相似之处，而且数据模型对外部数据的改造无能为力

8.6 辅助报告

　　不仅原始数据能放入数据仓库，如果数据是重复性的，可以按时间根据细节数据来产生辅助报告。例如图8-7所示的月底道·琼斯工业平均指数报告。

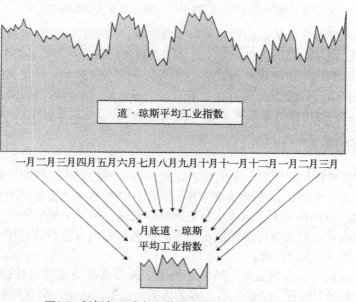

图8-7　根据每日或每月的信息创建一个汇总报告

在图8-7中，道·琼斯指数信息每天导入数据仓库环境。每天的信息是有用的，但更令人感兴趣的是由此产生的长期趋势信息。月底，有关道·琼斯平均指数的信息记入一个辅助报告中，于是辅助报告就成为数据仓库中所存储的外部数据的一部分。

8.7 外部数据存档

每一条信息（外部的或其他的）都有一个有用的生命周期。一旦超出了这个生命周期，保存这些信息就不经济了。管理外部数据的一个基本部分就是决定数据的使用生命周期。即使确定了生命周期，仍然还有一个数据是否丢弃或存档的问题。通常，外部数据可能从数据仓库移出并放到较便宜的存储设备中。元数据对外部数据的引用应及时更新来反映新的存储位置，并且新的存储位置仍然保留在元数据存储单元中。存储位置在元数据中的费用是很低的，因此一旦放在那里，最好留在那里。

8.8 内部数据与外部数据的比较

外部数据最有用的一个功能是在一定时间范围内将其与内部数据进行比较。这种比较可以提供给管理者一个独特的视角。例如，将即时性的个体的行为和趋势与普遍的行为和趋势进行比较，能使主管获得其他地方得不到的见解。图8-8给出这样的一个比较。

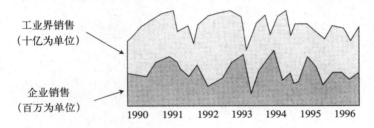

图8-8 外部数据与内部数据比较可以是很明晰的

当进行外部数据和内部数据的比较时，假设比较在一个公共主键上进行。任何其他的假设都会使外部数据和内部数据的比较丢失其有用性。不幸的是，在外部数据和内部数据之间找到一个公共主键是不容易的。

为了理解这种难度的程度，来看两个例子。第一个例子中，所卖的商品是大的、昂贵的物品，如汽车或电视机。为了进行有意义的比较，对由实际销路卖出的商品需要进行度量。零售商的实际销售量是比较的基础。不幸的是，数据的外部数据源使用的主键结构与内部系统使用的主键结构并不相同。要将外部数据源转换成内部数据源的主键结构，或者相反。这种转换是很费事的。

现在来考虑量大、成本低的商品的销售度量，例如可乐。公司的内部销售数据反映了可乐的销售情况，但外部销售数据将可乐的销售与其他饮料（如啤酒）的销售混在一起。将这两种销售数据进行比较将导致错误的结论。为了进行有意义的比较，需要对外部销售数据进行"清理"以使其只包含可乐。如果事实上只包括生产和销售的瓶装可乐。那么不仅要将啤酒从外部销售数据中剔除出去，也要将非竞争的可乐类型剔除出去。

8.9 小结

数据仓库不仅能够拥有内部的、结构化的数据，还有许多与企业运营有关的信息来自企业以外的数据源。

　　获得外部数据后，有关元数据的信息存储在数据仓库的元数据中。当数据从外部环境进入数据仓库环境时，外部数据经常要经过相当数量的编辑和转换。描述外部数据的元数据和非结构化数据的元数据实际上是一种索引信息。关于索引信息有许多可以做的，比如将索引信息存放在磁盘设备和近线设备上，创建数据仓库与非结构化数据的链接，进行内部索引处理等等。另外，当有新的外部数据进入数据仓库时，经常会提供"通知"服务。

　　外部和非结构化数据实际并不一定存储在数据仓库中。通过将外部和非结构化数据与数据仓库关联起来，公司可以不用将外部和非结构化数据存储在多个地方。因为与非结构化数据相关联的数据往往数量很大，所以至少应该将一部分非结构化数据存储到大容量存储设备，如近线存储设备上。

第9章 迁移到体系结构化环境

在当今现实环境中，若想仓促地实现任何一种体系结构，都是注定要失败的。实现一个体系结构存在许多风险，同时也可能需要等待很长的时间以后才能得到回报。另外，想在建成以后就不再对体系结构做任何调整，也就是说在体系结构建立时，不采用渐进式的建立方法，而想一蹴而就是不现实的。

幸好，迁移到体系结构化的数据仓库环境中的工作是一个逐步完成的过程。每个步骤只需要完成有限的可交付工作。一般，实现得最为成功的体系结构化环境是那些以反复式建立起来的数据仓库环境。采用这种方式建立数据仓库只需要少量的人力资源，对现有应用环境造成的影响或破坏也很小。这种渐进式的开发方式，开发工作的规模和速度都很重要，结果也必须尽快地体现。

本章中，将讨论一种常见的迁移方案和开发方法。该迁移方案已经成功地被许多企业采用，绝不是凭空搬出来的。方法本身源自于众多企业的实践经验。当然，每个企业的方法都会有所不同，或在顺序上有点不同。但是，因为这种迁移方案和方法已经在许多不同的企业取得了很大的成功，因此，这点非常有益于树立需要面对各种企业应用模型的开发者的信心。

9.1 一种迁移方案

这种迁移方案的起点是一个企业数据模型。该数据模型描述了企业的信息需求。需要清楚的是，它描述的是企业需要的信息，而并不一定是企业当前已经具有的东西。在建立这个数据模型时，并不考虑任何技术问题。

企业数据模型可以以内在的方式建立起来，也可以通过一个通用数据模型生成。企业数据模型（至少）要能标识出如下的内容：

- 企业的主要主题。
- 企业的各个主要主题的定义。
- 各个主要主题之间的关系。
- 更全面地描述各个主要主题的各个关键字和属性分组，包括：
- 主要主题的属性集。
- 主要主题的关键字集。
- 关键字集和属性集的重复组（repeating group）。
- 各个主要主题域之间的连接。
- 子类关系。

在理论上，建立体系结构化的以数据仓库为中心的环境可以不要数据模型，然而，实际中从来没有人这样做。不用数据模型建立数据仓库环境，就像没有地图的航行一样。或许能够成功，就如一个从未离开过得克萨斯的人，到达纽约的拉瓜迪亚机场后，手上没有地图，也没人指路，想开车到曼哈顿中区去一样，他或许真能到达目的地，但肯定会出很多岔子和错误。

图9-1表明，建立或者获得一个数据模型是迁移过程的起点。通常，企业数据模型在高的

层面上对企业的信息进行标识。从企业数据模型可以建立较低层次的模型。低层模型对企业数据模型概略描述的信息进行详细的描述。这个中间层模型是根据企业数据模型所描述的各个主题域建立起来的，每次只建立一个主题域，而不是一次就将所有的主题域都建立起来，否则将会耗费大量的时间。

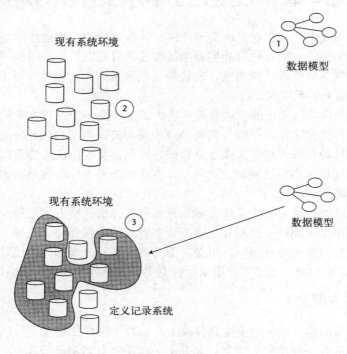

图9-1 迁移到体系结构化环境

企业数据模型及其相关的中间层模型只关心企业的原子数据，在这些模型中并不包含导出数据和DSS数据。相反，导出数据和DSS数据被有目的地排除在企业数据模型和中间层模型之外。

将导出数据和DSS数据排除在企业数据模型和中间层模型之外的原因有以下几条：

• 导出数据和DSS数据是经常变化的。

• 这些形式的数据是由原子数据生成的。

• 这些数据常被全部删除。

• 导出数据和DSS数据的建立过程中有很多变化因素。

因为导出数据和DSS数据被排除在企业数据模型和中间层模型之外，所以，建立数据模型所需的时间就不会太长了。

企业数据模型和中间层模型建立好以后，下一步工作就是定义记录系统，记录系统是由企业现有系统来定义的。通常，这些旧的历史系统较为"混乱"。

定义记录系统只不过是要找出企业所具有的"最好的"数据，这些数据存储在传统操作型环境中，或者在基于Web的电子商务环境中。此时，数据模型将作为判定最好的数据的标准。换句话说，数据体系结构设计人员从数据模型开始，找到手中最符合数据模型需求的数据。当然了，符合要求的数据未必是完美的。有时，在现有系统环境或基于Web的电子商务环境中找不到符合数据模型要求的数据。而在另外的一些情况下，现有系统环境中，有许多数据源能在不同的情形下为记录系统提供数据。

在现有数据或者基于Web的电子商务环境找到的数据中，哪些数据源"最好"是由如下标准来衡量的：

- 现有系统环境中或基于Web的电子商务环境中的哪些数据是最完备的？
- 现有系统环境中或基于Web的电子商务环境中的哪些数据是最实时的？
- 现有系统环境中或基于Web的电子商务环境中的哪些数据是最准确的？
- 现有系统环境中或基于Web的电子商务环境中的哪些数据是与输入现有系统环境和基于Web的电子商务环境的数据源最接近的？
- 现有系统环境中或基于Web的电子商务环境中的哪些数据最好地遵循了数据模型的数据结构？按关键字判断？按属性判断？或是按多个数据属性的组合来判断？

利用定义好的数据模型和此处给出的衡量标准，分析员就可以定义出记录系统。记录系统就成为数据仓库模型的数据源的定义。定义好以后，设计人员开始寻找将记录系统中的数据迁移到数据仓库中所面临的技术挑战。下面是常见技术问题的简表：

- **DBMS的变化**，即记录系统是在一个DBMS中，而数据仓库在另一个DBMS中。
- **操作系统的变化**，记录系统在一个操作系统中，而数据仓库在另一个操作系统中。
- **需要将源自不同DBMS和操作系统的数据合并起来**。记录系统涉及多个DBMS和/或操作系统。这样，记录系统中的数据必须从多个DBMS和多个操作系统中抽取出来，并以一种有意义的方式合并起来。
- **在Web日志中获取基于Web的数据**。一旦捕获到数据以后，如何才能将数据放入数据仓库中随意使用？
- **基本数据格式的变化**，如某个环境中的数据是用ASCII码存储，那么数据仓库中的数据用EBCDIC存储的等等。

有时，需要强调的另一个重要的技术问题是数据量。在有些情况下，在历史数据模型中生成了大量的数据，可能需要特别的技术将这些大规模的数据集搬到数据仓库中。例如，在Web日志中的点击流数据，在进入数据仓库环境并得到有效使用以前，必须先进行预处理。

还有其他一些问题，在有些情况下，必须先对进入数据仓库的数据进行清理。有另外的一些情况下，数据必须先进行汇总。与将数据从历史环境迁移到数据仓库环境的机制相关的问题有很多很多。

在定义好记录系统并找出了将数据迁移到数据仓库所涉及的技术挑战之后，下一步就是设计数据仓库，如图9-2所示。

如果数据建模工作进行得很好，数据仓库的设计工作就相当简单。只需对企业数据模型和中间层数据模型的少数几个方面进行修改，就可以将数据模型转变为一个数据仓库的设计。要做的工作主要有：

- 如果原先没有时间元素的话，时间元素必须加入到关键字结构中。

- 必须清除所有的纯操作型数据。
- 将参照完整性关系转换成人工关系。
- 将经常需要用到的导出数据加入到设计中。

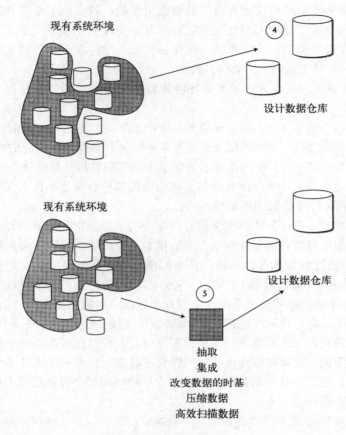

图9-2 迁移到体系结构化环境

为了适合以下各项要求，需要对数据的结构进行调整：

- 增加数据阵列。
- 增加数据冗余。
- 在合适的情况下进一步分离数据。
- 在合适的时候合并数据表。

需要做数据的稳定性分析。在稳定性分析过程中，将时常变动的数据和十分稳定的数据分开。例如，银行账户余额是频繁变动的数据：一天3~4次；而顾客地址数据的改变频率很低：3~4年或更长。因为银行账户余额数据和客户地址数据的稳定性的显著差别，需要将它们分别存放于不同的物理结构中。

一旦设计数据仓库，就必须按主题域进行组织，典型的主题域有：

- 顾客
- 产品
- 销售
- 账目

- 活动
- 运货

在主题域内，有许多独立的数据表，每张表都通过一个公用关键字连接。例如，所有的客户表都有CUSTOMER属性作为关键字。

在数据仓库设计这一点上，需要考虑的一个重要因素是数据的取值个数。对取值个数非常多的数据进行设计时所需考虑的各种因素，不同于对取值个数很少的数据进行设计时所需考虑的因素。一般，数据量很大的数据将被汇总、聚集或分区(或三种方法都考虑)。有时，也需要为这样的数据建立概要记录。

同样，快速到达（通常情况下是快速的，并不总是快速的，与大数据量数据相关的快速问题）数据仓库的数据也需要特别考虑。在有些情况，数据的到达率很高，为此需要采用一定的措施来处理大规模的数据流量。典型的处理方法包括数据缓冲、装载流的并行化处理、延迟索引，等等。

数据仓库设计好以后，下一步就是设计和建立（操作型环境中的）记录系统和数据仓库之间的接口，这些接口有规律地将数据装载到数据仓库。

初看起来，这些接口似乎仅仅是一个数据抽取过程。数据抽取过程确实是在此进行的，但是，在接口中还包括了许多其他工作：

- 来自操作型的、面向应用的环境的数据的集成。
- 数据时间基准的变更。
- 数据压缩。
- 对现有系统环境的有效扫描。

其中的多数问题已经在本书的其他部分讨论过了。

有意思的是，建立一个数据仓库所需要的大多数开发资源都花费在这点上了。将建立数据仓库所需的80%的精力都花费在这个地方，是正常的。在规划数据仓库的开发工作时，许多开发者都过高地估计了其他工作所需要的时间，而过低估计了设计和建立操作型环境与数据仓库环境之间的接口所需的时间。除了起初建立数据仓库的接口所需要的资源以外，还需要考虑对接口的日常维护所需的资源。幸好，现在可以用ETL软件建立和维护这种接口。

一旦设计并建立了接口程序，下一步工作就是开始载入第一个主题域，如图9-3所示。载入过程在概念上非常简单。从历史环境中读出第一部分数据，数据被捕获后，将其传送到数据仓库环境中。一旦数据仓库中的数据装载完成，就修改记录条目，创建相应元数据，建立相应索引。这样，第一次循环中的数据就存放在数据仓库中了，可以用于分析应用了。

在这个阶段，只装载数据仓库所需数据中的一部分是很有道理的。装载以后，很可能需要对数据作必要的调整。只载入一小部分数据可以简单快速地完成这些调整。一次载入大量的数据会使数据仓库在很大程度上丧失灵活性。一旦最终用户有机会观察数据（尽管只是数据样本），并向数据体系结构设计人员反馈情况，载入大量数据就可以安全地进行了。如果最终用户还没来得及观察实验数据并进行相应调试，将大量的数据载入数据仓库是不安全的。

最终用户的操作模式可以称为"发现模式"。最初，最终用户不知道他们的需求是什么，直到他们看到系统所能提供的各种可能性之后，才会提出相应的要求。一开始就将大量的数据载入到数据仓库中很危险，数据载入以后一般都需要对数据进行调整。Jon Geiger曾说：建立数据仓库的模式是"第一次将其建错"。这种半开玩笑式的断言实际上包含了很大的真理成分。

载入和反馈过程会持续一段很长的时间（没有限期）。另外，数据仓库中的数据在此过程中也需要不断地调整。当然，随着时间的流逝，当数据稳定以后，变化将越来越小。

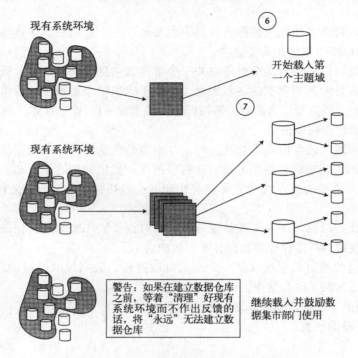

图9-3 以反复的方式迁移到体系结构化环境

这时，注意这么一句话：如果等待现有系统做好清理工作再载入数据，你将永远无法建立一个数据仓库。现有系统的操作型环境下的问题和活动必须独立于数据仓库环境下的问题和活动。有相当多的观点认为，"在操作型环境清理好以前，别建立数据仓库"。这种思考方法在理论上具有一定的吸引力，但在实际上根本行不通。

在这点上，有一个很有研究价值的问题是数据仓库中数据的刷新频率。通常，数据仓库中数据的刷新频率不应超过每24小时一次。在装载数据的时候，确保数据起码有24小时的时延，数据仓库的开发者就能将数据仓库蜕变为操作型环境的可能性降到最低限度。通过严格地执行这个延时操作，数据仓库服务于企业的DSS需要，而不是日常业务运作型需求。多数操作型处理依赖于存取瞬间具有准确性的数据（当前值数据）。通过确保（至少）有24小时的时延，数据仓库开发者将为项目的成功增加一个重要的砝码。

在有些情况下，滞后时间可以超过24小时。如果数据仓库之上的应用环境不需要这些数据，则没有必要将这些数据按每周、每月或每季的方式载入数据仓库，就让数据存放在操作型环境中。如果需要对数据作调整，就可以在操作型环境中进行。由于这些数据还没有载入到数据仓库环境中，这些调整不会对数据仓库造成任何影响。

但是在某些情况下，需要迅速地把数据放入数据仓库，在这种情况下，主动数据仓库技术是很有用的。主动数据仓库技术能够支持在数据仓库中进行少量的联机访问处理。（可参看有关主动数据仓库例子中的"万亿数据"）

9.2　反馈循环

数据仓库长期开发成功的关键是数据体系结构设计人员和DSS分析人员之间的反馈循环，

如图9-4所示。图9-4表明，数据仓库是从现有系统的数据进行载入。DSS分析人员将数据仓库作为分析的基础。在寻找新机会的过程中，DSS分析人员将那些需求交给数据体系结构设计人员，以便他们再去做出适当的调整。根据接触过数据仓库的最终用户提出的要求，数据体系结构设计人员可能增加数据、删除数据、更改数据等等。

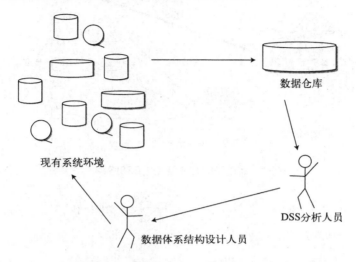

图9-4 DSS分析人员与数据体系结构设计人员之间的关键反馈循环

关于这个反馈循环，有几个问题对于数据仓库环境的成功来说是至关重要的：

- DSS分析人员要遵循"给我想要的东西，然后我就能告诉你我真正需要的东西"的工作模式。在DSS分析人员知道数据仓库所能提供的东西以前，试图从他们那里获取需求信息是不可能的。
- 反馈循环的周期越短，越有可能成功。DSS分析人员一旦提出需要对数据仓库做出修改以后，这些更改需要尽快地加以实现。
- 需要调整的数据量越大，反馈循环所需要的周期就越长。更改10GB的数据要比更改100GB的数据容易得多。

数据仓库环境中，执行反馈循环失败大大降低了成功的概率。

9.3 策略方面的考虑

图9-5表明，前面已经提到的各种活动的路径强调了企业的DSS需求。设计和建立数据仓库环境的目的是为企业的DSS需求提供支持，但除DSS外，企业也有其他方面的需求。

图9-6表明，企业也有操作型需求。另外，数据仓库处在其他体系结构实体的中心，各个实体依赖于数据仓库，从中获取数据。

如图9-6所示，其中的操作型环境处于一种混乱状态。操作型环境中有许多未集成的数据，其中包含的数据和系统都已很老了，有很多补丁，已经无法维持它们的运行了。原先用来塑造该操作型应用的需求，已经改变得让人几乎无法识别了。

前面所讨论的迁移方案仅仅适用于构造数据仓库。但是，在创建数据仓库的同时，有没有可能将操作型环境中的某些或者多数混乱状况矫正过来呢？答案是，在某种程度上，前面描述的迁移方案针对操作型环境所能做的工作，有可能只是做一些比美化操作型环境更少的重建工作。

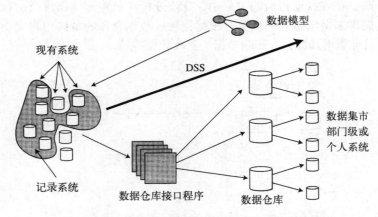

图9-5 需遵循的首要路径是DSS路径

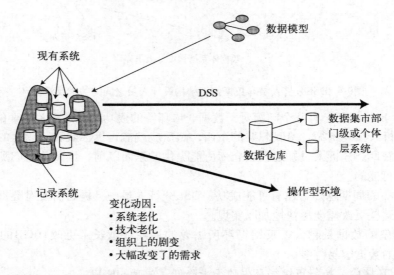

图9-6 要取得成功，数据体系设计人员应该等待，直到各个变化动因变得迫切以后，
将与体系结构化环境有关的工作与合适的动因结合起来

　　有一个方法，是数据仓库环境的迁移中的一个独立途径，以数据模型为指导，告诉管理者需要对操作型环境进行重大的调整。但业界以往的记录表明，这种方法并不乐观。它所需的工作量、资源的数量、以及在进行大量的代码重写、操作型数据和系统重构时对最终用户造成的破坏，都使得管理层很少愿意花费所需的资金和资源去支持这种方法。

　　一个更好的方法是将重建操作型系统的工作和称为"变化动因"的因素协调起来进行考虑，这些变化动因有：

　　•系统的老化。

　　•技术的急剧更新。

　　•组织上的剧变。

　　•巨大的业务变化。

　　面对这些由变化动因造成的影响，管理层毫无疑问需要做出相应的变化。唯一的问题是多快和花费多少钱。数据体系结构设计人员将变化动因与体系结构的概念结合起来，并以此给管理层提供充分的理由，实现操作型处理环境的重建。

数据体系结构设计人员采取的重建操作型环境的步骤如图9-7所示，这是建立数据仓库的一项独立的活动。

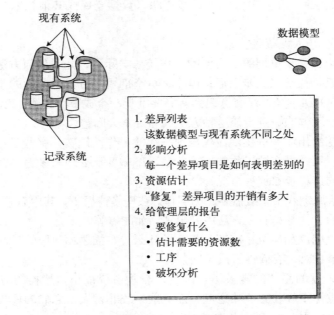

现有系统

数据模型

记录系统

1. 差异列表
   该数据模型与现有系统不同之处
2. 影响分析
   每一个差异项目是如何表明差别的
3. 资源估计
   "修复"差异项目的开销有多大
4. 给管理层的报告
   • 要修复什么
   • 估计需要的资源数
   • 工序
   • 破坏分析

图9-7 创建操作型环境清理方案的第一步

首先，创建一个"差别"列表，这个差别列表给出了操作型环境和数据模型所描述的环境之间的差别的评估，差别列表是一个简单的列表，没有很详细的描述。

下一步是影响分析。在这一步，对差别列表中的每项可能会造成的影响都做出一个评估。有些项造成的影响可能会很严重，而其他的一些项对企业的运作造成的影响几乎可以忽略不计。

再下一步，需要做出资源估计。估计的目的是确定对这个差别列表项进行"修复"所需要的资源的数量。

最后，将所有以上的这些内容做成一个报告，提交给信息系统管理层。由管理层决定哪些工作需要进行、以什么步幅开展，等等。做出什么样的决定取决于企业需要优先考虑的事情。

9.4 方法和迁移

构造数据仓库的方法称为螺旋式开发方法。螺旋式开发的一个很好的实例是由J. D. Welch创建的，并且被Ascential公司作为"迭代"出售。实际上，该方法的适用范围相当大它不仅包含如何建立数据仓库的信息，还描述了应该如何使用数据仓库。

螺旋式开发方法在几个方面与迁移路径有所不同。迁移路径动态地描述了总体工作步骤，而螺旋式方法则讨论详细工作步骤、这些工作的结果以及这些工作的次序。但并没有描述创建数据仓库的循环往复的动态过程。换句话说，迁移方案从三个角度描述了一个概要的方案，而螺旋式方法则从一个角度描述了一个详细的方案。两者结合在一起形成了一个完整的对创建数据仓库所需工作的描述。

9.5 数据驱动的开发方法

开发工作通常需要方法。毕竟，开发方法给开发者指引了一条合理的道路，指出需要做些什么、按照什么次序做、整个工作需要多长时间。虽然方法这个概念本身很有吸引力，但业界的记录并不令人满意。在董事会上，许多方法（数据仓库或其他技术）非常受欢迎，但在使用中又往往令人失望。

为什么这些方法会让人失望呢？原因很多：

- 这些方法通常给出一个单调的、线性的工作流。实际上，几乎任何方法都需要循环反复执行。换句话说，执行二三步以后，停止，再全部或部分重复前面的步骤，完全是正常的。通常，这些方法本身并没有意识到有必要重复一个或多个步骤。对于数据仓库而言，这种不支持反复工作的缺点会使这种方法成为一个大问题。
- 通常，这些方法给出了一些出现或仅出现一次的工作。确实，有些工作只需做一次（当然得成功）就行了。而有些工作在不同的情况下需要反复地做多遍（在这里指的情况不同于求精算法的迭代步骤那种情况）。
- 通常，这些方法规定好了一组需要做的工作。在许多情况下，其中有些根本就用不着做，而有些需要做的工作却没有在方法中列出来，如此等等。
- 这些方法经常说明该如何做，而不是需要做什么。在描述如何做的时候，这些方法在碰到细节和特殊情况时，有效性就成了问题。
- 这些方法对要开发的系统的规模不加区分。有些系统很小，严格的方法此时没什么意义；有些系统或许正好与方法相适应；而有些系统非常大，它们的规模和复杂性使某些方法根本就不起作用。
- 这些方法经常将项目管理问题与需要做的设计开发工作混为一谈。通常情况下，应该将项目管理问题与开发方法的相关问题分开考虑。
- 这些方法经常对操作型处理和DSS处理不加区分。操作型处理和DSS处理的系统开发生命周期在许多方面是正好相反的。要取得成功，一个方法必须区分操作型和DSS的处理和开发。
- 在出现失败的情况下，这些方法一般都没有检查点和停止处。"如果前面一个步骤没有正确执行的话，下一步该怎么办呢？"，这些方法不具备此类内容。
- 这些方法常常是作为解决方案，而不是作为工具出售。当这些方法当作解决方案来出售时，不可避免地，其他一些好的判定和常识就可能会被这种方案所替代，这总是错误的。
- 这些方法总能提交出非常多的论文，却鲜有设计工作。设计和开发工作的地位被论文不合理地取代了。

这些方法可能相当复杂，需要预计到每个曾经发生过的可能性。尽管有这些缺点，对这些方法的需求仍然存在。一个适用于数据驱动环境的通用方法在螺旋式开发方法中由J. D. Welch给予描述。该方法充分考虑到了这些方法的缺陷和以往的记录。以概要方式给出的这种数据驱动方法，很大程度上要归功于研究这种方法的先驱者。为此，要得到关于方法中所讨论的错综复杂的内容和技术的更充分的阐述的话，请参考本书后所列出的"参考文献"资源。

数据驱动方法一个突出的方面就是，它建立在先前工作的基础之上，用原先已开发的代码和处理。基于原有工作之上的开发要获得成功，唯一的途径就是要找出共同性。在开发者输入第一行代码或设计第一个数据库之前，应该知道哪些已经存在，对开发过程的影响如何。

必须保持清醒的头脑，利用已有的东西，不做重复工作。这就是基于数据驱动的开发的一个基本要素。

　　数据仓库环境是按照反复开发方法建立起来的。在这种方法中，先建立系统的一小部分，然后再建另一小部分，这样一直下去。开发过程按照相同的路径反复进行，使得这种方法看上去总是在重复自身似的。这种不变的反复过程称为螺旋式开发。

　　螺旋式开发过程不同于传统的、可以称为瀑布式的方法。在瀑布式方法中，只有一个活动完成以后，下一个活动才能开始，一个活动的结果作为下一活动的输入。需求收集工作要在分析和综合开始以前完成。分析和综合在设计开始前必须做完。分析和综合得到的结果作为设计过程的输入，等等。瀑布式方法导致的最终结果是，做每一步都需要大量的时间，这样使得开发过程只能在极其缓慢的速度中进行。

　　图9-8给出了瀑布式方法和螺旋式方法的区别。

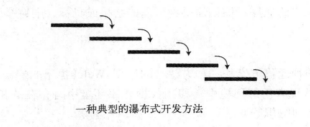

一种典型的瀑布式开发方法

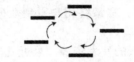

一种迭代或称为"螺旋"式的开发方法

图9-8　开发方法间在高层上的区别

　　因为螺旋式开发过程是由数据模型驱动的，所以常称为数据驱动。

9.5.1　概念

　　为什么把一个方法称作是数据驱动的呢？数据驱动的方法与其他方法有什么区别？数据驱动的方法起码有两个显著的特点。

　　数据驱动的方法不是按照一个应用接一个应用的方法去开发系统，而是把原先已建立好的代码和数据作为新代码和数据的基础，而不是新老并立。要利用前面的成果，就必须找出数据和处理的共性。一旦找出共性，已有的数据就可以作为基础，若不存在任何数据，则需建立新的数据，而这些新建立的数据或许又可以作为以后应用的基础。找出共性的关键就是数据模型。

　　必须强调的是，数据应集中存放，形成数据仓库，作为DSS处理的基础，要考虑到，DSS处理与操作型系统相比，其开发生命周期大不相同。

9.5.2　系统开发生命周期

　　操作型系统和DSS系统的开发生命周期之间的深刻区别，从根本上体现了数据驱动开发方法的特点。操作型系统的开发生命周期特点是，开始于需求，结束于代码；而DSS处理的开发生命周期的特点则是开始于数据，而结束于需求。

9.5.3　智者观点

在某种程度上，有关方法的最好例子是童子军的荣誉徽章体制。该荣誉徽章体制用来衡量队员们什么时候应该晋升一个等级。这个体制既应用于住在乡村也用于住在城市的孩子，不管是喜欢体育的还是爱学习的，也不论地域如何。简而言之，这种荣誉徽章体制是一种统一的、用于衡量成就的、经受了时间考验的方法。

荣誉徽章体制有什么秘密可言吗？如果有，那就是：荣誉徽章体制并不规定任何一种工作该如何完成，而是只说明该做些什么事情，以及给出一些衡量成就的不同参数。"该怎么做"这个问题则留给童子军们自己思考。

J. D. Welch提出的螺旋式开发方法近似于荣誉徽章体制观点，其中描述了需要达到的各个目标，以及各个工作的次序。该如何得到所需的结果或目标，则完全留给了开发者。

9.6　小结

本章探讨了一种迁移方案和一种方法（即J. D. Welch提出的螺旋式开发方法）。该迁移方案讨论了将数据从现有系统环境中转移到数据仓库环境中时存在的相关问题。另外，也讨论了操作型环境该如何组织的问题。

数据仓库是以迭代的方式建立起来的，一开始就完成数据仓库主要部分的建立和载入是错误的，因为最终用户是在"发现模式"下工作。在最终用户看到数据仓库所能提供的东西之前，无法预知他们真正需要的东西。

一般，数据集成和转换的过程需要花费约80%的开发资源。最近几年，ETL软件能自动实现历史数据与数据仓库间的接口的开发过程。

数据仓库设计的起点是企业数据模型，数据模型明确了企业的主要主题域。根据数据模型，需要建立低一层的"中间层模型"。企业数据模型和中间层模型构成数据库设计的基础。当企业全局数据模型和中间层模型建立好以后，需要考虑一些因素，如数据的取值个数、数据的使用率、数据的使用模式，等等。

数据仓库环境的开发方法称为迭代式开发方法，或者螺旋式开发方法。螺旋式开发方法与传统的瀑布式开发方法具有本质的差别。

本章还讨论了一种通用的、数据驱动的方法。这种通用方法分为三个阶段，操作型阶段、数据仓库构造阶段和数据仓库迭代使用阶段。

数据体系结构设计人员和最终用户之间的反馈循环是数据迁移过程中的一个重要部分。一旦第一部分数据装载到数据仓库中以后，体系结构设计人员必须仔细聆听最终用户的要求，对已经载入的数据做出相应的调整。这意味着数据仓库可能处于持续的修补过程中。在开发过程的早期阶段，对数据仓库的修补是值得考虑的，但是，随着时间的流逝，当数据仓库稳定以后，修补工作将会减少。

第10章 数据仓库和Web

互联网及其相关环境——WWW是目前得到人们最广泛探讨的技术之一。由于被华尔街（美国金融界）看成是新经济的基础，Web技术得到了商业人士和技术人员的广泛支持。尽管最初看起来不明显，企业组织的网站与数据仓库之间实际上有着非常紧密的联系。的确，数据仓库为基于Web的电子商务环境的成功运作提供了坚实的基础。

Web环境是由企业拥有并管理着。虽然有些Web环境的数据来源于企业外，但在大多数情况下，Web不仅是企业信息系统的普通的组成部分，而且常常用作商务系统的集成的核心。（注意：如果Web环境的数据来源于企业外，捕捉、获取以及将Web数据同企业运作集成在一起的工作就会困难得多。）

Web环境与企业系统进行交互有两种基本方式。当Web环境产生了一个需要执行的交易（如一个客户的订单)时，就产生一次交互。交易的数据转换为标准格式并装入企业系统中，所有订单都以同样的方式进行处理。从这个意义上说，Web仅仅是商务交易的另外一个来源。

但是，Web环境与企业系统的交互还有另外一种方式——通过使用日志，收集Web上用户的活动信息。图10-1显示了在日志中捕获和存放Web活动信息。

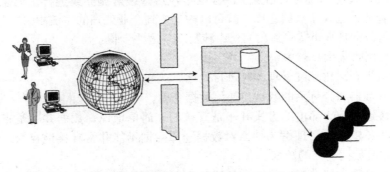

图10-1　Web环境的活动存放在Web日志中称为点击流的记录中

Web日志中包含了通常称为点击流的数据。每当因特网用户进行点击而转向另一个网络地址时，就产生一个点击流记录。当用户在浏览公司的不同产品时，同时也会生成一条有关用户浏览了哪些产品、购买了哪些产品以及用户对购买本身的看法的记录。同样重要的是，也可以据此确定因特网用户没看什么、没买什么。一句话，点击流数据是了解互联网用户心理倾向的关键。通过理解互联网用户的心理倾向，商业分析员就能够用一种比以往准确得多、深刻得多的方式，非常直接地理解产品、广告和推销活动是如何被大众接受的。

然而，Web环境与企业系统之间的这种作用巨大的交互所需要的技术并不简单。理解来源于Web环境中的数据有时是很困难的。例如，Web产生的是细节程度非常低的数据——事实上，它们太详细了，既不能用于分析也不能装入数据仓库。要使点击流数据可用于分析和能够进入数据仓库，就必须对日志数据进行读取和提炼。

图10-2表明，Web日志中的点击流数据在进入数据仓库环境之前，要经过一个称为粒度管理器（GM）的软件处理。

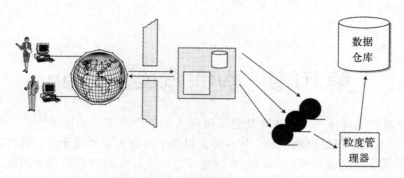

图10-2 数据在进入数据仓库之前经过粒度管理器

粒度管理器执行许多处理，它读入点击流数据并做如下工作：
- 清除无关数据。
- 根据多个相关的点击流日志记录生成一条记录。
- 清除错误数据。
- 对在Web环境中独一无二的数据，尤其是那些需要用于同其他企业数据进行集成的关键数据进行转换。
- 对数据进行汇总。
- 对数据进行聚集。

根据经验，大约90%的原始点击流数据被粒度管理器抛弃或进行了汇总。一旦点击流数据通过粒度管理器进入了数据仓库，就可以被集成到企业处理的主流中去。

总之，将数据从Web转移到数据仓库涉及以下这些步骤：
1) Web数据收集到日志中。
2) 日志数据在通过粒度管理器时进行处理。
3) 粒度管理器将提炼后的数据传递给数据仓库。

将数据传递回Web环境的方式并不是直接的。简单地说，数据并不是直接从数据仓库直接传递回Web环境。为了理解为什么对数据仓库数据不能非常直接地存取，首先要理解为什么Web环境需要数据仓库的数据。

Web环境需要这种类型的数据，是因为企业数据是在数据仓库中集成的。例如，假定有一个Web网站用于卖服装。假定商业分析员认为，如果能使买服装的顾客不仅仅购买服装，也购买他们销售的其他商品，如园艺工具、运动器械、旅行用具和人造珠宝等，那肯定是一个很不错的主意。分析员可能决定要为漂亮的妇女裙装和高档服装珠宝展开一个特别促销活动。但是，分析员会到哪里去找有关哪些女顾客在过去购买过服装珠宝的信息呢？很自然地会去数据仓库找，因为那里有顾客的历史信息。

再举一个例子。假定某网站用于销售轿车。分析员确确实实想知道谁购买过公司所卖的那种牌子的轿车。在哪里能够找到这种历史信息？当然是在数据仓库中。

数据仓库为商业分析员进行分析提供了一个集成的历史信息的数据基础。数据仓库和Web间的这种紧密联系如图10-3所示。

图10-3表示，数据从数据仓库中传送到企业的操作型数据存储（ODS）中，可以通过Web直接访问。将ODS放在数据仓库和Web之间初看上去似乎很别扭，然而，这么做是很有道理的。

ODS是一个混合结构体，既具有数据仓库的某些特征，又兼具操作型系统的一些特征。

一方面，ODS包含了集成数据，能支持决策支持系统的处理。另一方面，ODS又支持高性能的事务处理。对Web来说，后一个特点使得ODS具有很高的价值。

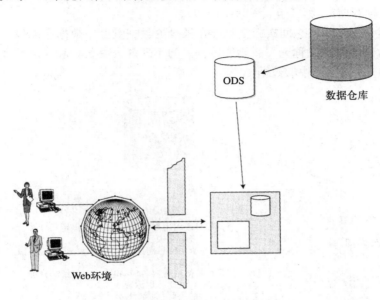

图10-3　数据在进入Web前经过ODS

当一个Web站点在ODS上进行数据存取时，Web环境知道，它可以在毫秒级的时间内得到一个响应。这种高速的响应时间使Web有可能进行真正的事务处理工作。而如果Web直接在数据仓库中存取数据，数据仓库的响应时间则可能长达几分钟。由于在互联网中，用户对响应时间极为敏感，因此，Web直接在数据仓库中存取数据是无法令用户接受的。很明显，数据仓库设计时并没有考虑为在线响应时间提供支持。然而，ODS是为这个目的而设计的。因此，如图10-4所示，Web环境的直接输入方是ODS。

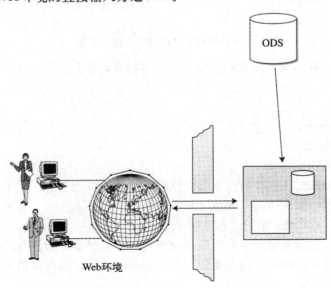

图10-4　ODS提供快速的响应时间

最初看来，数据仓库和ODS之间存在很多冗余数据。毕竟，ODS中的数据都是从数据仓库中导出的。注意，这里讨论的ODS是第Ⅳ类ODS。对其他种类ODS的完整描述，请参考我的《建造操作型数据存储》，第二版（Wiley, 1999）。

然而，在数据仓库和ODS之间实际上只存在很少的数据重叠。数据仓库包含详细的事务数据，而ODS包含的数据可以称为"概要"数据。为了理解概要数据和详细的事务数据之间的区别，可以考虑一下图10-5中的数据。

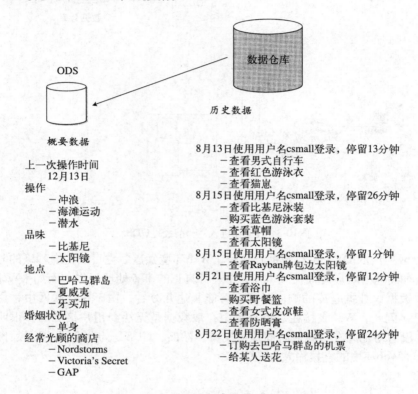

图10-5 ODS和数据仓库拥有不同的数据

数据仓库中包含了有关顾客和企业之间过去交易的各种事务数据。详细的事务数据中包括以下信息：

• 查找男式自行车。
• 查找女式红色游泳衣。
• 购买女式蓝色游泳衣。
• 查找Ray-Ban牌包边太阳镜。

数据仓库中按顾客存放着顾客同企业的交互事务信息的详细日志，而不考虑这种交互的发生地点。交互可能发生在Web上，或通过分类订单，或通过零售店，等等。一般，交互发生的时间、地点以及交易的性质都记录在数据仓库中。

另外，数据仓库包含历史数据。只要商业分析员认为有必要，数据仓库中可以存放很久以前的交易数据——一年，两年，或其他任何有意义的时间内。这种集成的历史数据包含原始的、未经解释的事务数据。

另一方面，ODS中存放的都是解释性数据。从数据仓库中读取出来的数据，经分析后转换为"概要"数据或概要记录。概要记录存放在ODS中。图10-6表明，读取数据仓库中所有历史的、集成的数据以后，以此为基础创建一个概要记录。作为读取和解释事务数据的结果，这个概要记录包括所有类型的信息。例如，对于图10-6中的顾客，概要记录表明该顾客具有以下所有特征：

- 喜爱海滩，爱好冲浪、日光浴和潜水。
- 喜欢到巴哈马、夏威夷、牙买加之类的地方旅行。
- 单身。
- 高档店的顾客，经常去的店有Nordstrom、Victoria's Secret和Gap。

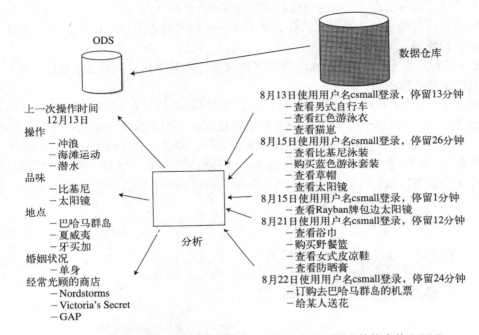

图10-6　详细历史数据被定期读出、分析，并以所要求的格式装入ODS

　　换句话说，该顾客有可能拥有图10-6概要记录中表明的各种倾向和嗜好。注意，该顾客可能从没去过夏威夷。然而，我们可以预测出该顾客想去那里。

　　为了由事务数据创建概要数据，必须做一定量的分析工作。图10-6表明读取事务数据以产生概要数据的过程。

　　在图10-6中，详细的集成历史事务数据被读取和分析，以生成概要记录。分析的进行是周期性的，取决于数据的变化率和分析的商业目的。分析的频率及其后对概要记录的更新可能是一天一次，也可能是一年一次。分析频率的差别很大。

　　分析程序是解释性和预测性的。根据顾客过去的行为以及分析程序所能得到的其他信息，分析程序对信息进行吸收，并以此为该顾客生成一个非常个性化的推测。这个推测中的信息既包含事实，又包含推断。某些事实信息是标准的：

- 上一次同该顾客交易的时间。
- 上一次交易的性质。
- 上一次购买的金额数。

其他信息并不是事实。分析的推断性方面包含以下信息：

- 顾客是否属于高消费阶层。
- 顾客的性别。
- 顾客的年龄。
- 顾客是否经常旅行。
- 顾客旅行的可能目的地。

概要记录从而包含了有关该顾客的概要描述，而这些在ODS中可以立刻获取。同时，ODS提供给Web环境良好的响应时间和一个对所服务顾客的数据库的集成的、解释性的视图。

当然，除顾客信息以外的其他信息也可以在数据仓库和ODS中获取到。一般，像供应商信息、产品信息、销售信息这类信息也可以提供给Web分析员。

利用数据仓库环境支持Web不仅表现在提高响应时间和数据的预分析上。另一关键作用在于管理大量的数据。

Web处理过程产生大量的信息。即使使用了粒度管理器并得到了最有效地利用，Web网站产生出的数据还是会堆积如山。

许多Web设计者会产生一种最初的冲动，想直接在Web环境中存储Web数据。但Web很快就会被数据的汪洋大海所淹没，而且一旦发生这种情况，一切工作都无法正常进行。数据在每一个地方都变得混乱——访问查询、装载数据、索引、监控器和其他任何地方。数据仓库本身以及数据仓库的海量存储设备能够用来帮助Web解决这个问题。图10-7表明，数据周期性地从Web环境中脱离出来进入数据仓库，然后数据周期性地从数据仓库中脱离出来进入海量存储环境。

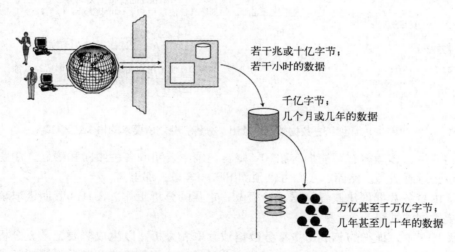

若干兆或十亿字节；
若干小时的数据

千亿字节；
几个月或几年的数据

万亿甚至千万亿字节；
几年甚至几十年的数据

图10-7　数据从Web涌入数据仓库进而涌入海量存储设备

粒度管理器负责从Web向数据仓库中装载数据，数据装载的周期是以天甚至小时来计的，这取决于Web上的平均数据流量。数据仓库中的数据以每月或每季度为周期装载到海量存储设备。通过这种处理方式，体系结构中的每一级都不会有多到不可管理的数据。

通常，Web环境可能保存一天的数据，数据仓库可能保存一年的数据，而海量存储设备则可能存有长达十年的数据。数据仓库还可以向Web环境提供数据集成的支持。图10-8表明，普通的操作型系统向数据仓库提供数据，在那里可以进行集成处理。数据从粒度管理器出来，与数据仓库中已经集成过的业务数据合并在一起。通过这种处理方式，数据仓库成为唯一的数据源，在这里，能够得到对于源自Web、其他系统和任何地方的所有商业数据的一个集成的视图。

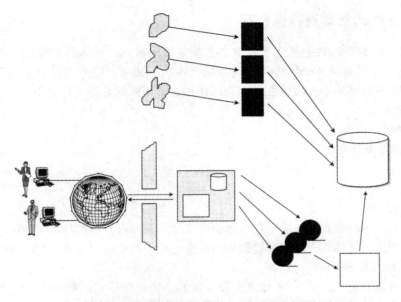

图10-8　Web数据在数据仓库中与企业的其他数据进行集成

数据仓库的另一个重要特点是它具有支持多个Web网站的能力。对于一个大企业来说，拥有多个网站是很常见的，对所有网站的数据进行合并和集成的支持也是必要的。

10.1　支持电子商务环境

数据仓库所支持的最后一个环境是基于Web的电子商务环境。图10-9展示了数据仓库对Web环境的支持。

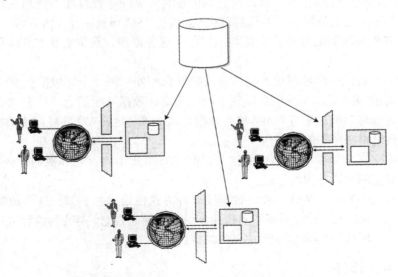

图10-9　数据仓库可以为多个电子商务环境服务

Web环境同数据仓库间的接口既简单又复杂。数据总是在数据仓库和Web环境间来回移动，从这个角度来说，它是简单的。但因为这种移动又不是直接的，所以它又是复杂的。

10.2 将数据从Web移动到数据仓库

在Web环境中收集到的数据是细节程度非常非常低的数据——这样的低细节级不能用于数据仓库。因此，当数据从Web环境传递到数据仓库时，必须对它们进行加工处理，并提高它们的粒度级别。Web环境中的数据在数据仓库使用之前所做的处理工作如下：

- 清除无关数据。
- 聚集同类数据。
- 对数据进行重新排序。
- 编辑数据。
- 清理数据。
- 对数据进行转换。

简而言之，基于Web的数据在适于进入数据仓库之前要经过严格的清理/转换/约简处理。

基于Web的数据通常由Web环境创建的Web日志生成。根据经验，在对Web数据进行约简时，出现的数据大约有90%会被约简掉。

来自Web的数据经过一个通常称为粒度管理器的软件处理后进入数据仓库。粒度管理器在许多方面与ETL软件相类似（ETL软件用于将数据从传统环境传递到数据仓库中）。

进入到Web环境的数据主要来自发生在Web环境中的点击流处理。点击流处理能够很好地描述基于Web的用户交易。然而，要让点击流数据真正有用，就必须将它和在普通的企业系统中的其他主流数据结合在一起。只有当点击流数据被提炼和合并到普通的企业数据中以后，Web数据才能发挥它的全部作用。

10.3 将数据从数据仓库移动到Web

Web环境对响应时间非常敏感；当需要信息时，它的等待时间不能超过1、2个毫秒。如果Web环境必须等更长的时间，其性能就会受影响。Web环境在许多方面都同OLTP环境非常相似，至少在响应时间的敏感性上是如此。由于这些原因，数据仓库和Web环境间没有直接的接口。

取而代之的是，这两种环境的接口是与数据仓库处于同一个环境的企业ODS。ODS可以实现毫秒级的响应时间，而数据仓库则不能。于是，数据从数据仓库传递到ODS。一旦来到ODS中，数据就可以响应来自Web环境的数据存取请求。这样Web环境在请求数据时，可以非常快捷和一致地得到所需的数据。

数据仓库中存放的是详细的历史信息，而ODS与此不同，它存放的是概要数据。此外，ODS包含有真正的企业范围的信息。

数据一旦从ODS进入Web环境，就能以多种方式使用这些数据。这些数据能够用来构造Web环境给用户设定的个性化对话或直接用于对话。简而言之，Web的设计者可以以他的创造性随意调配、使用从ODS/数据仓库中来的数据。

10.4 对Web的支持

数据仓库究竟给基于Web的电子商务环境提供了什么呢？数据仓库提供了以下几项重要

功能：

- **容纳巨量数据的能力**。一旦数据仓库拥有了海量存储机制（如海量备份存储/近线存储机制），而且Web数据经过粒度管理器处理以后，数据仓库就拥有了处理无限量数据的能力。数据可以迅速地从Web环境移到数据仓库。这样，Web环境产生的数据的量就不再是Web环境的性能或可用性的一个障碍。
- **存取集成数据的能力**。Web数据本身并没有多大用处。但是Web生成的数据一旦同其他的企业数据结合在一起，就会产生巨大的作用。进入数据仓库的Web数据是可以集成的，一旦被集成，就会产生非常有用的信息。
- **提供优良性能的能力**。由于Web在ODS而不是数据仓库中存取数据，因此能够从中获得优良的运行性能。

这些就是数据仓库提供给基于Web的电子商务环境的重要特点。数据仓库为Web提供了其成功所必需的重要后台基础。

10.5　小结

我们看到，数据仓库用多种方式为Web环境提供支持。数据从Web环境向数据仓库转移的接口是相当简单的。通过日志来获取Web数据。日志将其获取的点击流信息传送给粒度管理器。粒度管理器对数据进行编辑、过滤、汇总和重组。数据经过粒度管理器进入数据仓库。

数据从数据仓库向Web环境转移的接口较为复杂。数据从数据仓库进入ODS。在ODS中生成概要记录。数据从数据仓库向Web环境进行转移时，ODS是数据仓库和Web环境之间的唯一联系。原因很简单：ODS能够确保联机事务始终能够迅速、一致地处理，而这对一个高效的Web处理来说是必需的。

此外，数据仓库为Web环境中大量的数据提供了存储的场所。

数据仓库还提供了一个中心点，在这里，企业数据可以同来自一个或多个Web站点的数据汇合和集成，形成一个单一的共同数据源。

第11章 非结构化数据和数据仓库

近年来，同时兴起了两个领域——非结构化数据领域及其相关过程和结构化数据领域及其相关过程。遗憾的是这两个领域之间的重叠很少，因为一旦在这两个领域之间建立接口，就会出现商业机会过剩的问题。

非结构化数据领域是指那些临时的，非正式的活动占优势的情况，例如出现在PC机和Internet网上的数据。以下是非结构化数据的基本数据形式：

- 电子邮件
- 电子数据表
- 文本文件
- 文档
- PDF文件
- PPT文件

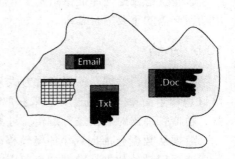

图11-1 一个非结构化数据领域

图11-1给出了一个非结构化数据领域。

与非结构化数据相反的是结构化数据。典型的结构化数据有标准DBMS、报告、索引、数据库、域、记录等等。图11-2描述了一个结构化领域。

	序号	描述	数量	日期	代理商	U/m
记录1						
记录2						
记录3						
记录4						
记录5						
记录6						
记录7						
记录8						
记录9						
记录10						

图11-2 结构化数据

由于非结构化环境实际上不存在格式、记录和关键字，所以可以适当地命名。人们上网并可以在没有任何人的指导下表达他们的想法。人们也可以在没有任何人的说明下创建和修改电子数据表。人们可以写令自己满意的报告和备忘录。总之，在非结构化环境里无论什么都是非结构化的。此外，在非结构化环境里有很多数据称作"废话"（blather）。废话是一些简单通信和没有商业往来或用途的信息。当一个人在给他的朋友的电子邮件中写"让我们一起吃饭"，从这条信息里收集不到任何商务信息。

非结构化数据大致分为两类——通信和文档。通信相对较短且分布有限，而且趋向于一个较短的生命周期。文档则是面向更广大的读者，并且比通信要大很多。文档的生命周期也要比通信长很多。通信和文档的基本形式都是文本。因此，文本就成为非结构化环境的最基本形式。

结构化数据领域是受数字支配的。结构化数据领域包含关键字、域、记录、数据库等。结构化系统具有高度次序化的特点。在几乎每种情况下，结构化系统都是作为交易的副产品被创建的。例如，用户办理银行取款，乘客预定航空机位，人们购买保险，公司获得一个订单等等。以上这些交易都会产生一条或多条结构化记录。每条记录都包含一个关键字或一些关于交易信息的标识符以及与这个交易有关联的数字（如取款数，机票的价钱，保险的期限，订单的总数和价格等）。

图11-3显示了结构化数据与非结构化数据的主要区别。

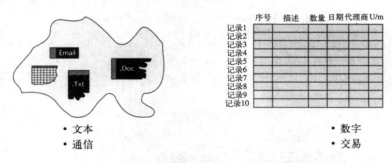

图11-3　结构化数据与非结构化数据之间的一些基本区别

11.1　两个领域的集成

通过结构化数据与非结构化数据的结合，引进一个全新的领域也是有可能的。例如，考虑客户关系管理（CMR）的情况。CMR能够自由地从结构化领域收集到人口统计数据，例如客户的年龄、客户的性别、客户的教育情况、客户的住址等。CMR所缺少的是通信。通过非结构化领域，能够实现添加客户发出和接收的电子邮件，以及其他通信信息等等。但是要对非结构化数据和结构化数据这两个领域进行匹配却是一个困难的任务。

这种匹配困难可以想象成匹配不同形式的电流——交流电（AC）和直流电（DC）。非结构化数据以AC方式操作，结构化数据以DC方式操作。如果用在AC的应用或工具用到DC系统，很明显应用或工具都不会正常运作。或许还会引起火灾。简单地说，在AC系统中能正常工作的事物改用DC系统就不能正常工作了，反之亦然。对于大部分情况来说，将这两个领域匹配仅仅是基本层上的匹配不当。

11.1.1　文本——公共连接

那么，匹配这两个领域需要什么呢？在这两个领域之间的公共连接是文本。没有文本，要形成连接是不可能的。即使有了文本，一个连接包含的也可能全是误导信息。

假设尝试在两个领域的文本间进行原始匹配，图11-4显示了这个匹配。

如果只进行基于文本的两个领域间的原始匹配，大量的问题会出现，包括：

- **拼错**——如果在两个环境中发现两个这样的单词Chernobyl和Chernobile怎么办？在这两个领域间应该存在一个匹配吗？这两个单词指的是一个事物还是不同的事物？

- **上下文**——如果术语"bill"在两个领域都出现了。它们应该匹配吗？一种情况下，它的意思是鸟嘴，而另外一种情况下，它可能表示一个人欠的钱数。
- **同名**——相同的名字"Bob Smith"出现在两个领域里。在说同一件事吗？是指同一个人吗？或许提及的完全是两个不同的人，只是碰巧名字相同而已。
- **昵称**——在一个领域，出现的名字是"Bill Inmon"。在另一个领域出现的是"William Inmon"。应该进行匹配吗？它们指的是同一个人吗？
- **缩写**——1245 Sharps Ct和1245 Sharps Court相同吗？NY，NY和New York，New York一样吗？
- **不完整的名字**——Mrs.Inmon和Lynn Inmon相同吗？
- **词干**——"moving"应该和"moved"关联并进行匹配吗？

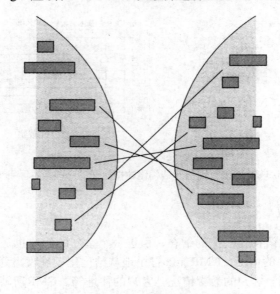

图11-4　仅仅匹配两个环境中的一些词语是随机的、混乱的

当对两个环境的文本进行随机匹配时，就像发生假阳性和假阴性出错一样，几乎没有相对有效的匹配。

在两个独立的环境间进行匹配是有风险的，有很多原因可以说明。图11-5表明其中一个原因。

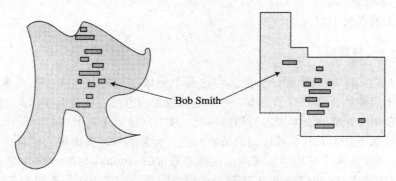

图11-5　如何才能知道在一个环境中的Bob Smith和另一环境中的Bob Smith是同一个人？

11.1.2 基本错误匹配

从语法上看两个环境之间存在很多差别，匹配两个环境的原始数据总是充满了误导结论，也许产生这个问题的最主要的原因是在两个领域的环境之间存在着基本的错误匹配。非结构化环境以文档和通信为表现形式，而结构化环境则是以事务处理为表现形式。

在结构化环境中，能够获取到最小化的文本数据。在事务处理环境中，文本数据只是用来确定和阐明事务。再多的文本只会阻碍事务处理环境中的数据交流线。在非结构化环境中，只存在文本形式。文本可以是冗长的，含义模糊的，意义深刻的，也可以是混乱的。

在不同环境里找到和存储的文本很大程度上影响文本的内容、用法和类型，反过来也很大程度地影响在不同环境的文本间进行有意义的匹配的能力。

尽管在不同环境间进行文本匹配是很困难的，但它仍然是数据仓库环境中的数据集成和非结构化数据（或来自非结构化源的数据）布局的关键。

11.1.3 环境间文本匹配

那么，怎样在两个环境间进行文本匹配呢？怎样将数据从非结构化数据源中有意义地抽取到数据仓库环境中呢？存在很多有意义的匹配方式。

为了使匹配有意义，非结构化数据必须先进行基本的编辑。第一类编辑是将那些无关紧要的停顿词删除。停顿词是指经常出现但对文档来说无意义的一些词语。下面是一些典型的停顿词：

- a
- an
- the
- for
- to
- by from
- when
- which
- that
- where

对单词"the"进行索引是毫无意义的。很显然，它是没用的。

必须做的第二类编辑是将单词约简成词干。例如，下面这些单词都具有相同的语法词干：

- moving
- moved
- moves
- mover
- removing

上面的每个单词都具有相同的词根"move"。如果要进行有意义的单词比较，在词干这一级上进行比较是最佳的。

11.1.4 概率匹配

在两个环境间进行有意义的匹配的一种方法是通过匹配过程中的相关数据。例如，考虑在非结构化环境和结构化环境间对名字"Bob Smith"进行匹配。"Bob Smith"是一个普通的美国人名并在很多电话号簿里出现。那么，怎样在两个"Bob Smith"间匹配呢？换句话说，怎么确定在一个地方出现的"Bob Smith"和其他地方出现的是同一个人呢？

进行确定的基本方法是创建一种叫做概率匹配的方法。在一个概率匹配中，搜集尽可能多的数据用来说明你正在寻找的"Bob Smith"，这些数据也是与其他地方出现的"Bob Smith"的类似数据进行匹配的基础。然后，根据所有重叠部分的数据确定对名字的匹配是否有效。图11-6给出了这样一种匹配。

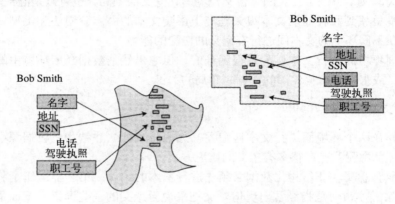

图11-6　从每个环境搜集可能有用的数据

图11-6表明在非结构化环境里，其他类型的信息与名字"Bob Smith"一起收集。特别地，Bob的社会保险号和职工号与他的名字一起搜集和保存。而在结构化环境里，除了名字其他信息也搜集。在这种情况下，Bob的地址、电话号码、职工号也被搜集到。

11.1.5　匹配所有信息

现在形成了两个信息集。在非结构化环境里，有了名字、社会保险号和职工号。在结构化环境里，知道了名字、地址、电话号码和职工号。幸运的是，除了名字外还有其他相重叠的部分。数据单元职工号在两个环境中都出现了。当进行名字匹配时一定也要进行职工号匹配，这样才能确定是否为同一个人。这是概率匹配的一种简单形式。

概率匹配在最好的情况下也不是完美的。概率匹配基于匹配的强度形成一个匹配的概率。例如，在两个只知道名字为Bob Smith的人之间的匹配就是一个弱匹配。对两个都叫Bob Smith并且都居住在科罗拉多州的人的匹配稍强一点。对于两个名叫Bob Smith并且都居住在科罗拉多州威斯敏斯特区的人的匹配就更强一些。而对两个名叫Bob Smith并且都居住在科罗拉多州的威斯敏斯特区朱尼泊巷第18号的人的匹配就更强了。但是只对地址进行匹配并不完美。或许事实上，在同一地址就住着两个叫Bob Smith和Bob Smith, Junior的人，在儿子的名字里可能不含"Junior"。

一种使概率匹配强度形象化的方法是用数字1到10来描述匹配。例如，包含名字的匹配是1。包含名字和州的匹配是2。包含名字、州、城市的匹配将是3。包含名字、州、城市和地址的匹配将是4，以此类推。匹配变量越多，匹配值就越大。通过使用数字等级，分析员就可以很容易地知道匹配强度了。

图11-7表示为描述概率匹配中有用的数据而创建的一种索引。

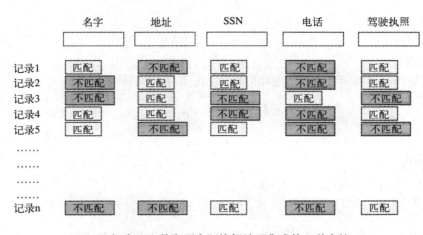

图11-7　概率匹配是在两个环境间处理集成的一种方法

11.2　主题匹配

在结构化和非结构化环境间的文本匹配不仅仅只有概率匹配一种方法。在两个环境间创建匹配或至少一种文本关系的另一种方法称作数据的"产业识别"分组或主题。

假设现有一段非结构化文本的主体。这个文本可以是从多种文档搜集到一起形成的一个库，也可以是通信的集合，如从多种数据源随时得到的电子邮件。无论怎样，都会搜集到大量的非结构化文本。

因此需要创建一种方法来观察和组织收集到的这些非结构化数据。

11.2.1　产业特征主题

组织非结构化数据的一种方法是通过产业特征主题。在这种方式里，对非结构化数据进行分析是根据现有的与产业主题有关的词语进行的。例如，假设有两个产业特征主题——会计和金融。产业特征主题会包含与该主题有关的词语。例如，在会计主题中将包含如下的词语：

- 应收款项
- 可支付的
- 库存现金
- 资产
- 借出
- 到期日
- 账户

金融主题则包含如下信息：

- 价格
- 盈余
- 扣息
- 销售总额
- 净销售

- 利率
- 借贷转结
- 贷方余额

可以搜集到很多表示产业特征主题的词语。一些主题词语可能如下：

- 销售
- 行销
- 金融
- 人力资源
- 工程学
- 会计学
- 分布

如图11-8所示，产业特征主题用作非结构化环境组织数据的基础。

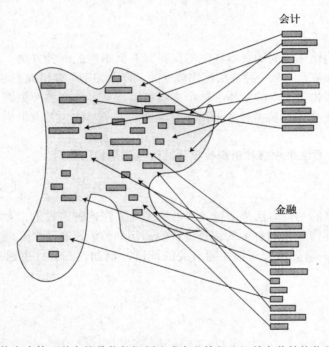

图11-8 组织信息库的一种方法是将数据划分成产业特征分组并在非结构化环境中定位这些词语

搜集到产业特征主题，根据主题逐一与非结构化数据作对比。当发现有单词或词根在非结构化环境中存在，就加以标识。分析结束后，就能够将非结构化文档与分析过的主题的符合程度计算出来了。

在进行非结构化文本与产业特征主题对比时，允许组织文档。与会计内容有很强相关的文档集会与产业特征主题的词汇表产生很多"命中"项。而与会计关联很小的文档在与会计产业特征主题里出现的词汇进行匹配时，很少或几乎没有命中项。

产业特征主题不仅对于确定非结构化环境里出现的数据内容是有用的，产业特征主题和非结构化数据之间的匹配对于准确确定涉及的数据在非结构化环境中的位置也是很有益的。

这种方法的一个商业用途是用来确定哪种通信符合法规，如Sarbanes Oxley，HIPAA和

BASEL II。通信里的词语逐个与Sarbanes Oxley，HIPAA和BASEL II中的重点词语进行比较，一旦发现，则生成匹配，同时主管也就知道需要了解那些正在生成的通信。

11.2.2 自然事件主题

另一种组织非结构化数据的方法是通过自然事件主题方式。图11-9表示了这一组织形式。

在"自然"主题组织方式中，非结构化数据是基于逐篇文档收集而来的。数据收集起来后，将词语根据出现次数进行等级划分。然后，根据这个等级形成文档的主题。

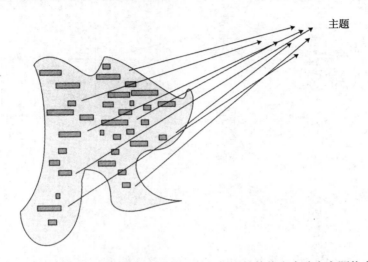

主题

图11-9 组织信息库的另一种方法是根据文档的信息来确定主题信息

例如，假设某个文档包含如下已经分级的词语：

- 火——296次
- 消防员——285次
- 水龙带——277次
- 救火车——201次
- 警报——199次
- 烟——175次
- 热——128次

能够推测出的结论是文档的主题与火灾或救火有关。

假设文档中还包括如下词语：

- Rock Springs，怀俄明州——2次
- 雪花石膏——1次
- 天使——2次
- Rio Grande河——1次
- 海狸坝——1次

由于这些词语出现的次数很少，可以推测出文档的主题与雪花石膏或天使关联很小或者根本无关。

由上看出，可以通过查看词语出现的次数和频率来建立文档的主题。

11.2.3 通过主题和主题词关联

如图11-10所示，可以通过文档主题形成的数据与结构化环境建立连接。

在非结构化环境中的主题数据与结构化环境中的数据建立联系的一种方法是通过数据原始匹配。在数据的原始匹配中，如果在结构化环境中任何地方发现一个词语是文档主题的一部分，那么非结构化文档就会与结构化记录关联起来。但是这种匹配意义不大，而且事实上容易产生误导。

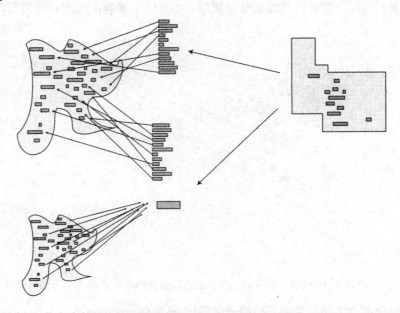

图11-10　信息库与结构化数据的关联可以通过库的主题或产业特征关系实现

11.2.4 通过抽象和元数据关联

此外，还有一种建立两个环境间连接的方法，就是通过结构化环境中出现的元数据。下面通过图11-11中出现的数据来看是如何建立这种连接的。

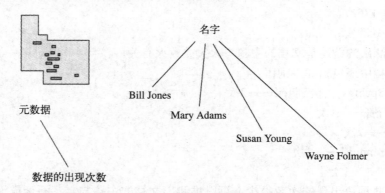

图11-11　在结构化环境中公用的数据结构是元数据和数据的出现次数

在图11-11中，非结构化环境数据包括如下人名Bill Jones，Mary Adams，Wayne Folmer

和Susan Young。所有这些人的名字都在数据记录中叫做"名字"的数据项中存放。

换句话说，数据在结构化环境中以两种形式存在——抽象形式和实际存在形式。图11-12显示了这种数据关系。

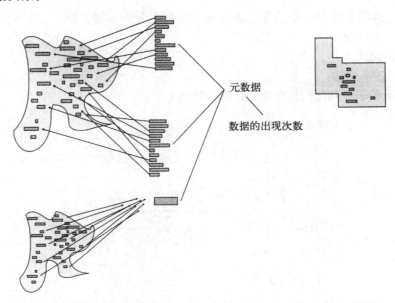

元数据

数据的出现次数

图11-12 结构化数据与非结构化数据关联的一个方法是通过元数据与主题或产业特征关系关联

在图11-12中，数据是以抽象形式存在——即元数据。此外，数据还以实际存在形式存在——数据实际出现的位置。

在关系集的基础上，非结构化环境中的基于主题的数据能与结构化环境中的抽象数据产生最佳关联。情况不同的是，在结构化环境中实际存在的数据要与非结构化环境数据关联却不是很容易。

11.3 两层数据仓库

在数据仓库环境中存在两种使用非结构化数据的基本方法。一种方法是访问非结构化环境，然后将数据迁移到结构化环境里。这种方法对一些非结构化数据是很有效的。使用非结构化数据与数据仓库环境的另一种方法是创建一个"两层数据仓库"，其中的一层对应非结构化数据，而另一层对应结构化数据。图11-13表明了这种方法。

非结构化数据

结构化数据

如图11-13所示，数据仓库有两个相关但分开的部分。在这两个环境的数据之间或许存在着较紧密或较偶然的关系，也可能毫无关系。在这方面没有关于数据的任何暗示。

在非结构化数据仓库中出现的数据在很多方面与结构化数据仓库中的数据相似。当查看非结构化环境中的数据时需要考虑下面几种情况：

图11-13 两层数据仓库其中的一层是非结构化数据而另一层是结构化数据

- 数据以低粒度级存在。
- 存在一个隶属于数据的时间要素。

• 数据是在一定主题范围或"主题"下规范组织起来的。

11.3.1 非结构化数据仓库分类

在结构化数据仓库和非结构化数据仓库之间存在几个主要差别。非结构化数据仓库中的数据划分成以下两类：

• 非结构化通信
• 文档和库

图11-14显示了在非结构化数据仓库里的数据划分。

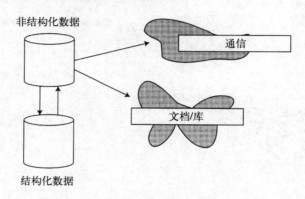

图11-14 非结构化数据仓库由文档、库和通信组成

非结构化数据仓库中的通信通常都很简短（相对于非结构化数据仓库其他部分的文档）。通信几乎总是包含通信日期和在非结构化通信数据仓库中与数据相关联的关键字。通信划分成两类，与商业相关的通信和"废话"（指无商业价值的通信）。典型的废话有"让我们一起吃饭"或者"我刚见了一个最帅的男生。他有着棕色的眼睛并留着卷发。"通常，在数据仓库里废话会从通信中删除。

通信包含的关键字一般如下：

• 电子邮件地址
• 电话号码
• 传真号

通信与结构化数据之间的关系通过基本标识符形成。

在非结构化数据仓库中也会存在文档。通常，文档要比通信大得多，比通信面向更广泛的读者。文档与通信的第三点不同是文档比通信的可利用周期更长。

文档可以分成很多库。一个库仅是与某个主题相关的所有文档的集合，库的主题可以任意，例如：

• 石油天然气账目
• 恐怖行动和抢劫
• 炸药，地雷和炮
• 保险单和精算

通信根据标识符组织，而文档和库是根据词语和主题进行组织。主题由已经描述过的文档产生。一旦主题确定，文档的主题和内容就形成了在数据仓库中存储的主体。

11.3.2　非结构化数据仓库中的文档

由于有太多的变量，在非结构化数据仓库中存储实际文档或许是必要的，或者只存储文档在数据仓库中的位置更有意义。下面是一些用来决定是否需要存储实际文档到数据仓库的因素：

- 文档的数目
- 文档的大小
- 文档中信息的重要程度
- 文档如果不存储在仓库中是否容易访问
- 是否能获取到文档的一部分

决定是否存储文档的一种折中的解决办法是存储那些包含有主题词的前后句子。也就是说，如果将词语"杀"（kill）用作主题词。接下来的这些信息或许会与"杀"一起存储：

- "期中考试像一个真正的杀手，全班三十人只有两名学生通过。"
- "他真是一个女性杀手。当他一进房间，女士们就为他倾倒。"
- "今年西北的最佳四分卫是Sonny Sixkiller。他能超过最快的选手。"
- "蚂蚁发现这种杀虫剂是有效杀手。它的效力能持续一周。"

通过存储含有关键词前后的文本，实际上不用重新获取原文档就可以预览文档了。

11.3.3　非结构化数据可视化

非结构化数据一旦获取和组织到数据仓库中，对非结构化数据形象化即成为可能。

非结构化形象与结构化形象相类似。结构化形象认为是商业智能。有很多商业产品用来对结构化形象进行具体化，包括商业目标和微策略。图11-15给出了对于不同数据仓库不同类型的形象化。

结构化形象的实质是数字的显示。数字可以添加和删减。数字可以形成条形统计图表、排列图表和圆形分格统计图表。换句话说，可以有很多形式来表示数字数据。

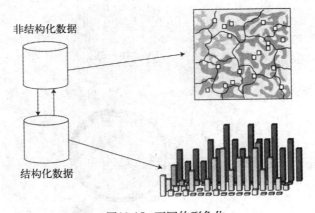

非结构化数据

结构化数据

图11-15　不同的形象化

形象化也能够用于基于文本的数据。基于文本的数据是形成非结构化技术的基础。非结构化形象化在商业上的一个应用是Compudigm。为了创建文本形象化，需要收集文档和词语。这些词语经过编辑后准备显示。然后，将这些词语提供给显示设备，对词语进行分析，聚集并准备被形象化。

11.4 自组织图 （SOM）

形象化的结果是一张自组织图（SOM）。SOM看上去像一张拓扑地图。SOM可以显示不同的词语和文档如何聚集，并根据主题显示。

图11-16给出了非结构化环境中的形象化处理。

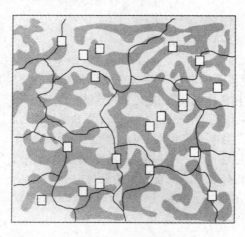

图11-16 一张自组织图（SOM）

SOM具有很多特点。特点之一是可以根据不同文档中出现的数据形成信息群。在这一特点中，数据所共享的特性、关系等聚集到一起。通过观察信息群，有着相同特性和关系的数据被分组以便于参考。SOM的另一特点是它具有向下钻取处理能力。在向下钻取处理中，数据分层组织，这样访问和分析一层能引入到下一层。

图11-17表明创建了SOM，数据能进行更深入的分析。

图11-17 在SOM中分析文本

SOM的一个重要的方面是快速关联文档的能力。分析者一旦检测到SOM，如果查看文档，直接访问就可以。

通过使用SOM，企业能查看上千个文档的信息，并能直观和直接地检查数据及其关联。

11.4.1 非结构化数据仓库

非结构化数据仓库的结构到底是怎样的？图11-18给出了非结构化数据仓库的高级视图。

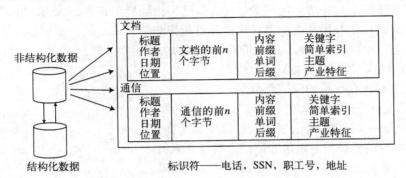

图11-18 非结构化数据仓库视图

在图11-18中，非结构化数据仓库划分成两个基本的部分，文档部分和通信部分。文档部分用在较长的叙述中，如研究、科学和工程等。此外，书、文章和报告也可能在文档部分出现。

通信部分用于较短信息。通信包括电子邮件、备忘录、信和其他短信件。

这两个部分存储的数据如下：

- 文档的前n个字节
- 文档自身（可选择的）
- 通信自身（可选择的）
- 内容信息
- 关键字信息

11.4.2 数据量和非结构化数据仓库

在每种数据仓库中，数据量都是个问题。非结构化数据仓库也不例外。幸运的是，数据仓库开发者能做一些事情来减轻大量数据产生的影响。尽管结构化数据仓库环境里的大量数据是个问题，但非结构化环境中的数据量更重要，原因很简单，非结构化数据要比结构化数据多得多。

下面是非结构化数据仓库中用来减少数据量的一些方法：

- 删除通信废话。约达90%的通信内容是废话。废话占有空间，对于企业信息毫无用处。
- 不要存储所有的文档。只保存能用来找到文档的简单索引，或者至少保存文档的最后地址。只保存重要的文档。
- 如果文档和通信要同时保存，再开辟一个区域以保证文档或通信独立存储。标识符（如前n个字节，日期等等）也要分开存储。（标识符将在下一节"适用于两个环境"中详细讨论。）

- 在任何可能的地方将年龄数据用日期代替。
- 监控正在使用的非结构化数据仓库，确定使用的类型。
- 不要存储太多的内容。跟踪正在使用的内容，确定哪些删除、哪些存档。

存在一些能使非结构化数据仓库的存储要求最小化的方法。

11.5 适用于两个环境

对于所有实际目标，非结构化环境包含着与结构化环境不相容的数据。非结构化数据好比是交流电，而结构化数据是直流电。这两种电流很难融合或者根本不相容。然而，尽管两个环境间内容上存在着主要不同，但是仍有办法将两个环境相关联。

如图11-19所示，文本将两者关联起来。

图11-19表明结构化环境由以下几个成分构成：

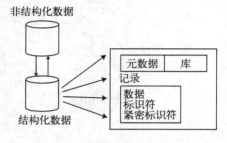

图11-19 在操作环境中的数据

- 在抽象层上——元数据和库
- 在记录层上——原始数据、标识符和紧密标识符

标识符用来专门标识一条记录的数据。典型的标识符有社会保险号，职工号和驾照号。标识符对它所标识的内容是特定的。一旦标识确定，很大程度上记录的标识被适当地确定。

紧密标识符是指存在高概率的标识符。紧密标识符包括名字、地址和其他标识数据。标识符和紧密标识符的区别在于确定性。如果根据社会保险号来确定一个人，那么的确是这个人的概率很大。但是用紧密标识符未必如此，比如名字。

有一个叫Bill Inmon的人。那么，意味着这个人和本书的作者是同一个人吗？答案是不确定的。在全世界不会有很多叫Bill Inmon的，但也会有一些。所以，当提到Bill Inmon，可能谈及的是本书的作者，也不排除是其他人。

缩小标识范围的可能性，假设我们知道Bill Inmon于1945年在加利福尼亚州的圣地亚哥出生。现在，我们是不是知道在谈论谁呢？有可能，但是仍有可能有两个叫Bill Inmon的人于1945年在加利福尼亚州的圣地亚哥出生。所以，我们还是不能完全确定我们谈论的是否正确。我们已经相当确定了，但还不能完全确定。

当出现概率匹配的时候，紧密标识符为概率匹配中不同的数据提供连接。

那么，怎样将结构化数据与非结构化数据关联起来呢？

图11-20表明结构化环境和非结构化环境中的数据类型。顶部是来自结构化环境的数据类型，底部是来自非结构化环境的数据类型。

非结构化环境划分为两个基本类型，文档和通信。在文档类别中可以看到文档标识信息如题目、作者、文档数据和文档位置。还能看到文档的前n个字节。还有如上下文、前缀、单词、后缀。当然还有关键字。关键字有一个简单的索引。此外，还可以看到关键字和文档之间的关系。关键字通过主题的一部分或产业识别列表里的词汇与文档关联。

非结构化数据的通信部分除了包含标识符和紧密标识符外与文档部分很相似。但除了这个不同点外，关于通信的信息是相同的。

图11-20表明结构化环境中的标识符能与非结构化环境中的标识符相匹配。结构化环境中的紧密标识符与非结构化环境的紧密标识符进行匹配的概率也很大。非结构化环境中的关键字可以与结构化环境中的元数据或数据库匹配。

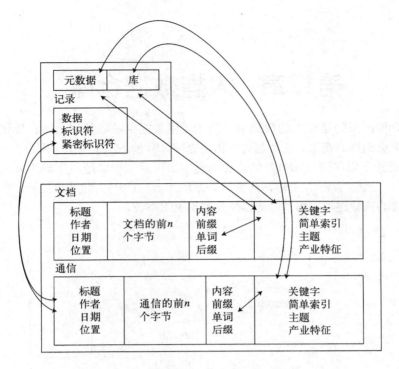

图11-20　不同环境间的数据如何关联

　　理论上其他匹配原则上也能进行，通常这些匹配实际上都是随机（或在最佳时间，不定时的）产生的。

11.6　小结

　　信息技术领域实际上划分成两类——结构化数据和非结构化数据。当这两个领域发生关联和集成的时候，会出现很多好的机会。这两个领域最普通的连接是文本。

　　非结构化环境中的文本演变成两种基本形式——通信和文档。结构化领域中的文本也演变成两种基本形式——抽象（或者元数据）和实际存在形式。

　　仅仅匹配文本是随机的和几乎没有意义的。在匹配文本过程中存在很多问题，这些问题必须在匹配认为有用之前解决。匹配文本中出现的一些问题类似于假阳性和假阴性。

　　解决匹配问题的一种有效方法是用概率匹配。另一种组织文档的方法是用产业识别主题进行排列。第三种解决匹配的方法是利用来自文档的出现－导出主题。

　　当一层是非结构化数据而另一层是结构化数据的时候，两层数据仓库就形成了。

　　一旦两层数据仓库建立起来，可以进行形象化。商业智能用来形象化结构化数据。而自组织图（SOM）用来形象化非结构化数据。

　　结构化环境和非结构化环境可以在标识符级别上进行匹配，也可以使用概率匹配在紧密标识符层上匹配，或在关键字到元数据或库级上进行匹配。除此之外，其他任何类型的匹配都是随机的。

第12章 大型数据仓库

伴随数据仓库而来的是庞大的数据量。为了表明数据量随着数据仓库在变化，让我们来看看表示容量单位词语的变化。在数据仓库出现之前，容量是用千字节（KB），兆字节（MB）来度量，偶尔用到千兆字节（GB）。但是数据仓库出现后，很快地在字典里就出现了新词语如"千亿字节"，"万亿字节"（TB），甚至"千万亿字节"（PB）。随着数据仓库的出现，数据量以多个数量级的倍数递增。图12-1是已经普遍出现的增长。

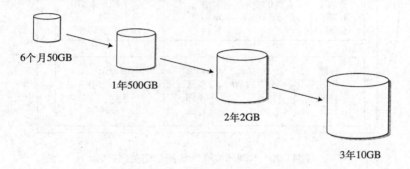

6个月50GB

1年500GB

2年2GB

3年10GB

图12-1 随着时间数据仓库增长迅猛

如图12-1所示，在数据仓库初期，只有几个GB大小的数据。这些量并不惊人也没有引起人们的关注。然而过了很短的一段时间之后，增长到上百GB的数据。这个数量引起较小的关注，但并不大。时间继续推进，很快增长到几个TB（万亿字节）的数据。现在人们才开始真正关注一些问题了。如预算的问题、数据库的设计和管理问题、响应时间问题等。更多的时间过去了，企业被10千万亿字节或更多的数据所惊醒。昨天的担忧变成今天的危机。数据自身在不断积累。每增加一个新字节，问题便会增加一分。

12.1 快速增长的原因

为什么会有如此大量的数据开始在数据仓库中出现呢？在数据仓库中数据增长如此快速存在几个方面的原因。图12-2给出了几个原因。

图12-2表明数据仓库是包含历史的。在信息技术环境里的任何地方都有数据历史的存储。事实上，在OLTP环境中，历史数据由于会影响执行效率会被尽可能快地丢弃。历史数据越多，性能越差。所以，自然地，系统程序员和应用开发者都会尽可能快地删除历史数据来获取响应时间。

但是历史数据在理解客户方面却发挥着重要作用。因为所有的客户都会依习惯办事，所以理解客户并预测出客户将要做什么就成为关键。但是，因为OLTP程序员不喜欢历史数据，所以除了数据仓库没有其他更好的地方用来存储历史数据了。

数据仓库变得如此庞大的第二个原因是数据仓库以最低粒度级收集数据。为了使数据仓库具有灵活性（这是数据仓库存在的一个原因），数据仓库必须收集细节数据。原因是很明显的。有了细节数据，开发者或分析员就能够以别人从未用过的方式使用数据。数据一旦被汇总，就不能被分解和以其他方式重新形成。汇总数据具有不变性并且是不通用的。

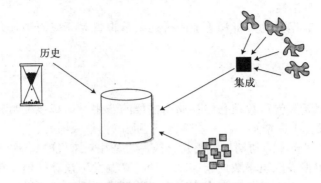

图12-2　数据仓库增长的原因

如果想创建可重用的数据基础，那么必须建立在低粒度级上。

第三个原因是需要将很多不同种类的数据聚集。在数据仓库中，数据源通常是多种多样的。数据仓库描述了某个企业的数据集成程度。也可以说数据仓库是企业数据库的具体化。

这里包括公用关键字，公用引用表，公用数据定义，公用编码方案，公用结构等等。数据仓库描述了企业里的最低级别的公用数据名称。

以上是数据仓库中大量数据蔓延的原因。以下是表述这一问题的另一种简单方法：

历史数据 - 细节数据 - 多种数据 = 大量数据

12.2　庞大数据量的影响

数据仓库收集到大量数据已经是事实。那又怎样？为什么会有问题？

事实证明有很多原因可以说明，包括如下几方面：

- **花销**——大量数据花费很多钱。
- **有效性**——企业是否使用收集到的所有数据。
- **数据管理**——随着数据量的增加，数据管理规则也要更改。

以上这些重要的原因中，或许最有趣的是数据管理规则会随着数据量增长而变化。要了解为何如此，考虑数据管理的一些基本活动，例如图12-3描述的那些。

12.2.1　基本数据管理活动

图12-3以50GB的数据量为例，大多数基本数据管理活动在不经考虑和准备下完成。下载50GB的数据大概需要1小时或更少。索引这些数据可以在较短时间内完成，大概15分钟。访问数据就更快了，仅以毫秒计算。但是，对于10TB的数据，基本数据管理活动的情况就不同了。下载10TB的数据需要12个小时或更多。索引需要72小时或者更长，取决于正在进行的索引。访问响应时间以秒来衡量而不是毫秒级了。此外，索引需要的空间也成为要考虑的问题。

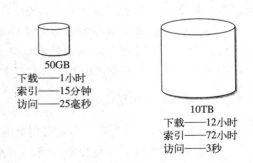

50GB
下载——1小时
索引——15分钟
访问——25毫秒

10TB
下载——12小时
索引——72小时
访问——3秒

图12-3　随着数据量的增长，数据库
功能需要更多的资源

以此类比，管理50GB的数据好比驾驭湖里的小舟而管理千万亿级的数据则像是要在北大西洋上冬天的暴风雪中驾驭伊丽莎白女王2号。两个任务都能完成，但是任务的完成却需要完全不同的考虑因素和复杂性。

由于以上原因，数据量的分析和管理同时还要承担着对环境的深入分析、实践和对数据仓库的预算。

12.2.2 存储费用

经常忽视的一个因素就是数据仓库存储所需要的费用。图12-4表明随着数据仓库规模的增大，数据仓库的预算也在增加，在一些情况下还是以指数级增长。

图12-4显示在数据仓库的初期只需要几分钱，这是相对来说的。事实上，在很多环境中，数据仓库起初的费用很少以至于数据仓库以一种"臭鼬式"预算开始。在臭鼬式预算中，已经将钱分配到某些项目上而不是数据仓库。由于数据仓库刚开始所需费用非常少，所以预算可以算到其他项目里去。所以数据仓库开始只需要投入很少的预算。

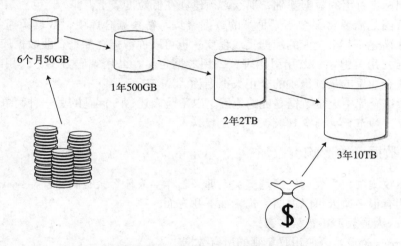

6个月50GB

1年500GB

2年2TB

3年10TB

图12-4 随着数据量的增加，其费用也在急剧增长

随着时间推移和数据仓库中数据量的增加，数据仓库的预算开始提升。到这时，数据仓库已经体现出对企业的价值，所以，没有人过多地关注它的费用。

但是有一天，企业终于惊醒并发现数据仓库消耗资源如同三月份刚从冬眠苏醒的贪婪的黑熊。数据仓库开始以不可预测的速度花掉所有预算。

理论上，磁盘供应商会告诉你这种事情不会发生。他们会说磁盘容量一直在降价。并且照他们说的目前说的是对的。问题是磁盘供应商没有说出真正的事实。他们没有说的是磁盘的存储内容只是整个存储费用中的一部分（相对很小的部分）。

12.2.3 实际存储费用

图12-5给出了有关磁盘存储费用更准确的描述。

图12-5表明除了存储设备本身还有很多成分一起组成磁盘存储设备。包括磁盘控制器，通信线，用来控制数据用途的处理器。还包括保证处理器正常运作的软件。还有数据库软件，操作系统软件，商业智能软件等各种软件。所有这些组成随着数据量的扩充而增加开销。每

兆字节存储的实际费用只是其中的一项支出。正是由于这些原因，存储量的增大会对IT费用产生巨大的影响。仅仅关注每兆字节的费用和它的降低是一个很大的误导。

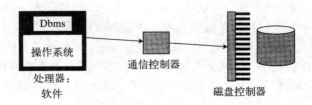

图12-5　存储费用不仅仅是兆字节的费用，实际上存储费用包括数据周围的基础设施

另一种看待兆字节级别上存储费用降低的方式是要明白存储消费增长的速度要比存储费用的降低的速度快得多。

12.2.4　大型数据量中的数据使用模式

影响硬件预算增长的另一相关因素是：已经获取到的数据的使用情况，如图12-6所示。

当一个企业的数据仓库只有50GB的存储容量时，几乎所有的数据都在被使用。大多数查询可以根据需要访问到数据仓库中的所有数据。但是随着数据仓库数据量的增长，这些基本查询却可能不能实现了。

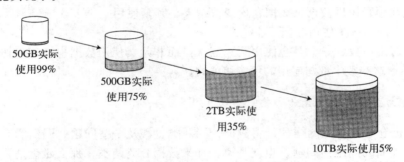

图12-6　随着时间的推移，数据量在增加，而实际使用数据的百分比却在降低

随着数据量的逐渐增加，实际使用数据的百分比却在逐渐减小。也就是说，数据量增长的同时实际使用数据的百分比却降低了。

为了证明这点，让我们来做一个简单的练习。

12.2.5　一个简单计算

以正在使用的数据仓库最终用户数为例。考虑平均每天做了多少查询。然后算出平均每条查询使用多少字节的数据。现在就能算出一年中的200天（大概一年的工作日）访问了多少数据：

用户数－每天查询数－每条查询的字节数－200天

现在考虑重叠因素。重叠要考虑是因为有些数据我们需要查询不止一次。因此要正确估计出重叠因素然后进行约简。例如，如果有50%的数据是重复的，就将数据量除以2。

根据重叠因素将数据量约减后，就得到企业一年所需的数据量。典型数值是250GB的数据满足600名用户需求，其中数据仓库总数据量为2TB。

下面来计算使用率：

使用率 = 实际使用数据量字节数 / 数据仓库总数据量字节数

你会发现使用率只有5%或更少，这并不稀奇。在一个拥有非常大的数据仓库的大型商场里，根据估算商场在一年里只使用了数据仓库中不到1%的数据。

下面是考虑用户类型的一种情况。如果你的企业是由大多数"农民"组成，那么使用数据量就能够预测而且将会较小。如果企业里有很多"探险家"，那么数据使用率就可能会很高。（这里的农民指那些以能预测的方式使用数据的用户，探险家指那些以不可预测方式使用数据的用户。）

不管怎样，随着数据仓库中数据量的增加，数据实际使用率都在降低。

12.2.6 两类数据

当商场在处理大型数据仓库时，通常会把存储在数据仓库的数据分为两类。在一个大型数据仓库中，数据要么经常使用要么很少使用。很少使用的数据通常称为休眠数据或非活动数据。经常使用的数据称作活动数据。

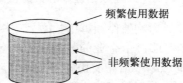

图12-7给出了大型数据仓库中这种数据分类的方式。

图12-7 随着时间推移，数据使用方式出现了明显的划分

随着时间推移，数据逐渐倾向于两种状态之一———频繁使用数据或非频繁使用数据。数据仓库变得越大，频繁使用数据就会越少而非频繁使用数据反而越多。

一个频繁使用数据一个月会使用两到三次。而非频繁使用数据也许每年访问的次数不到0.5次。当然，这些数字都与使用的环境相关的。

12.2.7 数据分类涉及的问题

随着数据仓库数据量的增加，将数据分为两类也涉及一些问题。遇到的问题之一是数据仓库中磁盘存储的间歇性问题。也就是说，如果数据分为两类，那么磁盘是否还是存放数据仓库的理想存储介质了呢？如图12-8所示考虑将数据仓库存放在除磁盘外其他存储介质上的情况，考虑在不同的环境下访问数据。

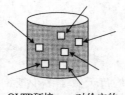
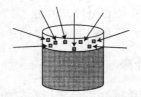

OLTP环境——对给定的
数据单元进行随机访问

DSS环境——频繁使用数据和非
频繁使用数据之间存在明显区分

图12-8 OLTP和DSS数据仓库的数据使用模式存在很大的差异

图12-8给出了OLTP数据和数据仓库的DSS数据，这两种类型的数据都存放在磁盘上。

在OLTP环境中，可以以大致相同的概率访问数据。当一个交易进入系统并且需要访问一个数据单元。然后，另一个交易进入系统同时又要访问另一数据单元。接着，第三个交易进入系统并且又有一数据单元需要访问。为了达到实际目的，进入系统的交易没有顺序。交易

进入OLTP环境完全是一种随机方式。OLTP交易的这种随机进入方式的结果是当要访问OLTP数据时却预测不到磁盘访问的模式。OLTP数据被随机访问并且访问OLTP环境中每个数据单元的概率都差不多。对于这种随机访问模式，磁盘存储设备是理想的。

现在来考虑DSS数据的访问模式。现在要撰写一篇报告并且需要使用2004年所有的数据。接着，要对2004到2005年的数据进行分析。然后需要2003年中期到2005年的更多数据。简而言之，2000、2001、2002年的数据几乎很少涉及甚至从未被访问过。没有人访问旧数据，所有人只访问最新数据。

在数据仓库DSS环境中，不存在像OLTP环境中遇到的随机访问模式。实际上，大多数DSS处理受日期限制。数据越新，越可能被使用。数据越旧，被访问的可能性越小。所以，数据仓库DSS环境存在着明确的访问模式而非随机的。

12.3 数据在不同介质的存储

如果访问模式存在像数据仓库DSS中的数据不对称的情况，磁盘存储是否理想就是问题了。磁盘存储开销很大。硬件供应商不会因为存储不用的数据而少收费用。

因此，在数据仓库中数据通过多种形式存储而将其分离就很有意义了。将经常使用的数据存放到高性能存储设备。不经常使用的数据则存放到海量存储介质中。

如图12-9所示，基于多种可能用途，将数据以多种存储形式划分。

图12-9表明经常使用的数据存放在高性能磁盘存储介质中，不经常使用的数据放在海量存储介质中。海量存储设备是指速度较慢，成本较低并能较长时间保存数据的一种存储介质。通常海量存储器称作近线存储，近线存储是一种顺序存储。

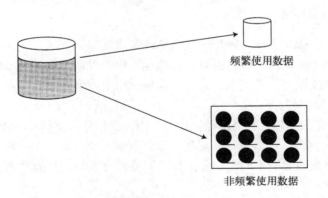

频繁使用数据

非频繁使用数据

图12-9 根据使用频率将数据分别存放到多种存储介质中

磁盘供应商总是认为为了保证性能应该将所有的数据存放在磁盘上。如果能以相同的概率访问所有数据的话，商家是对的。但是例如数据仓库DSS数据不是一种平均访问模式。将不常用的数据存放到近线存储设备实际上提高了数据仓库DSS的性能。

12.3.1 近线存储

图12-10给出了近线存储的一些性质。近线存储是顺序的。这种顺序的模式被机械地控制，手工永远也到达不了这些顺序存储单元。近线存储要比磁盘存储便宜。曾经一段时期，近线存储要比磁盘存储的费用少一个数量级。磁盘供应商喜欢强调磁盘存储一直在降价。实际上，

近线存储的费用也一直在减少。所以，这两种存储形式费用的比率在很长一段时间内一直都保持较平稳。

　　近线存储适用于存储大容量的数据，可以存储几十或几百万亿字节的数据。近线存储的可靠性也可以保持很久。如果需要备份，近线存储中将数据备份到另一近线存储介质上的费用是很低的。

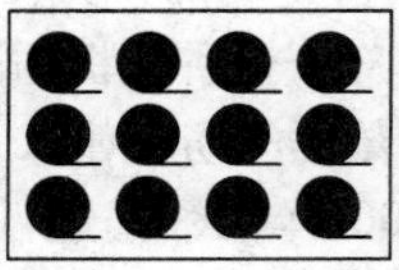

- 机械控制
- 便宜
- 大容量数据
- 长期的可靠性
- 访问第一条记录的秒数

图12-10　近线存储

　　近线存储的性能只消耗在寻找第一条记录上。找到第一条记录后，只需要纳秒的时间就可以访问块结构中的其他记录了。只有访问第一条记录需要机械时间。以电子时间就能访问存储块中的其他记录。

　　图12-11描述了近线存储块中访问数据的情况。

　　如图12-11所示，一旦将块结构放到内存，存储块里的所有行而不是只有第一行就被访问，就好像它们常驻主内存。既然在数据仓库中连续访问很普遍，所以对连续数据进行有效的访问就成为一个很重要的因素了。

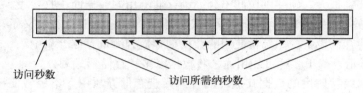

访问秒数　　　　　　　　访问所需纳秒数

图12-11　第一行被访问后，其他行可以以电子速度访问

12.3.2　访问速度和磁盘存储

　　当企业使用不同存储介质时，磁盘供应商总愿拿速度的损失来大做文章。当访问近线存储数据从电子速度变为机械速度时，需要支付性能代价。但是将数据仓库所有数据存放在磁盘上又会造成其他性能损失。事实上，将大型数据仓库中的所有数据放在磁盘存储要比将数据放到不同的存储介质中慢。

　　为了说明所有数据放到磁盘存储降低速度的原因，我们来看图12-12所做的分析。

　　图12-12给出两种情景。一种情况下，所有数据存放在磁盘上。另一种情景下，所有的数据（相同的数据）根据访问概率的大小存放在不同存储介质中，所有经常使用的数据存放在磁盘上，而所有不经常使用数据存放在近线存储介质中。

　　考虑系统中的数据流通情况。在很多方面，数据流通类似于血液在动脉里流动。当磁盘环境里存在大量不使用的数据时，这些数据就像血液中的胆固醇。胆固醇越多，血液系统的机能就越差。而系统的机能越差，系统响应时间就越慢。

　　现在来考虑根据使用概率将数据分类的环境。这种情况下系统处于高效的数据流通状态。使用和上面类似的分析，系统里的胆固醇很少，心脏只需要很少的工作量就能完成相同数量的输送。系统只需要在血管中输送需要的数据，因此，这种方式下的系统性能确实好。

　　由于这个基本原因，将数据仓库DSS数据存放到不同的存储介质能提高性能。（这点上让磁盘供应商很受委屈，他们本希望所有的数据都具有像OLTP处理一样的特征。实际上，如果所有数据与OLTP环境中的数据具有相同的使用类型，那么只需要磁盘就可以了。）

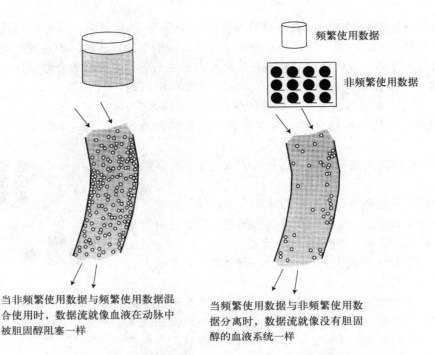

当非频繁使用数据与频繁使用数据混合使用时，数据流就像血液在动脉中被胆固醇阻塞一样

当频繁使用数据与非频繁使用数据分离时，数据流就像没有胆固醇的血液系统一样

图12-12　自由循环的血液与存在很多阻碍成分的血液的区别

12.3.3　存档存储

除了要对大量数据进行管理，还需要对数据进行分类存储。需要以一种归档的方式管理大量数据。图12-13表明，除了磁盘存储和近线或海量存储外，还需要存档存储。

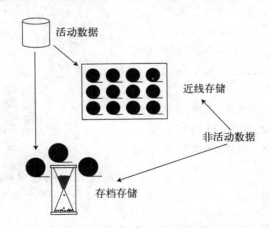

图12-13　不经常使用数据有很多存储形式

存档存储与近线存储很相似，不同之处在于存档存储中的数据被访问的概率很低。为了更清楚各类存储介质中访问概率的关系，来看下面的简表：

高性能磁盘存储	每月访问一个数据单元
近线存储	每年访问0.5个数据单元
存档存储	每十年访问0.1个数据单元

可以看到存档数据的访问概率很值得关注，几乎为0。实际上，即使访问概率降为零也需要进行存档存储。有时会通过一些规则来规定数据的存储，这时，不论数据是否曾经被访问过都会强制存储。或者还有另外一种情况，当出现与数据有关联的合理事件时，数据会被存档存储。在最理想最普通的情况下，根本不会再用到这些数据。但是，如果当企业在诉讼的问题中需要用到数据，企业就能很方便地从存档存储中查找到需要的数据来为自己辩护。

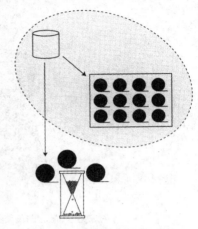

还有一些情况需要将近线存储环境的数据迁移到存档存储环境。

尽管近线存储环境和存档存储环境有很多相似之处，但两者也存在很大差别。其中一个重要的区别是能否被看作是数据仓库的数据外延，如图12-14所示。

图12-14表明从逻辑上来看，近线存储被看作仅是数据仓库的扩展。事实上，在一些情况下，数据的位置对最终用户是透明的。这种情况下，当最终用户查询时，不知道数据是存放在高性能存储设备还是近线存储设备中。然而，如果数据是存档存储的，最终用户总是知道数据不是存放在高性能存储设备中。因此，将数据近线存储而不是存档存储的意义就在于，近线存储中数据的位置对最终用户来说是透明的。

图12-14　近线存储认为是数据仓库的逻辑外延，而存档存储却不是

12.3.4　透明的意义

这种透明的意义很重大。首先，如果数据是透明的，那么近线存储中的一行数据在形式上就和数据仓库高性能环境中的一行数据看上去一样了。图12-15给出了这种需要。

其次，要实现透明性，有必要使近线系统对数据库系统是可用的。另外，两个环境间必须在技术上相容。

当然，在数据仓库环境和存档环境之间就没有这个必要。存档环境可以以任何形式保存数据，而且存档环境也不一定要与数据仓库对应的数据库环境相兼容。

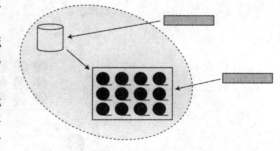

图12-15　数据仓库中的一条记录或一行数据和近线存储中的一条记录或一行数据是等同的

12.4　环境间数据转移

将数据在近线存储与以磁盘为基础的数据仓库环境间转移的方法很多。图12-16给出了一些方法。

图12-16表明数据流在数据仓库和近线存储环境间转移的三种方法。第一种方法是由数据库管理员手工转移数据。这种方式非常灵活而且效果很好。管理员根据转移的要求从近线存储转移并"安置好数据"。管理员可以根据需要移动整个数据表集或是数据表的一个子集。管理员会启动监控器对数据仓库进行监控，随时决定哪些数据需要移至近线存储。这种手工方法是可行的并且不应该忽视。这种方法最简单，而且对任何人都适用。

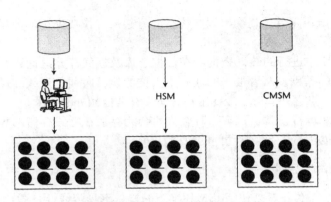

图12-16 管理数据流从一级存储转移到另一级的三种方法

第二种是分级存储管理方法（HSM）。这种方法需要在数据仓库和近线存储环境之间移动整个数据集。这种方法可以自动执行不需要人工交互。这种方法相当简单。但是存在的问题是移动操作要在整个数据集上进行。在有些环境中移动整个数据集是可行的，比如在个人计算机环境下。但是对于数据仓库环境，如果将整个数据集在数据仓库和近线存储环境间来回转移很显然是不好的。在HSM方法中，数据仓库和近线环境间的数据迁移需要在更合理的粒度级上而不是在整个数据集上进行。

第三种方法是交叉介质存储管理（CMSM）。CMSM方法是全自动的。由于这种方法在行粒度级上操作，所以行数据可以在数据仓库和近线存储环境间迁移。CMSM方法解决了前两种方法遇到的很多问题。但是，这种方法执行起来很复杂而且成本也较高。

以上是三种管理数据迁移的方法，每种方法都有优缺点，如表12-1所示。

无论如何，管理进出近线环境的数据流是非常重要的。

表12-1 移动数据的方法

	优　　点	缺　　点
手工	非常简单；立即可用；在行级上进行操作	容易出错；需要人工交互
HSM	相对简单；成本不高；全自动	在数据集上操作
CMSM	全自动；在行级上操作	成本高；执行和操作较复杂

12.4.1 CMSM方法

CMSM技术是全自动的。CMSM是一种软件，数据的物理存储是透明的。也就是说，使用CMSM方法最终用户不需要知道数据在什么位置——是在数据仓库还是在近线存储中。

观察图12-17，并跟随系统中的用户需求看CMSM软件是如何工作的。

首先从系统得到一个请求。分析请求并决定需要哪些数据。如果需要的数据已经在数据仓库（也就是已经在磁盘中），系统令查询继续进行。但是，当系统发现需要近线存储的数据时，系统令查询排队等待并进入近线存储环境。当系统找到需要的近线存储数据后把它们收集起来。一旦收集好，数据就送到数据仓库环境中。数据到达数据仓库后，添加到它们所属的数据仓库表。

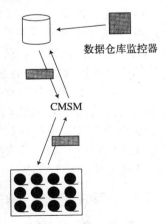

数据仓库监控器

CMSM

图12-17 交叉介质存储管理器（CMSM）

一旦数据装载到数据仓库后，查询出列并执行。看起来好像要查询的数据一直在数据仓库中一样。

对于在数据仓库中进行的数据查询和在数据仓库及近线存储之间进行的数据查询，最终用户并看不出其中的差别。两者唯一的区别是查询的执行时间。近线存储中查询的执行时间更长一些。除了这一点之外，对于最终用户方面没有其他额外的要求。

当然，如果环境运行正常，只有临时查询才会为存放在近线存储的数据消耗时间，因为根据定义近线存储包含的是不经常访问的数据。

12.4.2 数据仓库使用监控器

通过使用数据仓库监控器来使CMSM环境下的操作更具流线性。图12-18表示一个数据仓库监控器。

如图12-18所示，进入数据仓库的SQL命令被监控，这些命令的结果集也被监控。系统管理员能够知晓在数据仓库中哪些数据正在被使用或者没有被使用。监控器能从行级和列级掌握数据的使用情况。通过使用数据监控器，比只能在数据仓库中存放1年的数据这种传统的方法，系统管理员更容易掌握数据的情况了。

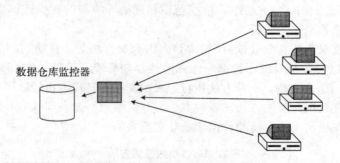

数据仓库监控器

图12-18 截取和分析SQL命令

数据仓库监控器包括两种，一种由DBMS供应商提供，另一种由第三方提供。通常，第三方监控器更好一些，因为DBMS供应商提供的监控器需要的资源比他们提供的多得多。实际上，DBMS供应商提供的监控器需要很多的资源才能运行，以至于当遇到资源使用高峰期或繁忙期时不得不关闭监控器——恰巧这时你却不想关掉它们。而第三方供应商提供的数据仓库监控器只需要很小量的资源，而且特别适合数据仓库使用。

有时，管理员会在数据仓库环境下尝试使用交易监控器。交易监控器设计用来优化OLTP环境中的交易流。在数据仓库中尝试使用交易监控器来管理数据的使用情况，就好比用修理汽车的工具来维修飞机或轮船。很明显这样做即使能运作也是不合适的。

12.4.3 不同存储介质下数据仓库的扩展

随着数据仓库从磁盘存储到近线存储和存档存储的扩展，数据仓库也扩展成拥有庞大的数据，如图12-19所示。

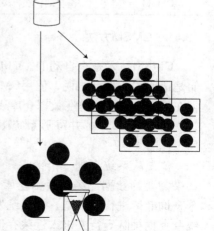

图12-19 无限增长

数据仓库可以增长到千万亿字节数据量，并且仍然有效和可管理。

12.5 数据仓库转换

当考虑不同的存储形式时，有必要进行"数据仓库转换"。有了数据仓库转换，管理任何数量级的数据就成为可能。

那么，什么是数据仓库转换呢？考虑一个普通的数据仓库。几乎所有的企业建立数据仓库的方法都是首先将数据放到磁盘上存储。随着数据的老化，数据被转移到近线存储或存档存储。在不同存储介质间存在着正常的数据流通。

但还有另一种选择。这种选择指的是首先将数据存放在近线存储而不是磁盘存储。然后当查询执行完毕，数据从近线环境转移到磁盘环境。进入磁盘环境后，数据被访问和分析，这些数据看起来就好像一直待在这里。一旦分析结束，数据再返回近线存储。

在一个普通的数据仓库中，当前数据存放在磁盘上。而在转换数据仓库中，当前数据存放在近线存储中。

当然，进行数据转化需要一定的代价。每次请求都需要等待，等待要消耗时间。但是，（取决于正在进行的分析）等待也不一定会有损失。如果同时有很多的开发者在访问和分析数据，那么等待所消耗的费用可以是满足这种不规则请求开销中的一部分。

当然，也可以通过运行多个基于磁盘的DBMS程序来减小性能损耗。在这种方式下，允许多个查询同时进行。也就是说，在两个基于磁盘的DBMS系统运行下，可以同时进行两组查询和分析，因此可以减少队列数据等待需要的时间。通过运行多个基于磁盘的DBMS程序，可以完成一定数量的并行处理。

12.6 总费用

对庞大数据量的管理还有另一种观点：随着数据量的增加，数据仓库需要的预算也随之增长。通过引入近线和存档存储降低了数据仓库费用的增长。图12-20给出了较长一段时间内数据仓库执行的总费用曲线图。

图中左边的是只使用磁盘存储的数据仓库的费用曲线。右边是引入近线和存档存储后的数据仓库的费用曲线。从右边的曲线可以看出引入了近线存储和存档存储之后曲线出现了变形。

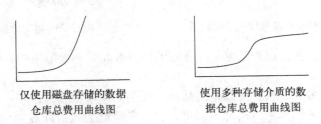

仅使用磁盘存储的数据　　　　　　　　使用多种存储介质的数
仓库总费用曲线图　　　　　　　　　　据仓库总费用曲线图

图12-20 使用近线存储的企业和没有近线存储的企业在长期预算费用上的区别

12.7 最大容量

在很多场合，你会听到"XYZ计算机可以处理*nnn*万亿字节的数据。"这句话经常是想作为一种惊人的尝试，好像计算机处理大量字节是一件了不起的壮举。实际上，度量一台计算机能够处理的字节数是毫无意义的。事实上，要度量一台计算机的容量必须与其他参数结合起来考虑。

图12-21表明为了对一台计算机的容量进行有意义的度量,必须给出三个彼此制约的参数。这三个参数是:

- 数据量
- 用户数
- 工作量的复杂度

这三个参数结合在一起能很好地度量一台计算机的容量。

对于任一参数,它可以以另外两个为代价达到最优化。图12-22表明,如果只有很少的用户,并且工作很简单,那么大量的数据就可以装载到机器上。

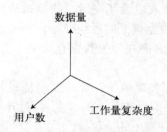

图12-21 容量管理中的三个参数

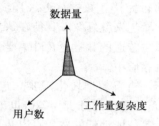

图12-22 数据量最优化下的容量

另一种可能是如果以用户数和数据量为代价,也可以得到非常复杂的工作量。图12-23显示了这种情况。

然而还有另外一种可能是可以存在大量的用户,而只有很简单的工作量和少量的数据。图12-24给出了这种情况。

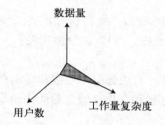

图12-23 工作量复杂度最优化下的容量

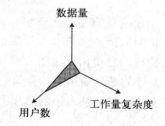

图12-24 用户数最优化下的容量

平衡的情况是存在合理的数据量,合理的用户数和复杂度适中的工作量。图12-25给出了这种情况。

通过观察以上各个图表,可以得出结论,任何一个参数都可以以其他参数为代价进行扩展。实际上,可以将大量数据装载到机器上。只是如果装载了足够多的数据,就不会有工作量和用户了。这也是只把大量数据装载到机器上的话就什么事情都做不了的原因。

12.8 小结

数据仓库正在飞速增长。在短短的几年之内,数据仓库从几GB的数据增长到几TB的数据。数据仓库变得如此庞大的原因是它要包含历史数据、细节数据和来自不同资源集的数据。随着数据仓库规模的不断扩大，日常的数据管理很难执行，因为用来处理如此大的数据量要耗费大量的时间。

随着数据仓库规模的扩大，将数据仓库中的数据分为两类：经常使用的数据和不经常使用的数据。不经常使用的数据通常称作休眠数据。将数据仓库的数据进行分类意味着磁盘存储并不再对所有数据都是最佳的。不经常使用的数据存放在低速、低效的存储介质中，如近线存储。通过将不经常使用的数据作近线存储，减少了数据仓库的费用，并且性能也有了很大的提高。性能提高是因为不经常使用的数据分离出来后，处理的效率大大提高。

近线存储是在机器人学和现代电子学体系中的顺序存储技术。访问块结构的第一条记录需要性能方面的开支。一旦将块结构下载并安置到处理器中，块结构中其他记录的访问就可以很快地进行了。

与近线存储类似的另一种存储方式是存档存储。近线存储中的数据实际上是数据仓库的逻辑扩展。而存档存储中的数据却不能认为是数据仓库的直接扩展。此外，近线存储环境中的数据被访问的概率比存档存储环境高。

管理数据仓库和近线存储间的数据流有三种方式。分别是手工方法，HSM方法和CMSM方法。每种方法都有自身的优缺点。

CMSM技术允许将要访问和管理的数据是透明的，即不明确存储地址。当使用CMSM技术时，最终用户不知道被访问的数据是在磁盘还是近线存储设备上。

对于真正庞大的数据量，可能需要转换数据仓库。当进行数据仓库转换时，数据进入近线存储，然后等待，直到访问请求到来。这种转换方式对于真正庞大的数据量或是同时有很多开发者要满足的情况是理想的。

大型数据仓库的总费用通过引入近线存储和存档存储才有所降低。如果没有近线存储或存档存储，数据仓库的费用会随着数据仓库规模的增大而暴涨。

第13章 关系模型和多维模型
数据库设计基础

专业数据仓库面临的一个问题是数据仓库中数据库设计的基本模型选取问题。广泛采用的数据库设计模型有两种，关系型和多维型。普遍认为在数据仓库的设计方法中关系模型是"Inmon"方法而多维模型是"Kimball"方法。

本章将主要介绍这两种方法的区别和在数据仓库中的应用。这两种方法都有各自的优缺点。这些优缺点也将会在本章中讨论，并将得出结论，在建立数据仓库过程中，对于数据库设计而言，建立关系型数据库是最佳的长期的方法，并且这种情况需要真正的企业方法。多维模型利于短期数据仓库，但这种方法适用的数据仓库的范围有限。

13.1 关系模型

关系型数据库设计首先要创建一张数据表，表中每一行包含不同的列。图13-1给出一张简单数据表。

注释 有关关系模型和关系数据库设计的权威著作请参看Ted Codd和Chris Date的书籍和文章。

关系表可以包含不同的属性。每一数据列表示不同的物理特征。不同的列可以索引并作为标识符。部分列在执行过程中可以为空。所有列都是根据数据定义语言（DDL）标准定义的。

列a
列b
列c
列d
列e
列f

图13-1 一张简单数据表

数据库设计的关系型方法始于20世纪70年代，并通过关系型执行技术如IBM的DB2，Oracle的Oracle DBMS产品，Teradata的DBMS产品等，更广泛地得到应用和建立。关系模型通过使用关键字和外键在不同行的数据间建立关联。关系模型自带一种结构化查询语言（SQL），这种语言作为程序和数据间的接口语言而得到广泛应用。

图13-2表示了一个标准的关系型数据库设计。

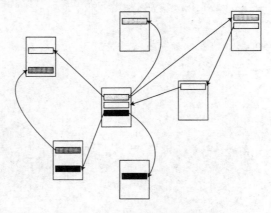

图13-2 一个关系型数据库设计

如图13-2所示，有几种不同的数据表，通过一系列外键关键字相互关联。外键关键字关联是指在两张数据表中存在同一数据单元的基本关联，如图13-3所示。

通过这个相同的数据单元，将两行以上更多行的数据联系起来。例如，假设有两行数据的同一列上都有值"Bill Inmon"。这两行就通过这个公共值关联起来。

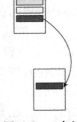

关系型数据以一种称为"标准化"的形式存在。数据标准化是指数据库设计会使数据分解成非常低的粒度级。标准化的数据以一种孤立模式存在，这种情况下对数据表里的数据关系要求很严格。当进行标准化的时候，表中的数据只能与这张表里的其他数据关联。标准化基本分为三级：第一级标准形式，第二级标准形式和第三级标准形式。

图13-3 一个外键关键字关联

数据仓库的数据库设计的关系模型的取值是有规律的，并且含义明确，只使用标准化数据的细节级数据。也就是说，通过关系模型产生的数据仓库的设计是很灵活的。基于设计的数据库起初可以是一种方式，当根据关系模型设计后又形成另一种形式。数据元可以以多种方式重新赋值。灵活性是关系模型最大的优势。其次是多功能性。因为细节数据需要被收集到一起并且能够结合，因此基于关系模型的数据仓库的设计可以支持数据的多种视图。

13.2 多维模型

建立数据仓库的另一种数据库设计方法通常认为是多维模型方法。多维模型方法也叫做星形连接。多维模型方法的支持者是Ralph Kimball博士。数据库设计多维模型方法的中心是星形连接，如图13-4所示。

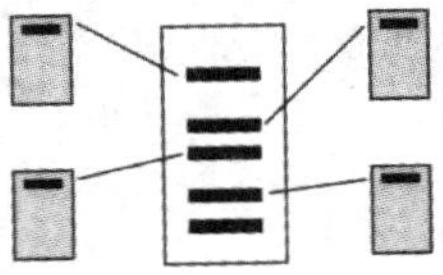

注释 关于多维数据库设计Kimball方法更详细的内容请参看Kimball博士的相关书籍和文章。

之所以称为星形连接是因为它的表示方法是以一颗"星"为中心，周围围绕着其他数据结构。

图13-4 星形连接

如图13-5所示，星形连接包含多种不同成分。

图13-5表明在星形连接的中心是一张事实表。事实表是包含大量数据值的一种结构。事实表的周围是维表，用来描述事实表的某个重要方面。维表里的数据量要比事实表里的少。

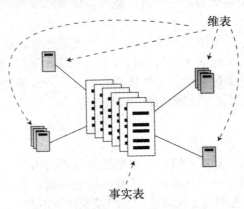

图13-5 星形连接的组成

事实表中的很多典型值可能是某一部分的命令。事实表也可能包含一个顾客的来访次数，或者代表某次银行交易。总之，事实表包含的是那些多次出现的数据。维表包含相关的但独立的信息如公司日程表、公司价格表、存储位置、平均订单出货量等等。维表表示一些与事实表相关的重要的但起辅助作用的信息。事实表与维表通过存在的公共数据单元相关联。例如，事实表包含数据"第21周"。维表中则有关于"第21周"的信息。例如，在维表中第21周可能是4月19日到4月26日。并且维表中还会继续表述第21周没有节假日，是公司报告时期的第三周。

13.3 雪花结构

通常，星形连接只包含一张事实表。但是在数据库设计中要创建一种雪花结构的复合结构需要多张事实表结合。图13-6描绘了一个雪花结构。

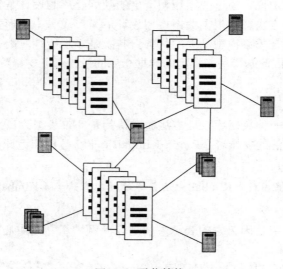

图13-6 雪花结构

在雪花结构中，不同的事实表通过共享一个或多个公共维表连接起来。有时称这些共享的维表为一致维表。雪花结构隐含的另一个想法是将事实表和维表结合起来，形成一个类似于雪花结构的形式。

多维模型设计的最大优点在于访问的高效性。当设计适当时，通过星形连接将数据传递给最终用户是非常高效的。为了提高传递信息的效率，必须收集并吸收最终用户的请求。最终用户使用数据的过程是要定义什么样的多维结构的核心。一旦清楚了最终用户的请求，这些请求就可以用来最终确定星形连接，形成最理想的结构。

13.4 两种模型的区别

作为数据仓库设计的基础，星形连接和关系型结构两者之间存在很多不同。最重要的区别是在灵活性和性能方面。关系模型具有高灵活性，但是对用户来说在性能方面却不是理想的。多维模型在满足用户需求方面是非常高效的，但是灵活性不好。

这两种数据库设计方法的另一重要区别在于设计的范围不同。必然地，多维设计只能在有限的范围内进行。在这种方法中，是通过请求过程建立模型，当收集到很多请求过程时设计会被中断。也就是说，数据库设计只能在一组请求过程下得到最优化。如果所有不同组请求全部加入到设计当中，最优化变得毫无意义。因此，从性能上优化数据库设计只有一种方法。

当使用关系模型时，在性能方面没有特别的优化方法。既然关系模型要求数据以最低粒度级存储，那么就可以无限制地添加新数据。很显然，添加数据到关系模型永远也不会停止。正因为这样，关系模型适合于大范围数据（如一个企业模型），而多维模型适用于小范围数据（如一个部门或甚至一个子部门）。

13.4.1 区别的起源

多维模型和关系模型区别的产生可以追溯到模型自身的最初形成过程。图13-7给出了模型是如何形成的。

图13-7表明，关系环境是通过企业数据模型设计出来的。星形连接或多维模型是根据最终用户的请求塑造的。换句话说，关系模型通过纯数据模型和其他模型设计，而多维模型通过处理请求塑造。两者在设计模式上的区别导致了几方面细微但却重要的结果。

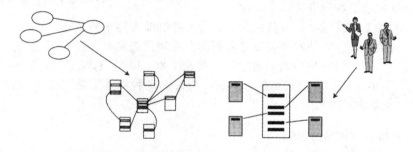

图13-7　关系模型由数据模型设计而来。星形连接根据用户请求塑造

第一点是在适用性方面。由于关系模型通过抽象数据形成，所以模型自身非常灵活。但是关系模型的这种灵活性，对于直接数据访问的执行却不是最优化的。如果想得到一个高性能的关系模型，最佳的方法是从模型中抽取出数据，并重新构造一种适合于快速访问的模式。尽管关系模型的性能有限，但是既然它支持数据重建，那么也有利于数据的非直接访问的。

另一方面，多维模型在直接访问数据方面是快速而高效的。与关系模型支持非直接数据存取相反，多维模式支持直接数据存取。

直接数据访问和间接数据访问之间的区别看起来似乎不重要，但并非如此。从体系结构观点来看，在数据仓库设计基础方面关系模型是更好地支持数据仓库的模式。其原因是，数据仓库需要根据不同的议程和多种观察数据的方式来支持许多不同的用户组。也就是说，数据仓库对于访问已给定的用户并不是最佳的。相反，数据仓库可以以多种方式支持多个不同用户。

关系模型和多维模型在起源上的第二点细微差别是关系模型隐含的数据模型有着非常高的抽象级，而多维模型包含的处理模型却不是抽象的。因为关系模型所处的抽象级，它可以支持很多用户。多维模型有非常明确的处理请求，所以，它只能支持一些特定的需求。然而，如果多维模型设计的好，还是能够很好地支持处理请求的。

13.4.2 重建关系型数据

关系模型是如何支持构造和重建的多种形式的数据的呢？图13-8给出了一个关系型数据

的基本结构。

在这个数据结构中，根据关系数据库中的基本数据创建新文件。关系型数据实质上是指非冗余的，以最简单的形式组织起来的基本数据。因为可以在关系型文件中找到细节粒度级的数据，所以从其他相关的关系表中抽取数据并创建一张用户表就很简单了。用户表是根据一组用户的特定需求创建。一旦设计并创建后，就可以对用户表进行高效访问。

如果还需要另一张用户表，就需再次访问关系表并创建一张新的用户表。同一张关系表可以多次重复用来创建不同的用户表。

结合多张关系表来创建新的关系表是很简单的，原因如下：

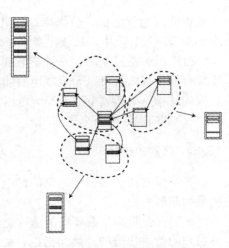

图13-8　关系模型中的基本数据能够根据需要以各种形式构造和重建

- 数据以最低粒度级和标准化形式存储。
- 关系表间的关系已经定义好并且包含一个含有外键的关键字表。
- 新表可以对关系表中的基本数据集定义新的汇总和筛选标准。

正是由于以上原因，可使用关系型数据和关系表作为一种"信息腻子"（information putty）。也就是说可以很简单地以一种形式创建关系表，再以另一种形式重新塑造这些表，这样做对数据仓库环境来说是非常理想的。

13.4.3　数据的直接访问和间接访问

根据以上讨论过的原因，很明显，关系模型适合数据的间接访问而多维模式利于数据的直接访问。图13-9表明了这种关系。

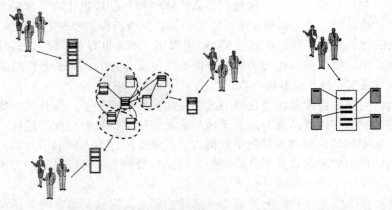

图13-9　星形连接利于直接最终用户访问。关系模型利于间接用户访问

星形连接也就是多维方法适用于只对一组用户做最优化的数据访问，这个过程需要消耗一定的费用。而不属于这组的用户则需要支付低于最优化性能的费用。当然，要使一组新用户所需要的数据有效也是个问题，这组新用户并不是创建星形连接的最初那组用户。也就是说，适用于一组用户的星形连接所包含的数据不能保证满足另一组用户的需求。图13-10表明星形连接无法同时满足多组不同用户的需求。

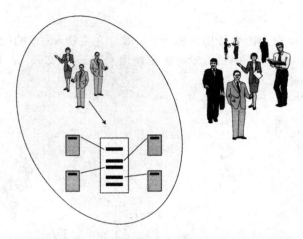

图13-10　星形连接是以其他所有组的用户为代价来优化一组用户的数据访问

13.4.4　支持将来未知的需求

　　只能服务现有的用户组不是仅存的问题。在支持将来未知的需求和用户方面也存在问题。关系模型中存放的粒度级数据好比原子。原子可以组合出许多不同的物质。原子的奥秘在于其粒度级。由于原子有如此好的特性，可以在近乎无穷的方法中使用。类似地，关系模型中的粒度级数据也可以用于支持未来未知信息的需求。图13-11表明了这种能力。

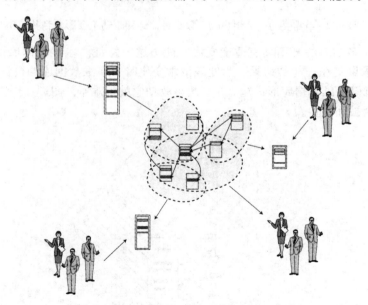

图13-11　当一组新需求出现后，关系模型提供了再度使用的基础

13.4.5　支持适度变化的需求

　　作为数据仓库的基础，关系模型的另一优点就是具有适度变化的能力。关系模型设计以间接方式使用。也就是说，数据仓库的直接用户访问的是由关系模型转化而来的数据而不是关系模型本身的数据。当发生变化的时候，因为不同的数据仓库的用户访问不同的数据库，

所以影响是最小的。

也就是说，当用户A想要改变数据，那么这种改变在支持A需求的数据库上进行。也许根本没有涉及关系模型。当对用户A做改动时，影响用户B、用户C和用户D的几率是非常小的。图13-12表明了这种影响。

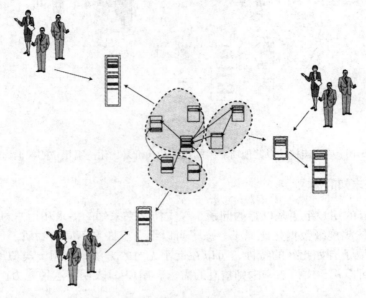

图13-12　当需要为一组用户改动数据时，这种改动不会影响到其他用户

星形连接即多维方法却不具有适度变化的能力这一特征。多维数据库设计是很脆弱的，是很多处理请求聚集在一起的结果。当处理请求变化时，多维数据库的设计未必能够适度地变化。数据一旦以多维数据库形式建立，要想再改动它就很难了。图13-13表明一旦设计完成，多维型数据就会被固定住。

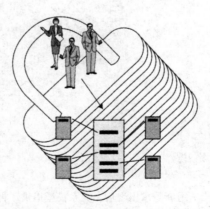

图13-13　一旦数据设计完成并开发为星形连接形式，数据就被
固定住，很难再改变或作为新需求被创建

根据上面讨论过的原因可以看出，关系模型是数据仓库设计的最佳基础。图13-14表明了这点。

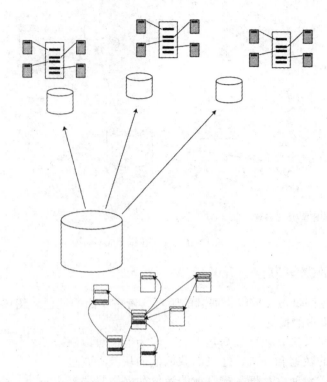

图13-14　关系模型对数据仓库是理想的基础，而星形连接对于数据集市是最佳的

13.5　独立数据集市

　　多维模型的另一个特点是通过一种称作独立数据集市方法联合起来。数据集市是用来表示服务一组特定群体（如财会部门或者金融部门）的分析需求的一种数据结构。独立数据集市是指直接通过历史应用创建的数据集市。图13-15给出了一个独立数据集市。

　　由于独立数据集市是解决信息问题的直接方法，所以很受欢迎。独立数据集市可以由单一的部门创建，而不考虑其他部门或中央IT组织。建立独立数据集市也不需要有"全局思想"考虑。独立数据集市表示企业全部DSS请求的一个子集。建立独立数据集市的费用不高，并且允许企业掌控自己的信息。这些只是独立数据集市受欢迎的几个因素。

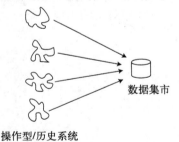

图13-15　独立数据集市

　　观察图13-15，你会发现多维技术要求建立独立数据集市。

　　在数据结构上与独立数据集市相对应的是从属数据集市。图13-16所示为一个从属数据集市。

　　与独立数据集市相对应的是从属数据集市。从属数据集市是利用来自数据仓库的数据建立的。它的数据源不依赖于历史数据或操作型数据，只依赖于数据仓库。从属数据集市要求预先计划和投资，并需要"全局考虑"。此外，从属数据集市要求多个用户共享他们创建数据仓库时的信息需求。总之，从属数据集市要求有预先的计划、长期的观察、全局的分析和企业各不同部门对需求分析的合作与协调。

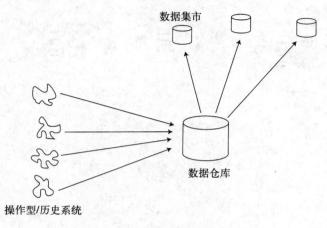

图13-16   从属数据集市

13.6   建立独立数据集市

为了表明独立数据集市长期以来遇到的困难，考虑下面的过程。图13-17给出了一个企业最初建立独立数据集市的情况。

最终用户是很高兴建立独立数据集市的。因为他们可以获取信息，拥有自己的数据和分析，还可以获取他们从没见到过的信息。他们想知道对独立数据集市以前的评价如何。只要存在一个独立数据集市，就完全没有问题了。

但是从来都不会只存在一个数据集市。

当其他用户听说独立数据集市成功的消息后，还没有数据集市的部门就会建立自己的独立数据集市。图13-18表示第二个独立数据集市的出现。

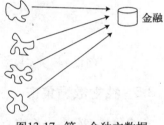

图13-17   第一个独立数据
集市是成功的

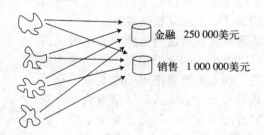

图13-18   第二个独立数据集市也是成功的。但是会发现对于类似的问题答案却不一致

第二组用户也很满意他们的独立数据集市。一些人注意到两个数据集市之间的信息不统一，也不是同步的。但是在新数据集市带来的所有好处面前，这些似乎算不上问题。

起初几个独立数据集市的成功增长了继续发展的势头。现在又一个部门希望建立自己的独立数据集市。这样，就创建了第三个独立数据集市（如图13-19）。一旦建成后，最终用户就会很高兴。这时，有些人注意到关于数据取值出现了第三个矛盾的观点。并且还注意到相同的细节数据被每个新建的独立数据集市收集。事实上，对于每个独立数据集市都存在一个不断增长的细节数据冗余的问题。

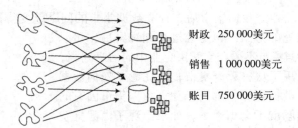

图13-19　加入了第三个独立数据集市。现在同一细节数据上出现了三种观点。
每增加一个数据集市，就出现一次相同的细节数据

使用独立数据集市的愿望很强烈。一个新的部门又将其独立数据集市加入到原有数据集市的集合当中（如图13-20）。又多了一种对业务情况描述的不同观点。并增加了更多的冗余细节数据。现在，接口程序的数量也超过了正常值。不仅需要大量资源来建立接口程序，维护这些程序也变成了负担。到了要结束的时候，执行接口程序的在线资源开始变得很难管理，因为要在有限的时间内执行很多程序。

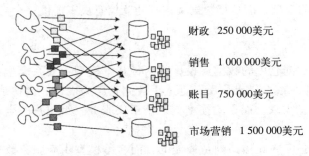

图13-20　加入第四个数据集市。又增加了一个不统一的观点。收集了更多的细节
数据，变得更加冗余。大量的主机接口程序需要建立和维护

尽管独立数据集市方法存在以上很多的缺点，但是发展的势头仍在继续。如图13-21所示工程方面也想建立自己的数据集市。但是开始后，他们发现部门先前建立的数据集市所做的工作都不能再利用。新部门不得不重新建立数据集市。并且他们对先前数据集市用户抽取出来的相同的细节数据又要再一次备份。新数据集市的用户对同一业务情况又加入了一种新观点。新部门需要添加又一组接口程序并进行维护。新部门还要为执行自己的程序而争夺资源。

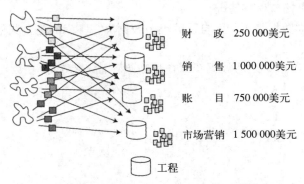

图13-21　工程上想建立一个数据集市。但是既没有建立的基础也没有可访问的历史数据，
所有的集成必须重新进行（一次），并且没有任何先前的集成结果可以利用

当建立了一定数量的独立数据集市后，独立数据集市的问题就变得很明显了。独立数据集市只适用于短的、快速的方案。但是经过长期观察后，可以很明显地看出，独立数据集市不适合于解决企业中的信息问题。

当然，如果企业采用了从属数据集市，并在建立任何数据集市之前先创建了一个数据仓库，那么，独立数据集市固有的那些体系结构方面的问题就不会出现了。如果出现了由数据仓库产生的从属数据集市，那么，这个数据集市将是对数据的再利用和一些有限的已写好的接口程序。数据集市还是会存在不同的观点，但是这些观点是可调和的。图13-22表明，如果存在从属数据集市和数据仓库，独立数据集市的体系结构问题就不再会出现了。

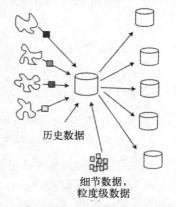

历史数据

细节数据，
粒度级数据

图13-22 从属数据集市环境把
独立数据集市存在的所有
问题都解决了

换句话说，独立数据集市表示的是不需要顾及全局及全景的一个短期的、有限范围的解决方法。另一方面，从属数据集市则要求一个长期和全局的展望。但是独立数据集市不能为企业信息提供一个坚实的基础，而从属数据集市却能为信息决策提供一个真正的长期基础。

13.7 小结

本章讨论了用于数据仓库的数据库设计的两种基本模型：关系模型和多维模型（也称星形连接）。关系模型存在很多优点，所以更适于数据仓库的设计。最初是因为关系模型灵活，能满足多个企业的信息需求。而多维模型更适用于仅服务一组用户的需求，而以其他用户为代价。

关系模型对数据仓库的间接访问是最佳的，而多维模型用于服务数据仓库的直接用户的需求时最理想。

多维模型的另一特点是在数据集市中进行分析时，能够直接访问历史和操作型数据。数据集市分为两类：独立数据集市和从属数据集市。独立数据集市存在很多问题。而这些问题只有当建立起一定数目的独立数据集市后才会变得明显。

独立数据集市存在以下问题：
• 不提供数据重用平台。
• 不提供数据一致性的基础。
• 不提供单一历史接口程序基础。
• 需要每一个独立数据集市创建自己的细节数据集，不幸的是，其他的独立数据集市会建立大量的冗余数据。

幸好，从属数据集市可以从数据仓库提取数据，而不存在独立数据集市存在的体系结构的问题。

第14章 数据仓库高级话题

此章将涉及许多不同的话题，目的是将许多概念联系起来，对成功的数据仓库来说非常重要。

数据仓库作为企业信息工厂（CIF）和商务智能的核心，是一个复杂的主题，有多个方面。此章对其他地方没有涉及的话题展开讨论。

14.1 最终用户的需求和数据仓库

有一个问题人们经常问，也经常误解，就是建造数据仓库的需求从何而来？实际上，建造数据仓库的需求来自于一个数据模型。尽管最终用户也会间接地使用数据仓库，但是他们的需求只是其中的一部分。为了理解最终用户如何使用数据仓库中的数据，我们来看设计数据仓库时的如下考虑。

14.1.1 数据仓库和数据模型

数据仓库是由数据模型定型的。数据模型分为不同的层，典型地分为高层数据模型，中层数据模型和底层数据模型。

高层数据模型显示出数据仓库的不同主题域是如何分割的。典型的高层主题域是客户，产品，装运情况，订单，部件数目等等。

中层数据模型确定键、属性、关系和数据仓库的其他细节。中层数据模型使高层数据模型"有血有肉"。

底层数据模型用来进行数据仓库的物理设计。在这一层上会进行分区，对DBMS定义外键关系，定义索引以及完成其他物理方面的设计。

图14-1显示数据模型中不同的关系以及数据模型如何与数据仓库相关。

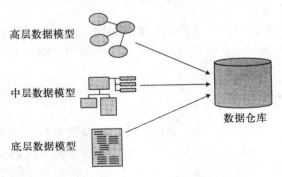

高层数据模型

中层数据模型

底层数据模型

数据仓库

图14-1 数据模型如何构成

14.1.2 关系型的基础

现在考虑数据仓库如何使用。数据仓库的关系控件用来支持对数据的其他视图。如图14-2，数据仓库的关系基础用来创建数据的其他视图与组合。

关系型数据库被创建后（即形成了数据仓库的核心），最终用户的需要就用来指示数据应该如何重组。因此，最终用户的需要确实塑造了数据仓库，至少通过间接的方式如此。颗粒，即用来支持最终用户需要的基本数据必须存在于数据仓库之中，以满足用户需求。

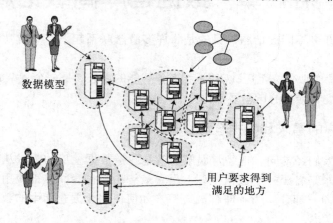

数据模型

用户要求得到
满足的地方

图14-2 在数据仓库中，最终用户的需求并不是直接被满足

14.1.3 数据仓库和统计处理

考虑一下，当机器处理大量的统计分析时将会发生什么（例如浏览器做出一个请求）？假如有一个机器用来满足正常的数据仓库工作要求，人们（农场主）周期性地拖出少量的数据。有一天，机器接到有关访问1亿行数据的请求，还要做繁重的统计分析。这个请求要求对数据排序，访问每行，创建计算，接着再对基础数据进行计算。当此请求完成后，输入另一组参数，接着重复这个过程。

接到一个这样的请求，普通的数据仓库将会怎样处理？通常情况下，普通的处理过程进入死机。处理过程进入死机后会发生什么？最终用户很快就会不满。

事实上，普通数据访问和繁重的统计处理不能非常好地融合。当对机器资源的竞争非常强烈时，有的人可能要受罪了。

无论有没有人会受罪，有一件事情是毋庸置疑的，那就是对数据仓库中的数据进行常规分析处理和统计分析的请求是有效的。问题是，用常规的方法对这两种处理进行融合会对机器资源造成竞争。

14.2 数据仓库内的资源竞争

如果这种资源竞争每年发生一次，可以对统计处理做适当的计划，以避免产生问题。如果是每个季度发生一次，可能还有些时刻可以处理统计分析，只是注意不要超过机器的处理能力。如果是每个月发生一次，将很难进行计划。如果是每个星期发生一次，几乎不可能制定时间表，以使统计分析在适当的时候进行。如果是每天发生一次，几乎不可能计划时间避免冲突了。

竞争的问题到最后归结为一个竞争周期或出现的频率问题。如果竞争出现不频繁，问题就很小。如果出现频繁，那么资源竞争就会成为一个大问题。

14.2.1 探查型数据仓库

当对资源的竞争成为一个问题时，最好能够分析一种特殊形式的数据仓库。这种形式称为探查型数据仓库或数据挖掘型数据仓库。

图14-3显示如何从数据仓库建造探查型数据仓库。

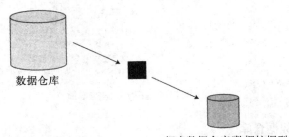

图14-3 探查处理在数据仓库之外进行

探查型数据仓库为处理繁重的统计分析提供基础。一旦探查型数据仓库建成，数据仓库内的资源竞争将不再是一个问题。因为处理过程在不同的机器上进行，统计分析可以整天进行，没有资源竞争。统计处理在一处进行，对数据仓库的普通数据处理在其他地方进行。

但是创建探查型数据仓库的目的，并不只是为了解决资源竞争的问题。

建造探查型数据仓库另一个原因就是：统计分析技术和其他种类的分析技术非常的不同，有必要使它们的执行环境分离。环境分离以后，进行统计处理的用户就会从其他进行普通分析的用户中分离出来。

建造额外的探查型数据仓库另一个目的是为了数据库的设计。探查型数据仓库的数据很少是从数据仓库中直接复制的。相反，探查型数据仓库往往从数据仓库中数据的一个子集开始。然后对提取的数据进行重铸。

对数据仓库中数据典型的一个重铸，就是创建一个所谓"便利区"。便利区是用来简化统计分析的。例如，在数据仓库环境中有如下数据元素：

- 销售价总格
- 税
- 佣金
- 运输费

假设在探查环境中，想对净销售额进行分析。当数据进入探查环境后，最好把数据以计算结果的形式输入，而不是以数据仓库的方式逐字地输入：

净销售额＝销售总价格－（税＋佣金＋运费）

如果能在探查环境创建一个值（即净销售额），可以达到如下目的：

- 数据只可计算一次，这样可以节省资源。
- 数据是前后一致的。每次需要计算时，进行的都是相同计算。
- 用一个数据元素代替四个，可以节省空间。

探查型数据仓库的对象通常是项目。就是说当得到项目的结果以后，探查型数据仓库就没有用了。数据仓库是为长远的目的而建立的，与探查型数据仓库有很大的不同。通常情况下，数据仓库并不是建成后就被弃置。

图14-4显示探查型数据仓库的一些特征。

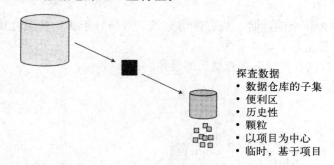

探查数据
- 数据仓库的子集
- 便利区
- 历史性
- 颗粒
- 以项目为中心
- 临时，基于项目

图14-4 探查数据的本质

14.2.2 数据挖掘型数据仓库

探查型数据仓库与数据挖掘型数据仓库有些相似，但是还是有少许区别。

探查型数据仓库的主要目的是为了创建断言，假设和观测。从数据挖掘型数据仓库可以知道假设的真实性到底有多强。例如，分析师可能会看看探查型数据仓库中的一些数据，然后声明"大宗的销售多在星期三进行"。由于用户在探查型数据仓库中能看见的实例是有限的，所以这个声明对他们来讲看似正确。

现在假设用数据挖掘型数据仓库来分析不同天的销售量。在数据挖掘型数据中，我们可以得到很多很多的销售实例。分析的结果可以来验证大宗的销售是不是多在星期三进行。

探查型数据仓库必须包含多种不同的数据类型，以提供有广度的信息。数据挖掘型数据仓库需要有深度。它需要为要分析的对象积聚尽可能多的相关信息。

探查型数据仓库与数据挖掘型数据仓库的一个区别是这样的：探查型数据仓库面向广度进行优化，数据挖掘型数据仓库面向深度进行优化。

因为探查型数据仓库与数据挖掘型数据仓库的区别很小，所以只有在业务复杂的公司才进行区分。在大多数公司里，探查型数据仓库提供探查和挖掘功能。

14.2.3 冻结探查型数据仓库

探查型数据仓库有一个特征与数据仓库完全不同：探查型数据仓库有时并不能用现今的细节数据进行更新。相反，只要细节数据已经可以进入仓库，数据仓库通常的情况下就可以有规律地更新。图14-5是一种不能用细节数据更新探查型数据仓库的情况。

在图14-5中，探查型数据仓库不能快速和有规律地更新，主要原因是在其中正进行启发式的分析。第1天，分析出的结果是女士们每月花费25美元用来买鞋。隔了一天，新的数据塞到探查型数据仓库里面。另一个分析结果出现是40岁以下的女士每月花费在新鞋上的钱是20美元。现在的问题是：这两个结果不同的原因，是由于计算方法和数据挑选方式出现不同，还是由于新加入的数据对分析结果产生影响？结果无从知晓。

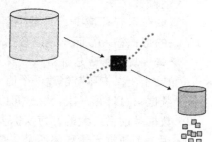

图14-5 很多情况下，由于要进行
启发式分析，探查型数据仓库
不能及时更新

在进行启发式分析时，如果所测试的算法改变，为了分析的精确性，有必要使数据持续不变。如果数据改变，对于结果的改变就不能正确的解释。因此，有时不能用新的数据对探查型数据仓库进行更新。

14.2.4 外部数据和探查型数据仓库

数据仓库和探查型数据仓库还有一个很大的不同：外部数据很容易适应探查型数据仓库，但很难适应数据仓库，如图14-6所示。

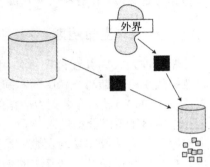

在探查型数据仓库中使用外部数据经常是有意义的。在很多情况下，将外部的结果和内部的结果相比较，会产生有意思的信息。例如，如果发现公司的收入有所下降，就会当作不好的征兆。但如果真实的情况是，在同时期整个行业的收入都在下降，而且下降率更大，那么情况可能就没有那么糟糕了。因此，将内部产生的数据与外部产生的数据相比较，经常会柳暗花明。

由于较强的集成要求，使外部数据适应数据仓库经常比较困难。很多情况下，外部数据所含的信息深度不够，混合在数据仓库中很可能失去适当的意义。因此，对外部数据的处理在探查型数据仓库和数据仓库中非常不同。

图14-6 外部数据可以不经过数据仓库
直接进入探查型数据仓库

14.3 同一个处理器处理数据集市和数据仓库

有时有这样一个问题，即一个或多个数据集市和数据仓库是否通过同一个处理器处理作为数据仓库，图14-7就是一个例子。

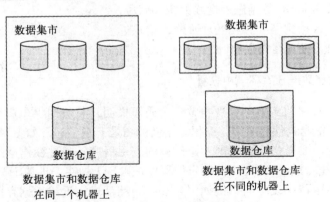

图14-7 在各种情况下，应该把数据集市和数据仓库放在不同的机器上。
实际上，各个数据集市也应该放在不同的机器上

一般来讲，将一个或多个数据集市与数据仓库通过同一个处理器处理是可能的。但是这样做几乎没有一点意义。

将数据集市和数据仓库放在不同的机器上就有意义了，原因如下：

- 处理器越大，价格就越高。将数据集市分开，放在其他小一点的机器上，那么处理过程的花费就会下降。

- 数据集市的工作与数据仓库的工作相分离，整个处理过程将更容易管理。
- 数据集市的工作与数据仓库的工作相分离，对容量的计划就会更加容易预测和管理。
- 数据集市的工作与数据仓库的工作相分离后，不同的部门可以拥有相应的数据集市。不同的部门拥有相应的数据集市，这是一个非常有力的概念，会从组织的角度使各方满意。

不但数据集市的工作与数据仓库的工作相分离是一种好的做法，各个数据集市放在不同的机器上也有意义。例如，数据集市ABC在机器123上，数据集市BCD在机器234上，数据集市CDE在机器345上,等等。这样做，数据仓库DSS环境的基本处理周期花费会进一步下降。

14.4 数据的生命周期

数据进入公司并在公司中使用是有生命周期的。将数据的生命周期与公司中的不同技术手段相结合很有意义。图14-8显示在公司中数据的生命周期。

图14-8显示出数据进入公司，或被公司捕获。通常情况下，事件或交易的发生触发数据的捕获。接下来，捕获的数据经过一些基本的编辑和范围检查。数据调入某个应用程序中，用于在线访问。典型的在线数据访问例如：出纳员检查余额，ATM取款机验证账户，航空订票员核实航班等等。

随着时间的流逝在线数据必须要集成。数据通过一个ETL过程，进入数据仓库。此时，数据已经转换为企业数据了。数据进入数据仓库后，它的使用频率比较高。但使用频率会随着时间变小。过一段时间，数据进入了近线数据存储。数据进入近线数据存储后，间或被使用。最后数据到了要存档处理阶段，就从近线数据存储中移出，进入存档存储。

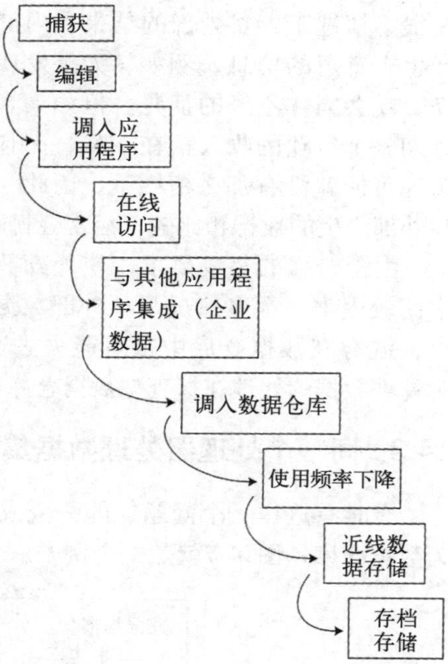

图14-8 数据的生命周期

将数据生命周期放在数据仓库环境中来看

在此对数据生命周期从另一个视角做一个简短说明。将数据生命周期与数据仓库以及数据仓库外围的体系信息构件相结合，绘出一个新的图是有意义的，如图14-9所示。

如图14-9所示，被捕获的数据进入操作型的应用程序。通过操作型的应用程序可以在线访问数据。过了一段时间，数据从在线应用程序进入ETL构件，再从ETL构件进入数据仓库。数据会在数据仓库中待一段时间，例如2年或3年，然后进入近线数据存储。最后再从近线数据存储构件进入存档存储环境。

考虑一个问题非常有意思：如果信息生命周期中的数据流并不是按照上述步骤进行，将会发生什么？答案是数据会膨胀，以致发生阻塞。例如，数据不流入数据仓库中会发生什么？答案是，操作环境会膨胀，整个组织如梦初醒：商务智能无法进行了。再例如，如果数据仓库不允许数据流入近线数据存储环境将会发生什么？结果是数据仓库会膨胀，很难对较早的数据进行分析，而且分析代价高昂。

在数据的整个生命周期，由于对数据的访问概率会变化，而且所要求的企业视图也会变化，数据必须从一个体系构件传入另一个体系构件。

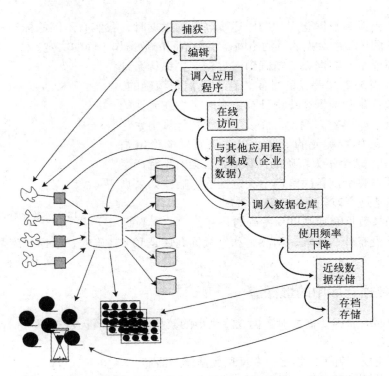

图14-9 数据生命周期如何映射到数据仓库以及其他体系构件的

14.5 测试和数据仓库

数据仓库中还有一个很重要的问题：在数据仓库DSS环境中，有没有必要建立一个正式的测试环境？如图14-10所示。

整个操作型领域中，惯例是将测试环境和生产环境分开。实际上在很多操作型环境中还经常有一个分离开的开发环境。但在数据仓库环境中讨论时，很多机构只有一个数据仓库。那么数据仓库环境和生产环境有何不同？

图14-10 典型的操作环境

两个环境最大的不同就是期望的不同。在操作环境中，我们的期望是当代码进入生产过程时应该是正确的。当新的银行业务进入运行，如果代码错误，银行很可能很快损失很多钱。而且，很可能这些钱无从追回。因为是银行自己的错误才丢钱的，所以银行没有追索权。因此，电脑代码在面对公众以前，最好是正确的。

但是人们对数据仓库的期望不同。数据仓库的本质特征就是不断地调整、再调整。在数据仓库中，数据生来就是为了调整。

如图14-11所示，最终用户会对数据仓库中数据的精确性和完整性，不间断地提供一个反馈循环。

那么，这是不是说明数据仓库的工作人员蓄意地把不良数据放入数据仓库中呢？当然不是。数据仓库工作人员一直竭尽全力把最好的数据放入仓库当中。而这是否意味着数据仓库中的数据是完美的？当然不是。放在数据仓库中的数据已经是最好的可行数据，但是没有人可以保证其中的数据是尽善尽美的。

很显然，当谈到数据仓库和操作环境当中的数据时，我们有不同的标准和期望。其部分原因是，对不同环境中数据的目的不同，要用不同的数据作不同的决定。

在操作环境中，数据必须精确到一定程度。银行系统告诉我账户还有512.32美元的时候，这个数据是精确的。但是当一个数据是从数据仓库中计算出来时，它在允许的范围内可以有一些误差。例如，假设一个机构计算出它还有价值1 337 290.12美元的库存。但如果真实的价值是1 336 981.01呢？这个不太精确的计算值是否会对生意产生影响？它是否对整个商务决策产生决定性的影响？如果真是这样，答案是这个商务决策不符合常规。

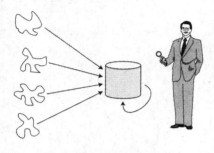

图14-11　数据仓库环境中的测试

因此，如果数据仓库是99%精确的，那么，它对数据仓库的有效性没有什么影响。当然，如果数据仓库是50%精确的，数据仓库是否有用可能真的要打折扣了。

14.6　追踪数据仓库中的数据流

基于多方面的原因，需要对数据仓库当中的数据流以及所涉及的部件进行追踪。图14-12显示出这种追踪。

一旦追踪完成，就可以绘出一个反映数据流的图形。

需要做这些追踪的原因，是为了支持最终用户进行分析。分析员察看一个数据元素（例如"盈利"）时，最终用户并不了解数据的真实意义。仅提供"盈利"而不说明是哪种盈利当然不行。是可以认可的盈利？项目盈利？丢掉的盈利？确证的盈利？这些都是盈利，但却非常不同。盲目地使用数据元素"盈利"，显然是非常有误导性。

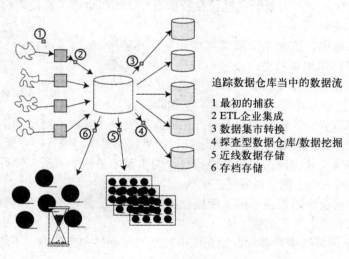

追踪数据仓库当中的数据流

1 最初的捕获
2 ETL企业集成
3 数据集市转换
4 探查型数据仓库/数据挖掘
5 近线数据存储
6 存档存储

图14-12　追踪数据仓库当中的数据流

分析员通过追踪数据的流程就可以知道数据的真实意义。数据的出处是什么？难道回到数据的初始捕获状态吗？分析员可以通过追踪数据仓库中的数据，通过分析数据所经过的转换以及重新对数据计算等等，来确切地知道数据的真实意义。

对数据仓库以及所涉及的部件当中的数据流进行追踪，涉及的一个问题就是数据转换。数据转换至少在两种情况下发生：改变名称（即元数据的更改）和值本身的转换。

名称的改变经常发生。例如，在一个系统中一个数据单元的名称可能是"abc"。数据转到另一个系统中，名字改为"bcd"。数据转到第三个系统，名字成了"xyz"。跟踪名称的改变是追踪数据仓库中数据的一个重要工作。

追踪数据涉及的其他方面更加复杂，但是出现的频率并不高。在某种情况下，数据单元在移动时将被重新计算。举个例子，一个环境有相应的账户表格，而另一个系统有不同的账户表格，数据要从第一种表格进入第二种表格。在这种情况下，数据将被重新计算。一部分的数据值进入一个账户，另一部分保存在另一个账户当中。尽管数据的总值不变，具体值却有差别，而且分散在不同的地方。因此，追踪数据的时候，既要追踪元数据的改变，也要追踪值的改变。

数据追踪重要性不只是对最终用户分析员来讲的。它对数据仓库管理员和维护程序员来讲都是重要的。这些类型的人员需要创建数据追踪，获得有用的信息。

最后，追踪数据后画出的图并不是一成不变的，它要不断地变化。每次有新的数据单元加入到数据仓库当中，或者每次计算有所变化，抑或老的数据源离开，新的数据源加入，都有可能需要对数据仓库和其构件中的所有数据追踪图进行更改。

14.6.1　数据仓库中的数据速率

与数据仓库中的数据追踪相关的就是数据仓库的数据速率这个字眼。数据仓库中的数据速率指数据从最初捕获到分析人员分析这个过程中，数据的传输速率。图14-13用来解释数据速率。

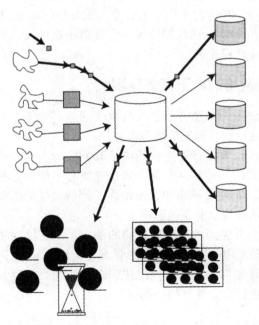

图14-13　数据在数据仓库中传输时的数据速率

从数据进入系统直到能被最终用户分析员使用有一个平均时间，通过这个平均时间，就可以计算出数据速率。就是说，从数据进入系统到传入应用程序，传入ETL，再进入数据仓库，最后到达数据集市分析环境的时间，决定了数据的速率。

有一些确定的因素减慢数据速率。一个因素是数据集成。数据的集成越多，数据速率就越低。相反，数据的集成越少，数据速率就越高。

一个组织可以通过几种方法提高数据的速率。在一些情况下，数据可以很快通过ETL部件。实际上，可以使用数据移动软件使数据以毫秒级速率进入数据仓库。在第1种ODS中，数据可以从操作型应用软件几乎同步地进入ODS中（如果不了解ODS的四个种类,可以查阅第3章）。这样，就达到了快速将数据移入数据仓库的目的。数据移入数据仓库的速度越快，可以对数据进行的集成操作就越少。

14.6.2 "推"和"拉"数据

数据从数据仓库移到数据集市和分析环境，相应的速率就是另一回事了。数据移入数据仓库可以看成一个"推"的过程（就是说，将数据从操作环境推入数据仓库），数据从数据仓库移到数据集市是一个"拉"的过程。在拉的过程当中，数据只有在需要的时候才移动。在推的过程当中，数据可用就可以移入。还有，从数据仓库移出数据和将数据移入数据仓库，要应用一些不同的技术，当然它们的目的也不同。

考虑一个拉过程的例子。有两个数据集市。其中的一个集市要求越快见到数据越好。数据仓库中的数据会很快移入数据集市。而另一个数据集市非常不一样，只要在月底的时候查看数据，到时它再收集从数据仓库中取出数据。在一个月当中，由于数据还不完整，不可用，因此把它们放入数据集市毫无意义。

有些人认为数据速率越高就越好。很多情况下，这种想法是对的。但是也有一些情况数据速率并非越高越好。其中一种情况出现在进行启发式分析的探查型系统中。在这种系统中，时不时地要将所有的数据流截断。在这种情况下，数据不断地流入并不是一件好事，可能还会对启发式处理环境的集成造成损害。

14.7 数据仓库和基于网络的电子商务环境

数据仓库应用的一个潜在的重要方面就是与电子商务环境结合。电子商务环境是基于网络的，在这种环境中公众通过互联网处理商务事务。

在电子商务的起始阶段，人们普遍地认为电子商务应与企业系统分开。电子商务推崇者轻视那种老的标准，即老式的"砖头加灰泥"式企业信息系统，这种轻视从某种形式上来讲也带着一些势利眼的色彩。而互联网的冲击波击昏了那些固执的组织，也就是坚持将电子商务环境分离出来的组织，紧接着企业系统破产了。

实际上，那些从电子商务尝到大甜头的公司的法宝，就是设法将电子商务与网络应用到企业系统当中。这正好与早期电子商务推崇者的观点完全相反。

那么，电子商务和网络如何才能更好地连接到企业系统当中呢？数据仓库和ODS形成了一个基础，它们可以将网络和企业信息结合起来。

14.7.1 两种环境之间的界面

图14-14显示网络和企业环境之间的界面。

图14-14显示数据从网络环境流入粒度管理器，再从粒度管理器进入数据仓库。如果移动

方向改变，数据就从数据仓库流入ODS，然后再从ODS流入网络环境。

为了理解这些流动，我们作如下分析。

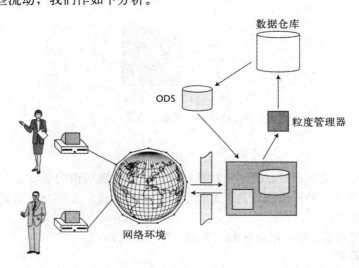

图14-14　数据仓库和电子商务

14.7.2　粒度管理器

网络环境会产生大量的数据，这些数据称为点击流数据，一般位于网络日志中。

点击流数据在用户每次使用互联网的时候产生。每一次访问一个新的网页，每一次鼠标移动，每一次做出选择或点击超级链接，就创建一个点击流数据记录。网络处理的一个副产物，就是产生大量的数据。事实上，大多数点击流数据并没有商务上的使用价值。据估计，实际上只有5%或更少的点击流数据是有用的。因此，有必要精简点击流数据中的数据。粒度管理器可以完成这个任务，如图14-15所示。

粒度管理器是一个软件，用来区分哪些点击流数据是重要的和有用的，哪些点击流数据是没用的。粒度管理器完成如下的任务：

- 移除无关的点击流数据
- 对点击流数据进行综合
- 聚集点击流数据
- 如果合适的话合并点击流数据
- 适当的时候压缩点击流数据

点击流数据用来准备大量的数据进入数据仓库。在数据进入粒度管理器之后，大概至少有95%的要移除。

当数据从粒度管理器中移出时，数据就可以进入数据仓库，被公司使用了。粒度管理器是进入数据仓库的数据的另一个来源。

一旦网络环境需要数据仓库中的数据，就需要从数据仓库中移数据到ODS中。数据仓库和网络环境并没有直接的联系，其中一个重要原因就是网络环境需要的响应时间低于一秒。这样的响应时间对于数据仓库来讲是不可能的。因此，网络环境需要的数据传入到ODS中。传入到ODS以后，低于秒的响应时间就可以达到了。

因为联系不直接，数据分析员必须考虑到网络环境中需要的数据是哪些。这一般来讲并不难办到。网络环境需要的数据通过ODS进入网络环境，这些数据本身就支持与网络相关的商务操作。

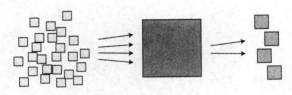

图14-15 粒度管理器

14.7.3 概要记录

数据从ODS进入数据仓库以支持网路环境时，一般是用所谓的"概要文件"的存储格式安排的。概要记录是一种形式的信息，通过很多的观测形成一个综合的图画。许多观察通过报告汇总，形成概要。

典型的概要记录是因用户而存在的，看起来像下面这样：

顾客　　　　名称

顾客　　　　地址

顾客　　　　性别

顾客　　　　电话

顾客　　　　收入层次

顾客　　　　业余爱好

顾客　　　　子女情况

顾客　　　　生日

顾客　　　　汽车

顾客　　　　支付习惯

顾客　　　　浏览习惯

顾客　　　　历史消费情况

顾客　　　　阅读习惯

顾客　　　　音乐品位

最后一次顾客访问

这些完全不同的数据是从不同的记录和源头得来的。一些来源于过去的消费记录，一些来源于顾客历史记录，一些涉及浏览习惯，等等。当细节数据从数据仓库中出来时，被压缩成一个概要记录。现在，如果网络环境想了解信息，就可以根据顾客的概要记录快速地得到需要的信息。

14.7.4 ODS，概要记录以及性能

当网站需要访问ODS中的概要记录值时会发生什么？如果没有概要记录，网站就必须访问数据仓库。到达数据仓库以后，网站就必须等待。由于网站的访问量较大，等待的时间可能很长。当轮到网站查看数据时，必须从大量的记录当中查询，接着不得不对那些记录加以分析。

所有的这些都需要时间。如果ODS中没有相应的概要记录，返回网站的响应时间可能是几分钟，甚至几个小时。用户如果知道要等那么长时间，早就走了。因此，为了支持数据的

及时访问，网站访问ODS，而不是数据仓库。

由于这些原因，创建概要记录并且放在ODS中就很有意义了。一旦概要记录创建并放在ODS中，对它的访问时间就可以用毫秒来衡量了。这样就能敏捷高效地为因特网用户提供服务。

14.8 财务数据仓库

每个数据仓库都必须有一个起点。在很多机构中，起点是一个关于财务的数据仓库。当然，财务和商务是非常接近的，或者至少和商务的核心接近。财务涉及的信息一般较少。财务数据一般很有规矩，因此，经常是许多数据仓库很好的起点。

但是财务数据仓库也有一个弊端。大多数的财务人员不明白应用程序数据和企业数据之间的不同。大多数财务分析员天天与报表打交道，完全没有企业数据与业务数据的概念。这种不同的认识视角对他们理解财务数据仓库造成了困难。

为了理解这种不同以及其重要影响，看图14-16中简单的数据仓库。

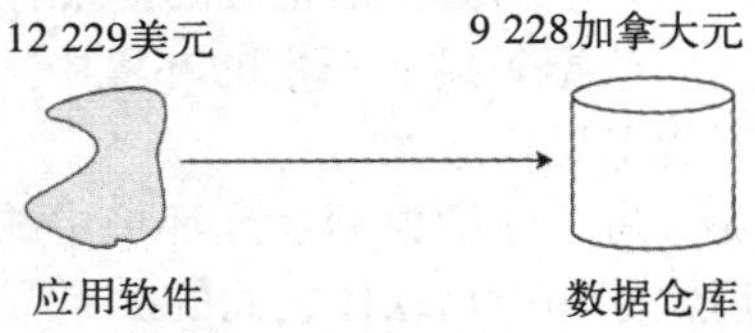

图14-16显示，应用软件中有一个钱数，而在数据仓库中是另一个钱数。财务分析人员发现了这个问题，于是认为数据仓库不可靠。分析员觉得应用程序环境和数据仓库中的数据的钱数都应该是一模一样的。如果不是这样，数据仓库就不可靠。

图14-16 数据移到数据仓库以后，其值有所不同

图中显示的情况当然没有错误。其中钱数的差异可以有很多种解释，以下是可能的一些原因：

- 数据仓库中的数据是用通用货币来衡量的。应用软件中的数据是用美元来衡量的，但是数据仓库中的数据是用加拿大元衡量的。
- 应用软件中的数据是按照日历的月份采集的。数据仓库中的数据是按照公司月份收集的，与日历月份不同。要与数据仓库中的数据保持一致，需要对数据进行校正。
- 会计分类方法改变了。应用软件中的数据采用的是一种会计分类方法，数据仓库中的数据采用的是另一种会计分类方法。要想数据一致，数据仓库的数据必须采用同一种分类方法。

数据从应用软件到数据仓库做出了调整，可以用很多原因解释。某种程度上，数据保持一致才值得奇怪。

不幸的是，财务分析员只有受过相关的培训才可以理解数据仓库的基本结构。

图14-17显示出集成的必要。

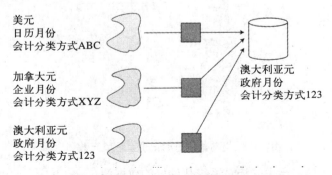

图14-17 为什么应用软件中的数据和企业级数据有所不同

14.9 记录系统

数据仓库环境很重要的一个方面就是所谓的"记录系统"。记录系统是给定的所有信息值的信息源。为了理解记录系统的重要性，考虑银行是如何管理大量数据的。考虑银行账户的数据值。银行账户的记录是在称为"数量"的一个字段。银行中账户数量域可以出现在很多地方。但是只有一个地方是记录系统。在银行中，记录系统所在之处就是数据更新的地方。其他所有账户数量域出现的地方都是从这里复制的。

如果银行中有一个地方可以更新账户数量域，银行就有麻烦了。而且，如果出现在不同地方的账户数值有所差别，在默认的情况下系统确定为记录系统的值才是正确的。然后记录系统建立集成数据，这些数据集成在一定的环境中，在其中相同的数据元素可能出现任意次。

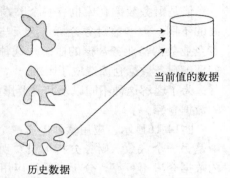

为了理解数据仓库环境中的记录系统，考虑支撑应用软件和应用软件之间的关系，如图14-18。

图14-18显示出应用软件中的值是当前值，而数据仓库中是历史值。当前值表达的是访问时刻数据的精确性。如果有人想知道他的账户中现在还有多少钱，他要访问的就是当前值。如果他想知道的是账号当中数据的历史活动，最好访问历史记录。因此，应用程序和数据仓库环境含有不同的数据。

图14-18 应用环境和数据仓库环境中的数据类型有本质上的不同

毫无疑问，当前值的数据记录系统存放在应用环境中。如图14-19。

图14-19显示出，来自于不同应用程序的不同数据形成了记录系统，提供当前的数据值。注意，一个应用程序可能包含一个记录系统，而另一个应用程序可能含有另一个记录系统。应用环境中记录数据系统的挑选基于多种标准，例如：

• 什么数据是最精确的？
• 什么数据是最当前的？
• 什么数据是最细致的？
• 什么数据是最完整的？
• 什么数据是最新的？

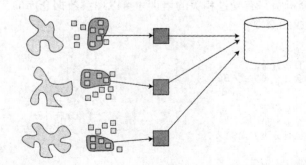

图14-19 当前数据值的记录系统填充数据仓库

如此说来，应用环境当中的记录系统是最好的数据源。

注意在很多情况下，数据仓库当中的一个数据单元如果作为记录系统中的数据单元的话，将会可能含多个数据单元。在这种情况下，对于同一个数据单元，有多个数据源。必须有相应的逻辑来区分在何种情况下，哪个数据单元是最好的数据源。

但是，记录系统并不是在应用环境中就结束了。当数据传到数据仓库环境当中时，数据从当前值数据变为历史数据。这样，历史数据的记录系统就形成了。图14-20是历史数据的记录系统。

数据仓库当中创建的记录系统相应的成为数据源，提供各种DSS处理所用的数据。数据仓库中的记录系统为以下环境服务：

- 数据集市环境
- ODS环境
- DSS应用程序环境
- 探查/数据挖掘环境

于是，对应用程序和数据仓库环境来说，又出现了一个扩展的记录系统。

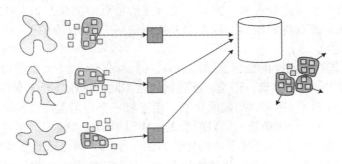

图14-20　数据仓库成为历史和DSS数据的记录系统

14.10　结构体系的概要历史——演化为公司信息工厂

技术领域尚处于婴儿的阶段。与其他人相比，尽管我们是懂专业的业内人员，充其量也只是牙牙学语的婴儿。罗马城2000年前修建的道路和围墙到现在还在使用。埃及坟墓中的象形文字写着古老会计师的公告，公布了法老王所拥有的粮食数目。在智利山洞中出土的Clovis人的文物证实，早在16 000年前，人类至少已经开始使用原始类型的药物。IT行业与工程，会计和医药相比，还很稚嫩。IT行业只不过开始于1950年左右。其他很多职业的起源与人类文明的起源同步。

但是IT行业的发展已经在很短的时间走了很长的路。不信可以看看IT体系，至少在IT从业人员来讲，IT有一个体系。

早在1983年以前，就有应用软件。付款账号，收款账号，在线处理，分批处理都是应用软件的用武之地。但是在1983年左右，有人注意到信息的应用需求，而不仅仅是数据的应用需求。相应的需求产生了，它的对象是整个公司，而不仅仅是一个小小的应用程序环境。还有，当时并没有所谓的历史数据。应用程序在提高性能实现后，尽早地把历史数据丢弃了。

1983年数据仓库的雏形诞生了，也就是原子数据。对粒状的，整合的历史数据的需求催生了前所未有的数据处理方式。有了数据仓库，商务智能才成为可能。没有数据仓库，商务智能只能是一个理论。但是人们很快就发现，遗留下来的系统已经奄奄一息，想用它来创建数据仓库，只有程序员并不能完成。因为遗留下来的环境非常坚硬，非常紧地冻结成一块，人们需要一种方式用来访问和集成数据。在1990年，ETL出现了。有了ETL,遗留下来的应用环境数据就可以访问和集成了。

ETL大大促进了商务智能的发展。从1994年左右，数据仓库出现了各种各样的扩展。出现了多维的OLAP数据集市，探查型数据仓库和ODS。一时间人们开始进行各种各样的商务智能工作。有了ODS，即使更新和业务处理遇到了集成数据，系统还可以进行实时处理。有了数据集市，星形模型和事实表有了容身之地。有了探查型数据仓库，统计学家就有了一个数据基础，可以使从数据管理员到统计分析员进行数据挖掘分析。

正是在这个时期数据仓库演变成企业信息工厂（CIF）。

在2000年左右出现了网络大爆炸。组织机构开始用网络环境作为市场和销售的手段。在开始的时候，网络从业人员还想和企业系统分开。但是很快发现，网络环境要想成功就必须与企业系统集成。网络与企业环境的联系是如此实现的：粒度管理器处理数据，然后把数据放入数据仓库。数据通过ODS从企业环境进入网络环境。还有，在这个时期，DSS应用软件出现了。企业的绩效管理成为现实。而且，更改过的数据的捕获开始出现。除了这些，适应性数据集市出现在商务智能领域。适应性数据集市是一个临时的结构，有一些数据集市和探查型数据仓库的特点。

几乎同时，数据仓库当中的数据量迅速增加。把数据仓库当中大量的数据放在磁盘上不可取，因为对它们的访问并不频繁。于是，把数据放在不同的物理媒介上变得越来越有吸引力。

企业应用集成（EAI）是一种后端的机制，用于将一个应用程序的数据传到另一个应用程序。EAI侧重传输的速率和传输量，能做的数据集成很少，或者做不了集成。

在2004年，信息工厂当中出现了新的提炼方法。增加了两个最重要的特征，一个是虚拟操作数据存储（VODS），另一个是非结构化数据。VODS使组织结构可以访问流动状态的数据，不必依赖于其他的基础结构。VODS非常灵活且易于建造。但在VODS当中，查询进行时，如果它有效，才可以处理。非结构化数据与结构数据结合后，一种全新的应用软件成为可能。企业的通信第一次可以和企业的事务处理结合起来。以上所提到的这些组成了一幅比以前所建都复杂的图画。

其他新加入信息工厂的特征包括存档数据。存档数据是近线数据存储的补充，使组织可以管理更多的数据。存档环境是一个跨媒介的存储管理器（CMSM），可以管理数据仓库和近线数据之间的数据传输。尽管数据的访问概率会有所波动，CMSM还是可以管理多行的数据移动。

非结构化可视化技术是非结构化环境的补充。非结构化可视化和商务智能相当，只是非结构化可视化是针对文本数据的，而商务智能是针对数字型数据的。

还有，人们越来越认识到需要某种监控器，对数据仓库环境进行管理。而且，这个监控器与事务处理的监控器有着本质的不同。

数据的探查领域逐渐地成熟，数据挖掘和数据探查出现了。当然，尽管差异很小，数据挖掘和数据探查还是有少许不同。

整个的体系是以信息工厂（即CIF）的名称出现的。如此说来，CIF是一个有生命的有机体，在不断地成长和变化。每一次技术上的进步都对CIF带来改变。

从1980年到2005年CIF的成长就像是人类的进化一样。人类从在树上游荡的动物进化到今天的现代家族——拥有汽车，电视，冷水热水，可以到超市买新鲜的食品。有一件事情是可以确定的，就是信息的进化不会停留在今天。

14.10.1 CIF的进化

CIF起源于数据仓库。美国911事件发生以后，政府信息工厂（GIF）就出现了。

GIF在很多方面跟CIF很像。GIF的基本架构与CIF的架构类似。毫无疑问，这两种架构是联系在一起的。先有CIF，再有GIF。但是它们之间也有很大的不同。

第一个很大的不同就是，政府系统需要进行广阔的数据集成。在企业系统中，如果问公司数据仓库相关人员为何要建造数据仓库，回答永远不会是"我们为别的公司建"。Chevron并不是为了和Levi's共享数据才建立数据仓库的；ATT建造数据仓库并没有考虑Shell Oil是不是要用；Wells Fargo建造的数据仓库不是为Burlington Northen服务的，等等。这些公司建库的动机就是为了自身。

但是政府的问题就不一样了。9·11以后，总统和国会之间有必要分享数据。在法律允许的范围内，数据必须为FBI、美国公民、移民署、CIA和其他的人或组织所共享。如果美国真的要打击恐怖主义，数据的分享必须实现。但是这些年来，不同的政府机构建造的数据存在差异。

GIF是一种体系结构，是为政府数据分享所需的设施和技术而设计的。共享数据政治方面的问题还是留给政治家们去解决。

所以，CIF和GIF之间的区别之一就是数据分享和集成的范围有所不同。

第二个不同在第一眼看上去也许平淡无奇。但是，数据在政府系统之中的生存期比在企业系统中要长。例如，在企业中，由于五年前的业务开展情况与现在很不相同，所以五年以前的数据可能有害，很可能有误导作用。在实际中，有些商业机构确实收集和管理五年以前的数据。但大多数的公司都不是这样。

但是在政府中，数据的生命期很长，其中的原因有很多。有时长期保存数据是法定的。有时通常的商业惯例需要长期保存数据。我早些年参与过一个项目，在那个项目中军队收集的数据可以追溯到美国内战。即使一个小部门也长时间收集并保存数据。在政府这个圈里，保存的数据一般不低于5年。

由于数据在政府中的生命周期比较长，所以其中要管理的数据比在商业机构中要更多。抛开别的不说，首先这意味着在政府数据管理中，存档存储和数据的批处理非常重要。存档存储和数据的批处理在商业领域中相对没有这样重要。

政府和商业领域体系结构的第三个不同就是安全性。商业领域中，基于安全性的考虑比较松懈（当然，很可能是对安全性的一种低估）。商业性数据仓库基本上不强调安全性。商业上的考虑就是，建造好数据仓库，使其运作，然后使用。大多数的机构都把数据仓库安全当成后话。

政府当中的情况可就不同了。由于政府事务的特性和法律的因素，政府在安全的因素上马虎不得。政府的数据仓库必须从一开始就考虑安全的因素。

这些就是CIF和GIF之间最重要的不同。当然，还有其他很多的不同，但如下列出的这些不同是最重要的：

- 对数据集成和分享的广度要求不同
- 对数据的保存时间要求不同
- 设计上对安全的要求不同

14.10.2 障碍

GIF面对的障碍之一就是"不关我的事"（nih）综合征。政府永远不赞助GIF。上级不给指示。政府部门也没有特权根据GIF建造系统。还有，GIF是经过商标注册的知识产权，所以系统集成人员要用GIF就会产生问题。系统集成人员不能对GIF重新打包，重新销售，因为它不是公共范围内的知识产权。

另一方面，GIF与其他的政府体系结构系统没有竞争关系。其他的体系结构方法往往是用"纸和笔"，只要所需的要求完全达到并且合情合理就行了。但是谈到执行时的具体细节，也就是体系结构与技术的结合之处，就只有GIF。在这方面，GIF是政府赞助的其他体系的补充。有了GIF，其他的政府体系就有了路线图。

尽管有这些障碍，GIF还是得到了政府的关注。如果能和GIF结合，大的合同往往能得到批准。假如政府相关的合同签订人员不愿意要GIF，一旦合同的条款通过，他们就没有办法了。

14.11 CIF的未来

从被视为异端到被看作高招，CIF和数据仓库在很短的时间内有了很大的发展。但是，是不是发展已经结束了？答案是：一切才刚刚开始。未来很可能像过去一样，充满了新奇和令人激动的挑战。

现今对CIF和数据仓库至少有四个方面已现曙光：
- 分析
- ERP/SAP商务智能
- 非结构化商务智能
- 大量数据的捕获和管理

14.11.1 分析

数据仓库建成以后，或者是至少第一批数据进入数据仓库以后，问题就出来了：我如何能从投资当中获得最大的收益？答案是分析数据。分析是观察和分析数据仓库中的数据从而得到信息。数据仓库中的细节型历史数据可以通过很多种方式来检查。从而商务模式出现了。这时，商务可以用以前从来没有的方式来了解自己。结果就是企业更有洞察力。这些洞察力在很多方面都有用，例如在市场，营销，和管理方面。在一些情况下，这些洞察力是关于时间的。在另外一些情况下，洞察力是关于顾客分类的。还有一些情况，洞察力是关于财政和产品的。

最有前景的数据分析之一就是面向未来的数据分析。但是大多数商务智能环境中的分析是面向过去的，因为数据仓库中的数据是历史数据。有一些分析利用数据仓库中的数据为基础进行未来规划（预测）。

数据分析把信息和信息能力带到商务世界，商务世界中以前不可能有这些数据。数据分析的类型多得像天上的繁星。分析的未来只取决于分析师和开发者的想象力。

大多数的分析都是以供货商支持包的形式建造的。分析很少作为自产自销的东西而建造。很自然，建造的分析取决于供货商建造分析的技术能力。

14.11.2 ERP/SAP

由于企业资源计划（ERP）供货商的支持，CIF和数据仓库的能力得到了加强。ERP供货商发现，只要市场不饱和，开发操作型应用软件是个很不错的生意。然后，CIF和数据仓库就很自然地与传统的ERP企业合并了。这方面的领头羊是SAP公司。SAP公司不但在市场份额方面是领头羊，在扩展CIF的内涵方面也是一个先行者。

以下是SAP BW最近的一些创新：

- 通过数据仓库到近线数据存储的扩展，对大规格数据进行支持。
- 在广阔的前沿分析上的进步。实际上，在服务广度上，SAP超过了其他的对手。
- 通过入口技术对数据进行访问和分析。
- 在R/3领域对商务智能的扩展。建造一个SAP数据仓库意味着将非SAP事务处理数据包括到数据仓库当中。
- 提供ETL的替代品。除了升级的替代品，SAP还提供适于自己的SAP BW产品的ETL功能。

从其遍布世界的客户，以及对于赋予产品的能力和创新，SAP远远地超过了它的竞争对手，并且对CIF和数据仓库做出了实际的贡献。

14.11.3 非结构化数据

很多年以来，CIF和数据仓库一致致力于处理结构化数据。当然，对结构化数据进行检查处理的确可以得到很多有用的信息。但是除了有结构系统以外，还有其他的领域，例如电子邮件，电话对话，电子数据表以及文档等等。对于非结构化领域，需要做的决策也是完全不同的。

CIF的未来在于结构化数据，也在于非结构化数据。这是商务智能最具挑战也最有趣的一个方面，就是在结构化数据与非结构化数据鸿沟之间建起一座桥。不幸的是，架这座桥的难度非常大。鸿沟的一侧就像是交流电（AC），而另一侧就像是直流电（DC）。由于它们之间有着本质的不同，因此想要弥合很具有挑战性。

但在某种程度上，这条沟还是可以弥合的。一旦两边架起一座桥，很多商务智能的机会就会涌现出来。

以下就是连通非结构化数据和结构化数据后，出现的商务智能机会：

- **CRM加强**——非结构化数据和结构化数据连通后，当新的消费者信息和交流数据进入消费者统计域后，就可以360度全视角地观察消费者行为习惯。
- **依从准则**——Sarbanes-Oxley, HIPAA和Base Ⅱ（等等）需要监督当前的建议，委托的事项以及消费者和可能的顾主有关的其他信息。通过系统地查看信息和交互，并且把它们融入结构化数据领域，系统就能够更加灵活。
- **可视化**——到今天，可视化一直是对数字型数据而言的。但是，为何文本型数据不能可视化呢？如果能做到，对信息驾驭的广度就更大了。

实际上，基本上没有应用软件涉及数据仓库和CIF的非结构化数据。

14.11.4 数据量

数据仓库和CIF的历史就是数据量不断增加的历史。以下就是数据仓库当中的数据量不断加大的原因：

- 数据仓库中存储颗粒状的，细节型数据
- 数据仓库中存储历史型数据
- 数据仓库中存储的数据来自于多种不同的渠道

这里有一个很简单的等式：

$$细节 - 历史 - 多源 = 大量的数据$$

今天我们拥有的数据相对于我们明天要拥有的数据而言，简直是非常少。

由于多种原因（经济原因，数据使用，数据管理），数据仓库的存储介质将不仅仅是磁盘。当然在今天，把数据存储在磁盘上是可以接受的。将来，只把数据存放在磁盘就不够了。在将来，在较经济的媒介存储大量的数据，并且保存高集成度的数据将会很普遍。在那以后，数据仓库将无限增长，而且不会超出组织机构的财政预算。

尽管经济因素主要决定了不可以将数据存在磁盘上，但长远来看，经济将不会是唯一有效的因素。另一个决定不将数据存放在磁盘上的因素就是，对数据仓库中数据的访问模式，与对OLTP中数据的访问模式完全不同。在OLTP环境中，对每个单元的数据访问一般是随机的，在概率上也是相等的。在这种情况下，磁盘就是理想的选择。但在数据仓库中，数据分为两大类：常用数据和非常用数据。对于非常用数据而言，没有必要把它们放在磁盘上。

进一步说，如果非常用数据放在海量存储媒介上，相应的磁盘存储操作和维护费用就减轻了。

但是磁盘生产商可不愿意其他的技术霸占市场，他们会费尽心机告诉人们除了磁盘，其他的媒介都不可行。磁盘生产商而没有与时俱进。数据仓库有各种自身因素，例如经济性，时间要求以及独特的使用习惯。在长远看来这些因素会对媒介的使用产生决定性的影响。

所有这些，就是数据仓库和CIF的未来。

14.12 小结

数据仓库的成型，直接原因是企业数据模型，间接原因是最终用户的需求。数据仓库的心脏是一个关系型数据库。这个数据库是直接由数据模型塑造的。关系型数据模型是数据重定型的基础。重定型的数据成型直接来源于最终用户对信息的需求。

如果要进行繁重的统计分析，建议建立一个单独的探查型数据仓库。如果间或进行统计处理，就有可能在现存的数据仓库上进行统计分析。

探查型数据仓库有一些很有意思的属性：

- 它是数据仓库的一个子集，一般包含便利域。
- 外部数据可以直接进入探查型数据仓库。
- 它可以截断周期性进行更新。

探查型数据仓库是基于项目的。这意味着探查型数据仓库的生命是暂时的，只在项目存在的时候存在。

数据集市基本上不可以与数据仓库放在同一个机器上。把数据集市放在那里非常浪费，而且与企业控制数据的需要不相符。

数据进入企业后是有生命周期的，它要变老，通过不同的方式使用。数据的生命周期应与数据仓库相吻合，也应与支持数据仓库的部件相吻合。

数据仓库环境中的测试与传统的操作型环境中的测试不同。最重要的原因就是使用数据的期望不同。

对数据仓库环境中的数据流进行跟踪是有意义的。在元数据和内容两个层面都需要对数据进行跟踪。数据跟踪对许多类型的人有用（如最终用户，数据仓库管理员和维护程序员）。

数据通过数据仓库环境的时候有一定的速率。速率的测算是从数据最初进入环境，直到数据可以提供给最终用户作分析的时间。有两个因素影响速率。对数据有"推"操作和"拉"操作。对数据的"推"操作是为了保障无论何时需要，数据都是可以使用的。"拉"数据出现在需要使用数据的时候，而不是数据准备好可以使用的时候。

数据仓库是一种恰当的联系，它把企业信息系统环境与基于网络的电子商务环境连接起来。两者之间的接口就是数据从网络环境流入粒度管理器，再从粒度管理器流入数据仓库。反过来，数据从数据仓库流入ODS。到ODS之后，概要记录形成。网站就可以高效地访问ODS和概要记录。

很多组织都是与财政组织一道开始建造数据仓库的，其中一个弊端就是财政组织经常期望在两个环境之间，数据能够精确到很细。实际上，数据从应用软件中到数据仓库时，它就从应用环境转型到企业环境了。

从数据仓库出发演变到企业信息工厂（CIF）。CIF的中心就是数据仓库。环绕着CIF就是体系实体，例如数据集市，探查型数据库，ODS等等。从CIF演变出政府信息工厂（GIF）。GIF适合政府的需要。CIF和GIF之间有很多的相似之处，但是也有很多根本的不同。有些不同之处是为了满足跨体系的集成需要，或安全和数据的时间视野的需要。

第15章　数据仓库的成本论证和投资回报

在建立数据仓库的时候，不可避免地涌现出一个问题："我这些钱花得值吗？"数据仓库的架构设施并不便宜。组织中刚建数据仓库的时候，没有人知道要得到些什么。由于这些原因，组织内部很自然地有人怀疑建立数据仓库的必要性。

15.1　应对竞争

建立数据仓库的一个简单直接的理由，就是指出整个业界已经建立了多少数据仓库。很多情况下，建立数据仓库只是为了在市场中保持竞争优势。"公司ABC，我们的老对手，已经建了数据仓库，我们也得建一个"，这个理由是非常有力的。当然，如果建立和使用得当，数据仓库确实能带来更大的市场份额，更多的销售额以及更多的利润。

但是有时管理层需要更多的投资成本论证。他们需要把建库的理由白纸黑字地摆在桌面上。

15.2　宏观上的成本论证

说明建立数据仓库的论证一是在宏观的层面上，二是在微观的层面上。图15-1显示了这两个不同的视角。

宏观层面指的是在高的层次上讨论。这样的讨论可能是，"我们建立了数据仓库，然后公司的利润增长了15%"，或者是"我们建立了数据仓库，然后公司的股票涨了6美元"。遗憾的是，这个层次上对数据仓库和公司的关系进行讨论，常常是华而不实。图15-2显示出应用数据仓库后，公司股价的变化。

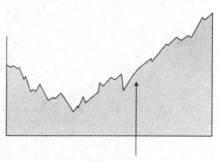

图15-1　两种说明建立数据
仓库有益的方法

图15-2中显示，应用数据仓库后股价开始攀升。论据可能是，"我们使用数据仓库以后，股价开始升高了"。但是这种宏观上的理由没有说服力。除了应用数据仓库以外，还有很多其他的原因可以使股价升高。可能在同一时期，公司推出了新的产品。也可能股票市场本身决定了股市要升，有时股市就是这样。相关行业的竞争可能不那么激烈了。公司的运营也许更有高效了。实际上，有很多的原因决定股票的升或者降。建立数据仓库尽管在决策上非常重要，但也只是众多影响股票升降的原因之一。

由于在宏观的层面上，还有其他许多强有力的因素，因此，用宏观上的理由说明建立数据仓库的原因是很困难的。

由于这些原因，微观上的理由更有说服力，更加充分。

应用数据仓库

图15-2　对照数据仓库的建立和
公司的股票价格

15.3 微观上的成本论证

为了给数据仓库的微观论证打一个基础，考虑两个公司：公司A和公司B。如图15-3所示。

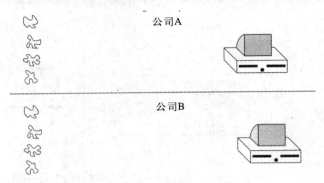

图15-3 两个公司

公司A和公司B都有一个应用程序，或历史数据系统。操作型应用程序在图15-3的左面。在图15-3的右面表示个人计算机。这台计算机说明一个事实，在每个公司都有对信息的需求。谈到操作型应用软件的基础和对信息的需求，公司A和公司B几乎一致。

两个公司之间有一个很大的不同，就是公司B有一个数据仓库，如图15-4所示。

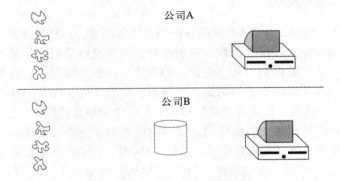

图15-4 公司A与公司B之间唯一的不同就是公司B有一个数据仓库

现在考虑两个公司如何支持对信息的新需求。图15-5显示出公司A对新需求的反应。

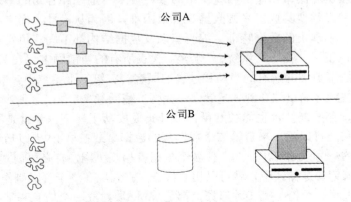

图15-5 公司A要得到一些新的数据

图15-5显示，为了对新的信息需求做出反应，公司A需要回到操作型源环境，并且找到支持新的需求相应的数据。

因此，公司A必须做什么？要回到操作环境找到所需数据，需要做哪些事情？图15-6显示出所要做的事情。

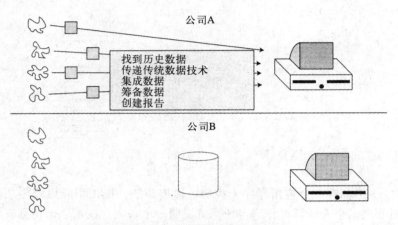

图15-6 需要做的事情是写一个新的报告

15.4 来自遗留环境的信息

为了支持新的信息需求，公司A必须回到操作或遗留环境。回到操作或遗留环境的第一步就是找到所需的遗留数据。寻找遗留数据可能很难，因为遗留数据经常是不存档，或者是部分存档。甚至寻找合适的数据都不是一件容易的事情。在很多情况下，需要做出猜测。猜测就会有对错。有时，为了做出合适的猜测，不得不查看源代码。还有一些情况，甚至源代码也不存在。所以，回头看操作型或者是遗留系统不是一件简单直接的事。

即使源代码和文档存在，老的操作和遗留环境也是用过去的技术建立的。很可能遗留应用软件是用工具开发的，例如集成数据管理系统（IDMS）、信息管理系统（IMS）、虚拟存储访问管理（VSAM）、用户信息控制系统（CICS）、Adaba和Model 204。在当今，找到能够解读这些技术的人都很难。随着时间流逝，懂这些技术的人越来越少。所以，即使文档井然有序，回过头去解读这些技术也不是一件容易的事。

因此，要处理建立操作和遗留环境所用的多种技术不是一件容易的事。一旦数据处于操作和遗留环境，就必须要集成。多源数据集成很困难，因为从设计上而言，那些老的遗留系统很难彼此融合。物理上的数据特征，编码值以及数据结构都不同。但集成最难的方面恐怕就是数据定义的校正了。在一个系统，"顾客"代表所有的当前顾客。在另一个系统中，"顾客"代表来自于拉丁美洲的所有的当前和过去的顾客。在第三个系统中，"顾客"代表市场中潜在的顾客。这些顾客简单综合到一起就像一锅粥，毫无意义。

假设有文档，那些老技术也能被解释，并且集成成功了，下一步就是筹备数据。第一个数据源来的数据马上可以用。来自第二个数据源的数据星期三早上9点以后可以用。第三个数据源的数据当月的一号以后可用。为了使各个数据表相互协调，有必要创立一个筹备区。

一旦数据进入筹备存储区中，就可以用于报告。直到现在终于可以制作报告了。天哪！

以上描述的过程，无论是哪一种形式，都是公司A要建立一个信息基础所必须经过的。在某些情况下，通过这个过程不是很难。但在另一些情况下，这个过程可能会比较曲折。

15.4.1 新信息的成本

进行这么多的操控需要多少钱呢？这取决于多种因素，例如遗留应用软件的数量，这些软件的文档，这些软件相关的技术以及需求的复杂性。由于这些原因，完成需求的花费从五十万美元到二百万美元不等。那么，整个过程又需要多长时间？答案是，可能要花6个月到两年，由于其他的特殊因素，时间也可能更久。

15.4.2 用数据仓库收集信息

现在我们来考虑为公司B做一个新报告需要多长时间。图15-7所示为公司B的信息环境。

图15-7中显示，从数据仓库中做一个报告简洁高效，其花费大概是1000美元到25 000美元。那么，这个报告需多长时间完成？答案是30分钟到10天（最坏的情况）。

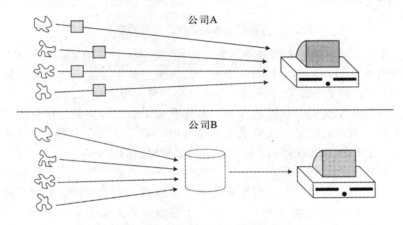

图15-7　有数据仓库的情况下获得新的数据

15.4.3 成本比较

获得信息的成本不同，能很好地说明建立数据仓库的成本理由基础。

为了对数据作新的分析，我们来考虑：

- 无数据仓库——500 000美元～2 000 000美元；6个月～2年；
- 数据仓库——1 000美元～25 000美元；30分钟～10天。

从这些不同之处，可以知道建立数据仓库能大大地降低信息的成本。

光看这些数据，可能不敢相信它们之间有这么大的不同。当然，公司B中建立数据仓库的花费还没有算进去。如果要进行一个恰当的分析，就不应该不算数据仓库的成本。

要理解建立数据仓库所必须做的事情，我们来考虑图15-8所示的活动。

15.4.4 建立数据仓库

要建一个数据仓库，开发者必须做如下的事情：

- 回到遗留或操作型环境中寻找数据
- 解决那些有关老技术的问题

- 数据找到后，立即集成
- 筹备数据

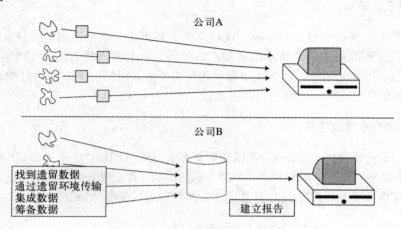

图15-8 有数据仓库的情况下要做的事情

换句话说，开发人员要做的事情几乎与公司A中的同行一样。除了做报告本身这个活动不同以外，建立数据仓库的相关活动与做一个新的报告或分析相关的活动基本一致。要做一个恰当的，公平的比较，建立数据仓库所需的花费就必须算入整个花费之中。

那么，建立数据仓库所要的花费是多少？答案取决于数据源系统，信息的大小和复杂程度，基础数据源系统所用的技术，文档是不是做得很好等等。在这个例子中，数据仓库的成本应当是一百万。这个数据是与例子中其他数据的量相对应的。

为了进行一个真正的比较，我们还应该考虑另外一个因素。这个因素就是，公司一般需要的报告不会只是一个。公司越大，对信息的需求也越多。财政方面是一个角度，会计又是一个角度，销售部也有一个角度。实际上，每一个在公司的人都要查看数据，而且看数据的角度都不同。公司需要通过不同的方式查看数据。而且，随着公司经营的外部商务环境的改变，这些察看方式也要随之改变。别忘了，商务环境无时无刻不在改变。

15.4.5 完整的情况图

一旦把数据仓库的花费以及通过不同角度察看相同数据的花费加入整个成本之中，一套真正的成本公式就成形了。如图15-9所示。

图15-9中显示，对于信息有多种不同的需要。其中也显示出数据仓库的成本以及信息成本的不同。公司A中，每次一旦需要数据时，就要重复地建造相关的基础架构，这大大地提高了信息的成本。一旦数据仓库建好，成本就大大地降低了。有了数据仓库，信息的成本就是报告的成本，如果没有数据仓库，为了做报告，就必须建立所需的基础架构。

换句话说，如果有数据仓库，只需一次性建立得到数据所需的基础架构，而不用每一次需求数据，都要建立一次基础架构。这真正说明了建立数据仓库的经济意义。图15-9中显示了有数据仓库和没有数据仓库的情况下，每种情况的主要花费。

15.4.6 得到数据的障碍

图15-9中还有一个方面值得一提。没有数据仓库的公司，在这里是公司A，真的花图中那

么多钱吗？答案是，他们可能对一些重要的数据视图花钱。但是一般的公司并没有资金和耐心用来建立图15-9中所示的基础架构。于是实际情况就是，信息源并没有完整地建立，这就带来了所谓的"得到数据的障碍"问题。机构中的大部门只有少量不完整的信息。这样的环境中，经常听见的话就是，"如果我能得到信息，我才可以知道信息在哪里"。

如图15-9中没有数据仓库的情况所示，机构并不真正地建立一个大的基础架构。这又从反面论证了数据仓库的作用。有了数据仓库，获得信息所要的花费就低多了。因此，数据仓库使企业可以获得它们原本在经济上无法负担的数据。

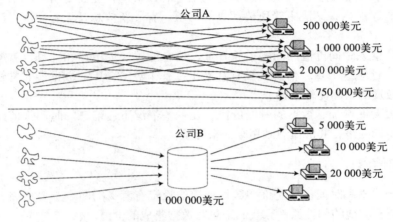

图15-9　数据仓库的经济意义

15.5　数据的时间价值

数据仓库还带来一个好处，尽管这个好处不可以用金钱来衡量。数据仓库大大地降低了得到信息所需的时间。图15-10显示出了这一点。

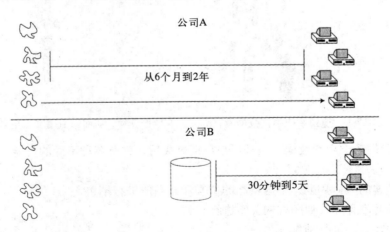

图15-10　时间因素是非常重要的，但是很难量化

图15-10显示，如果没有数据仓库，从IT环境中得到新的数据需要更长的时间。但有了数据仓库，这个时间就能大大缩短。由于需求不同，同时由于数据仓库中数据的存储地点不同，得到新信息所需的时间从30分钟，到5天或10天不等。

信息的速度

假设有一天，商务主管走进办公室问IT人员要新的信息。如果没有数据仓库，IT人员要花一年得到这些新的信息。一年以后，这个员工走进主管的办公室提交新的报告。到这个时候，主管已经把这件事忘得一干二净，已经完全记不得当时为何要这些信息。主管甚至忘记当时为何需要这些信息。由于得到新数据所需的时间太长，信息的价值也荡然无存了。

现在，我们考虑有数据仓库的情况。商务主管走进办公室向IT人员要新的信息。半个小时后，IT人员做出了答复。IT人员当天就走进主管的办公室，提交了所需的信息。这个信息当然还有意义，还能用来解决主管所要解决的问题。有了新信息，主管作决定时就有可参考的东西了。

这就引出了信息时间价值的问题。凭直觉，信息能越快地追踪和计算，就越有价值。确实存在一个点，过了这个点，信息就没有意义了。有了数据仓库，数据能非常快地访问。没有数据仓库，数据的访问比较缓慢。

数据仓库大大地增加了数据的时间价值。在一些情况下，信息的时间价值比它的原始成本更加重要。不幸的是，其价值很难用金钱来衡量。

15.6　集成的信息

信息的原始成本和时间价值是证明数据仓库的投资有意义的两个重要原因。但相应的原因不止两个，还有其他的间接原因。我们来思考数据集成的价值。

图15-11显示，数据在数据仓库当中集成了，但是在应用环境中没有集成。

图15-11也显示，在操作环境和遗留环境中没有进行数据集成。企业认为数据集成是有意义的，而集成后的数据就在数据仓库之中。

图15-11　遗留系统中，数据没有集成。有数据仓库，则可以查看集成的数据

例如，我们考虑用户数据。一旦用户数据集成后，就有各种不同的可能：

• 跨区销售
• 察看顾客的生命周期，根据顾客的位置和其期望进行销售
• 基于顾客本身和其他顾客的关系进行销售
• 基于顾客家庭进行销售

总之，只要围绕每个顾客有很多集成的数据，就可以有多种不同的接触用户的机会。

在遗留和操作环境中，数据可就没有这么大的功效了。最终用户必须以数据管理员和数据库管理员的身份察看遗留和操作环境中的数据。一般的终端分析人员已经有很多的事情要做了，他们哪里愿意学这些操作技能。

由于潜在的商业机会，由于数据集成的价值，数据仓库的价值还有一个方面，就是历史数据。

15.6.1 历史数据的价值

考虑操作或者遗留环境中的历史数据，如图15-12。操作环境中的许多地方，处理性能是至关重要的。如果操作型的处理表现不佳，最终用户就会觉得系统挺失败的。因此，在操作环境系统中，处理性能至关重要。

那么，系统程序员要做一些什么事情来提高处理性能呢。答案是，系统程序员要做许多的事情，但是其中最重要的事情之一就是把历史数据从处理环境中移出。移走历史数据的原因是，它会使系统的性能下降。历史数据越多，系统的性能就越低。因此，系统程序员要做的最重要的事情之一，就是尽可能早地将历史数据从操作环境中移出。

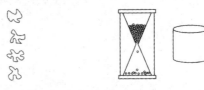

图15-12 遗留环境没有存储历史数据
的位置。但是数据仓库中却
可以存储历史数据

15.6.2 历史数据和客户关系模型

历史数据对信息处理有非常重要的价值。考虑其中的一个价值，即在客户关系模型（CRM）环境中的作用。在CRM中，信息是以用户为中心的。有了CRM，就能更好地理解顾客。

考虑顾客的特性。世界上所有的消费者都是有习惯的。习惯形成较早，并且会伴随他们一生。习惯几乎涵盖了他们的一切。早期形成的习惯有如下的内容：

- 所吃的食物
- 所穿的衣服
- 住所
- 驾驶的汽车
- 所受的教育
- 收入
- 付款的方式
- 投资的方式
- 度假的方式
- 结婚以及生育情况
- 省钱的方式
- 工作的方式等等

消费者早期形成的习惯将会在很大程度上影响未来的行为习惯。因此，历史数据非常有用，因为它是决定消费者未来的基础。换句话说，公司如果能更好地理解消费者的历史，就可以更好地向他们提供产品和服务。数据仓库正是存储历史数据的一个理想的地方。

所以，历史数据也是数据仓库很有意义的一个方面。

15.7 小结

从宏观的角度来讲，由于影响组织机构的因素有很多，因此，从这个角度来阐明数据仓库的意义是不容易的。微观的角度是一个相对来讲容易的入口。

为了从微观的角度说明这个问题，我们考虑两个公司——一个公司没有数据仓库，另一个公司有数据仓库。没有数据仓库的公司信息的成本相对于有数据仓库的公司而言，要高出很多。而且，数据仓库大大地增加了信息的时间价值，提供了一个集成数据的平台。最后，数据仓库为历史数据提供了一个方便的存储地。历史数据为信息添加了更多的价值。

第16章　数据仓库和ODS

访问数据仓库所需的时间永远不能用毫秒来计算。由于数据仓库中数据的特性，数据的数量以及使用数据时的工作量，数据仓库不适合应用于OLTP过程。访问数据仓库在1秒以下的响应时间从体系结构上来讲并不可行。

但实际上，低于1秒的响应时间在很多操作中很有意义。很多商务事务需要非常快的响应时间，当然这些事务不能访问数据仓库。如果必须要求低于1秒的响应时间，或者是要访问集成的DSS数据，可以通过一种叫操作数据存储（ODS）的结构来实现，这种结构能提供高性能的处理。

ODS不像是数据仓库，是可选的。有一些组织有ODS，而另一些组织没有。是否需要ODS完全取决于组织本身以及所处理的工作。

16.1　互补的结构

ODS和数据仓库在很多方面都是互补的。它们都处于操作环境以外，都支持DSS处理，都使用集成数据。因此，人们经常认为ODS和数据仓库是互补的。数据在ODS和数据仓库之间双向地交流。在一些情况下，ODS支持数据仓库。在另一些情况下，数据仓库支持ODS。但是，ODS毕竟与数据仓库在物理结构上不同。ODS无论如何也不能处于数据仓库当中。

与数据仓库环境不同，ODS设计为高性能、实时处理。图16-1显示出两者的不同。

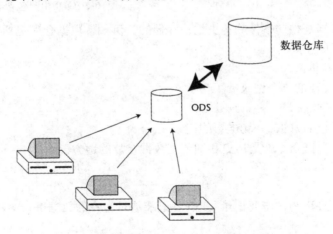

图16-1　ODS能提供高性能的响应时间

ODS在设计上能够满足响应时间为2~3秒的事务。它有几个特性用来支持这样快速的响应时间，包括：

- 将工作负载分成不同的处理模式。当事务需求的数据很少时，ODS支持高性能的处理。当事务需要大量的数据时，ODS的处理时间会比较长。
- ODS中的一些数据是为高性能的事务处理过程设计的。其他的数据是为灵活以及集成访问设计的。

• 处理升级过程时，要使用小的事务，每个事务消耗少量的资源。

16.1.1 ODS中的升级

数据仓库的一个非常明显的特性就是不进行升级。数据仓库由许多有限的数据快照组成。一个快照存储好以后，数据仓库中的数据就不变化了。如果现实世界中的数据发生变化，就对数据进行一个新的快照，然后放入数据仓库当中。

ODS环境中的数据不是这样。在ODS中，数据的更新非常常见，而且数据的更新是可行的。假设ODS当中有一个数据记录，其值是5 970.12美元。如果发生变化，它可以变为6 011.97美元。这个值不用任何快照就可以在ODS中改变。

它们之间数据特征的不同可以用另一种方式来解释：ODS中的数据是"实时值"，但是数据仓库当中的数据却是"历史值"。也就是说，如果访问ODS，能找到关于你所找话题的最新信息。如果你访问数据仓库，你找到的就是历史信息记录。

16.1.2 历史数据与ODS

由于两种环境之间本质的不同，ODS当中只能找到有限的历史数据，但数据仓库中的历史数据几乎是无限的。图16-2显示在这一点上两者的不同。

由于历史数据和实时数据非常不同，因此，使用实时数据的应用软件在ODS上运行，而不是在数据仓库上运行。一般情况下，ODS中的历史数据一般不会超过一个月。然而，数据仓库中的历史数据可能会保存10年。

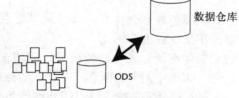

图16-2 ODS中只包含有限数量的历史数据

数据仓库中的数据是按照事件的历史记录存储的。例如，数据仓库包括如下的信息：
• 某人的每次购买记录
• 制造商的每次发货记录
• 银行顾客所写支票的每个记录
• 顾客打电话的每次记录
• 美国各个电影院所放的每一场电影的记录
由此可以知道，数据仓库就是历史和细节型数据存放的地方。

16.1.3 概要记录

ODS中的记录一般称为"概要记录"。概要记录是对客户的数据进行多次观察，分析概括而得出的。

例如，考虑顾客Lynn Inmon，以下是为她创建的概要记录：
• 一个月买一次衣服
• 整个星期都逛商店
• 喜欢穿蓝色的丝质上衣
• 偶尔买些日用品
• 通常成批地买东西
• 不买酒精饮料

- 每次买日用品大概要花200美元
- 每三星期进行一次脊椎指压治疗
- 每年看一次眼医
- 每5年买辆新车
- 5个月检修一次汽车
- 不抽烟
- 喜欢喝白葡萄酒
- 按时付款

要建立ODS中的概要记录，需要查看数据仓库中的许多细节型历史数据。

ODS中概要记录的意义在于能够快速访问。没有必要去查几百个历史记录，以得到关于Lynn Inmon的信息。而且，概要记录中还能存放不同类型的信息。这些信息当中有些是关于购买习惯的，有些是关于付款习惯的，另一些是关于个人喜好的。换句话说，从概要记录中能简单地捕获大量的数据。这些数据一旦被捕获，相关信息能很方便地快速访问。

图16-3显示，概要记录是从多次对数据仓库的细节观察当中得到的。

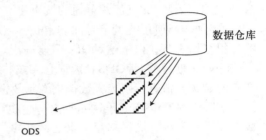

图16-3 在ODS中，经常创建并存储的概要记录

16.2 不同种类的ODS

ODS一共有四种（如图16-4）：种类1，种类2，种类3和种类4。ODS的分类取决于数据到达ODS的速度有多快，即从事务发生到事务到达ODS所用时间的长度。

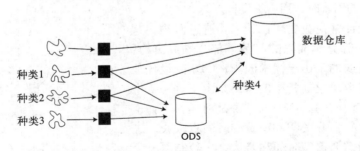

图16-4 通过更新的速度可以将ODS分为不同的种类

不同种类的ODS定义如下：

- **种类1**：从操作升级到数据进入ODS所用的时间为数毫秒。在第1种ODS中，从操作事务到更改ODS所用的时间是透明的。变化非常快，以至于最终用户不知道其间有一个数毫秒的间隔。两个环境保持同步。
- **种类2**：从操作执行到ODS更新所用的时间为数小时。最终用户当然可以觉察到ODS中的数据与操作环境中的数据有不同。
- **种类3**：对ODS中的数据与数据仓库中的数据进行调节需要一夜的间隔，甚至更长。
- **种类4**：调节ODS中的数据与其数据源要用一段较长的时间——几个月甚至几年。典型的情况下，在第4种ODS中，数据源为数据仓库，当然也可能有其他的数据源。

第1种ODS非常少见。实际商务当中基本上没有需求。第1种ODS比较昂贵，且技术上难以实现。第1种ODS的一个例子就是航空订票系统。这种ODS问题（除了复杂度和成本以外）没有时间集成数据。原因是，对更新速度和同步要求太高，系统没有时间进行集成。由于这个原因，第1种ODS一般只用于能从一种环境转移到另一种环境的简单操作。

第2种ODS比较常见。在这种ODS当中，在数据从操作环境进入ODS环境以前，有充分的时间对其进行集成。第2种ODS的一个例子就是顾客的姓名和地址。顾客的姓名和地址不经常改变。如果用户的地址发生变化，即使用三四个小时来处理也不会对整个商务运作产生影响。第2种ODS能用通常的技术建造，并且难度也不是很大。与第1种ODS相比，这种ODS要便宜。

第3种ODS所用的更新周期比第2种要长。这种ODS的更新时间是一夜或者更长。其中的一个例子就是保险单的销售，其发生的概率较低。调节ODS环境和操作环境所用的时间可能会是一周。第3种ODS能用普通的技术建造，相对而言也不是很贵。

第4种ODS所用的调节时间非常长。这种ODS可能是从特殊报告或特殊项目的基础上建造的。很多情况下，建造这种ODS只有一次。在其他情况下，对这种ODS的调节会以年为基础。人们一般不期望第4种ODS和数据仓库或其他源之间能很快地调节。一个例子是每年两次对消费者的购买习惯进行研究，数据来源是数据仓库，并且结果导入ODS中。

尽管大多数ODS属于这四种之一，也可能是其中一部分记录属于这种，而另一部分记录数据属于另一种。这样的记录也是常见的。

16.3　数据库设计——一种混合的方式

ODS是用一种混合的方式设计的。图16-5表示ODS的一部分设计是关系型的，而另一部分是多维的。

如果对灵活性的要求高一些，一般用关系型设计。当性能是最重要的因素时，用多维设计。

这种二分设计常使数据库设计人员进退两难。这就像是要将墙一部分刷成黑的，另一部分刷成白的，最后说这堵墙是灰的。由于需求因素，ODS的设计是在灵活性与性能要求之间折中的结果。由于这种折中（每个ODS设计都存在），ODS与其说是科学，不如说是艺术。由于这些，开发ODS所费的时间也较长。进行设计上的权衡需要很多时间和努力。一般需要一个有经验的设计者进行明智的选择。

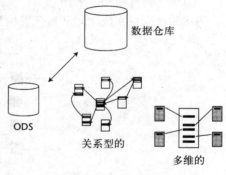

图16-5　ODS是由关系型设计和多维设计结合而成

16.4　按比例画图

ODS与数据仓库画在一起时，ODS经常要比数据仓库小。但实际上，如果ODS与数据仓库按大小比例画，效果就不一样了。图16-6显示了ODS和数据仓库之间比例的不同。

图16-6中显示，数据仓库比ODS大得多。以下是数据仓库之所以较大的原因：

• 数据仓库包含历史数据。ODS中只包含少量的历史

图16-6　按比例画出的ODS和数据仓库

数据。

- 数据仓库为所有的用户服务。因此，数据仓库中含有各种各样的数据。ODS是为一种处理过程服务的，因此，其含的数据种类相比数据仓库要少得多。
- 数据仓库中的数据完全是颗粒的和关系型的。由于只为一种用户服务，ODS中的数据更加概括，更加紧凑。

由于这些原因，ODS比数据仓库小得多。

16.5 ODS中的事务集成

数据仓库和ODS还有一个很大的不同，在谈到基本的DBMS的时候，它们有不同的要求。数据仓库DBMS不需要对事务进行集成，因为它不需要升级，而且它不提供高性能的处理过程。这就意味着运行数据仓库DBMS的花费比运行有事务集成的DBMS低得多。

另一方面，适合ODS的DBMS需要对事务进行集成。这意味着，如果一个操作失败，需要从数据库中实时退出和恢复。ODS需要对事务进行集成，因为它要支持高性能的处理，还要对自身进行升级。即使不升级，集成事务的花费也是很大的。当有升级的可能，或ODS中要进行处理时，就需要集成处理。

16.6 对ODS处理日进行分片

ODS的处理日被分为不同的时间片，以进行不同的处理。ODS能进行高效处理的秘密就在于时间分片。图16-7中显示典型情况下如何对一天进行分片，以进行不同模式的处理。

图16-7显示，在一天的最初几个小时，ODS基本上只限于一种形式的处理——通过顺序地、批量方式处理，例如装载数据、编辑数据、监管数据等。当正常的工作时间开始时，ODS变成能够高性能处理的机器。在这段时间，工作包括许多快速运行的活动。大的顺序操作在一天中的高峰处理时间不能运行。下午的晚些时候，ODS又变成一个可以处理不同工作的机器了。

通过时间分片，ODS可以支持多种处理，可以保障每天的高峰时间能够高效运作。

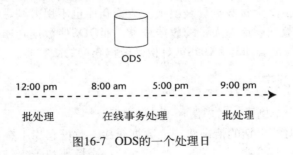

图16-7 ODS的一个处理日

16.7 多个ODS

ODS取决于处理要求。一个机构中可能有很多不同的处理要求，包括财务处理、工程处理、营销处理要求等。由于处理要求不同，组织中可能有多个ODS。对组织的每一个不同的要求有一个ODS。

可能有多个ODS，但只有一个企业数据仓库。

16.8　ODS和网络环境

ODS有一个特殊应用需要提一下。ODS的使用与在网络环境与数据仓库之间建立接口相关联。接口如图16-8所示。

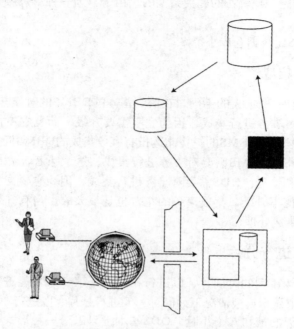

图16-8　网络环境如何与基于电子商务环境的网络交互

图16-8显示，网络环境与数据仓库是间接交互的。网络数据（即，点击流数据）通过粒度管理器从网络环境而来。粒度管理器的处理结束后，数据就传到数据仓库当中。当网络环境要从数据仓库得到数据时，它就从数据仓库传入ODS。一旦数据到达ODS，通常要创建一个概要记录。网络环境通过ODS访问数据。网络环境并不从数据仓库中直接访问数据。数据仓库就从网络环境产生的大量数据屏蔽出来。数据仓库也不用去满足网络环境的高性能处理要求。粒度管理器使数据仓库与大量的数据分离，而ODS使数据仓库不用去处理网络环境出现的高性能的要求。粒度管理器和ODS就好像是数据仓库的减震器。

16.9　ODS的一个例子

作为ODS的最后一个例子，考虑图16-9中的情况。

图16-9显示，针对打电话的情况建一个数据仓库。数据仓库中有几百万条电话记录。打电话的情况根据顾客进行分类，并为每一个顾客建一个概要记录。每个顾客的拨打习惯被概括到一个概要记录中，这个记录记载的内容如下：顾客拨打的数目是多少，电话是打给谁的，拨打了多少个长途电话等。

ODS为组织中的电话接线员开放。当接线员接到一个电话，她就知道打电话的人的情况。她就可以根据这些信息推销了。她会了解到此人的态度是否明确、是不是一个大买家等。

从ODS中出来的信息几毫秒就可以被使用。就是说，当接线员应答电话的时候，只要接线员与顾客开始对话，关于这个顾客的全部信息就会显示在屏幕上。

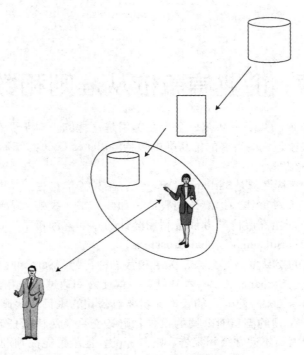

图16-9 ODS的一个例子

16.10 小结

ODS是数据仓库的一个配对体系结构。但ODS不像数据仓库一样，它有快速的响应时间和升级。ODS中所含的历史数据甚少，但数据仓库中有大量的历史数据。

ODS典型的数据库设计就是概要记录。概要记录是对数据仓库中的许多历史记录进行综合才得到的。

有多种不同的ODS，包括种类1、种类2、种类3和种类4。种类之间的不同主要是对ODS的更新速度不同。第1种ODS几毫秒更新一次。第2种的更新时间是几个小时。第3种大概一个夜晚周期地更新。第4种的更新周期非常长。

在设计上，ODS是关系型结构和多维结构的混合体。

如果按比例画出，ODS比数据仓库小得多。数据仓库并不要求DBMS有对事务进行集成的能力，但ODS需要这种能力。

ODS一天中的处理时间可以分成不同的种类。一些用来进行高性能的处理，而另一些用来进行较长的顺序处理。

一个企业中可以有多个ODS，这取决于处理的需要。作为数据仓库和网络环境的接口，ODS有着特殊的作用。数据仓库把数据传到ODS中，然后ODS直接与网络环境交互。

第17章 企业信息依从准则和数据仓库

企业信息依从准则已经变为法律，至少在美国是这样的。对于要在美国做安全交易的公司，要遵守相关的法律。一些有名的依从准则包括Sarbanes Oxley、Basel II以及HIPAA。这些标准形成的原因各不相同。

可能最有名的一套标准就是Sarbanes Oxley了。在2000年左右，一些公司出现了公共丑闻。这些公司的高层试图通过欺诈来提高公司股价。如此一来，投资人需要花更多的钱来买公司授权的股票。这些公司抬高股价的办法是利用会计的"烟雾和镜子"（即财务漏洞）。涉嫌的公司有Enron、MCI/WorldCom和Global Crossings。

这些假账和骗人的交易蒙蔽了公众，为了制裁这种行为，Sarbanes Oxley 法案出台了。即使不考虑其他的因素，Sarbanes Oxley本身就可以促使公司通过合理和诚实的方式处理他们的财务。而且，Sarbanes Oxley使公司的管理人员要对公司的账目负法律责任。Sarbanes Oxley法案实行以前，想让公司的高层对公司的报告和财务交易负法律责任难上加难。在它实行以后，如果公司的管理人员不遵守公司报告和财务标准，他就可能被判刑入狱。

在这以前，信息依从准则并没有真正摆到桌面上。财务会计准则委员会（FASB）和国际公认会计原则（GAAP）一些年来控制着公司信息。FASB以及GAAP解决的是有关公司财务方面的审计以及会计问题。它们是会计人员处理公司财务的规则和程序。在Sarbanes Oxley实行以前，有不良财务行为和报告的公司所受到的制裁无非是一些负面的评价以及民事制裁。还有，如果从会计公司传出关于公司负面的评价，这个公司的股票价格就会有波动。Sarbanes Oxley法案实行以后，对上市公司来讲，如果有不当的管理和财务错误申报这些情况，就可以对相关人员进行刑事制裁。

还有其他的标准。在财务方面还有Basel II。在医疗方面有健康保险携带和责任法案（HIPAA）。可以预见，在未来还会有更多的关于企业信息和信息处理的法案。

虽然其作用不是很明显，但是数据仓库确实在对Sarbanes Oxley和其他依从准则的执行方面起了很大的作用。图17-1显示一张大图，用来说明企业为了遵守Sarbanes Oxley这样的法案需要做的事情，也阐述了在这些方面数据仓库所起的作用。

17.1 两个基本行为

企业要遵守依从标准，有两个行为必须要做：
- 遵守财务要求和财务管理
- 遵守条款中有关企业交流的部分

这些行为相互之间有联系，但不同之处也很明显。

17.2 财务依从准则

财务依从准则所管理的是财务交易的记录、过程以及报告。在某种程度上，财务依从准则没有新的内容，只要遵守多年前发布的GAAP和FASB标准就行了。 Sarbanes Oxley标准是为上市且股票大量交易的公司制定的。由财务依从准则管辖的财务行为有如下的内容：

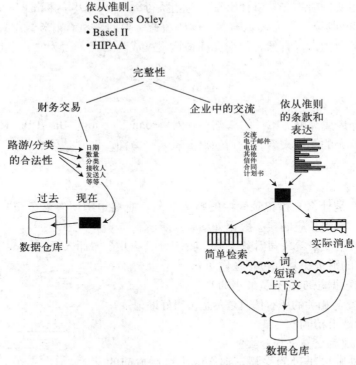

图17-1 依从准则和数据仓库

- 记录交易的日期
- 记录交易的数额
- 记录交易的参与者
- 交易的分类

有一系列的批准和正规化的过程，大多数的公司从来都没有遇到过。在许多方面，这些标准要求公司把所有的商务操作提高到银行和金融依从准则的水平。银行和金融领域一直对数据集成标准有很高的依从准则。依从准则度很高的原因是每个顾客账户（包括储蓄账户、核算账户、贷款等）都需要较高的精度。如果有一个交易处理不好，银行、金融机构或者客户就有麻烦了。因此，银行和金融机构都有严格的流程和控制，用来保证资金能够很好地处理。

有了Sarbanes Oxley，所有的组织机构都要求像银行那样处理好它们的数据，无论这些机构的商务性质决定要不要这样，即使它们已经成功地诚实运营了一百年。

除了在微观上确保财务交易以外，在宏观上也要对它们进行检查。其中的一些宏观财务检查方式，就是看是否所有的财务交易都包括在内。一种"造假账"的方式就是不把所有的财务交易包括在内。另一种伎俩就是把所有的交易都推到一个账户上，或推到某一个附属环节。因此，应该从微观和宏观两个角度监督财务交易。

财务交易有两个方面，过去和现在。在执行Sarbanes Oxley的时候，大多数都是针对企业当前的交易。这就意味着一个交易如果发生，就面临着一系列的审计。这些"小审计"提前确保这次财务交易与标准相符。因此，每次交易都要面对相应的财务审计和过程。

当相应的财务审计和过程结束后，财务数据就可以进入数据仓库了。

大多数公司都从目前的交易审计出发，开始执行Sarbanes Oxley标准。

Sarbanes Oxley的第二个方面是随着时间的流逝，要回来察看财务数据。这个方面的核心就是检查旧的财务数据。很自然，数据仓库在这里就成为重点，因为它其中包含着：

- 历史数据
- 颗粒数据
- 集成数据

于是，数据仓库成为财务审计的基础——对Sarbanes Oxley、Basel II、HIPAA以及其他标准都是这样的。从大的角度来看，公司的财务有两个方面，即"是什么"和"为什么"。

17.2.1 "是什么"

财务事务的"是什么"指记录发生的财务交易。它要追踪所有财务交易的细节。追踪财务事务"是什么"得到相应的典型数据如图17-2所示。

从依从准则的角度来看公司财务交易，我们可以从几个方面入手：

- 是不是所有的财务交易都包括在内了？
- 记录操作的数据粒度是不是最小的？
- 与每个财务交易相关的所有信息是不是被很好地记录？
- 信息的记录是否精确？
- 是不是很好地对交易进行分类？

如果要依从准则发生过的交易，那么以上这些方面的财务交易记录非常重要。

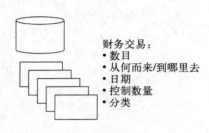

财务交易：
- 数目
- 从何而来/到哪里去
- 日期
- 控制数量
- 分类

图17-2 财务交易

要从细节上记录历史数据，以保存财务交易信息，就意味着要存储大量的数据。但数据仓库只能以通常的原则存储大量的数据，因此，为了依从准则而存储财务数据要做的还很多。

普通的数据仓库与为了依从准则而建立的数据仓库一个很大的不同之处就在于访问的概率不同。标准数据仓库中数据的访问概率一般较高。如果其访问率降低，那么数据就会存放在近线或其他替代存储介质上。因此，一般数据仓库的数据访问率相对较高。

但是对于为依从准则而建的数据仓库，其访问概率就非常非常低，甚至永远不可能被访问到。实际上，在大多数情况下，如果永远不访问这些数据，企业会非常开心。

因此，为依从准则而建的数据仓库与标准数据仓库的一个主要区别就是，前者基本上不会访问，而后者的访问概率相对较高。

两者另外一个不同就是数据的易丢失性。在普通数据仓库中如果数据丢失，会产生问题，但还不是灾难。换句话说，虽然在数据仓库中保存数据很重要，但数据丢失了，天还不会塌下来。

但在依从准则数据仓库中，丢失财务数据的结果就严重多了，公司可能面临被指责为不正当作为，而不管这种指责是否成立。因此，在这种数据仓库中进行备份比普通数据仓库中的备份更加重要。

两者的另外一个不同就是查询的速度。通常，除非分析人员在做数据统计处理，对数据仓库的访问的响应时间有一定的要求。合理的反应时间是相对的——在一些情况下是10秒钟，而在另一些情况下可能是30分钟。当然，对于繁重的数据统计分析，合理的反应时间甚至可能是以天来计算。

但对于依从准则数据仓库的查询而言，合理的反应时间可能用几天或几周来计算。因此，两种环境下的反应时间期待值不同。

两者另外一个很重要的不同之处就是内容。数据仓库当中包括的可能是已有的各种数据，但是为依从准则而建的数据仓库仅限于财务数据，至少在大多数情况下如此。

依从准则数据仓库中数据的存储时间长度取决于几个因素：

- 法定的存储时间
- 不考虑法定时间，公司能够存储的时间
- 通过某种媒介，数据可以物理存储的时间

在存储数据时，为了数据依从准则，要考虑的一个因素就是对相关的元数据以及对数据本身的存储和保存。如果公司为了数据存储依从准则而将数据存储了很长的一段时间，最后却发现连自己都无法读懂数据，那这些数据对公司就没有任何好处。换句话说，一旦元数据丢失，存储的数据对依从准则来讲就没有价值了。

17.2.2 "为什么"

尽管搞清财务交易非常重要，但只是考虑的一个方面。与财务交易同等重要的另一个方面是"为什么"。在搞清交易发生之前，财务交易进行活动是"为什么"。在每个财务交易中，都有一些"前财务"行为。前财务行为就是财务交易之前的磋商。

在一些情况下，前财务磋商比较简单：你看见一包糖果卖50美分，掏钱买了。这里没有什么前财务磋商可言。但是，在另一些情况下，有很多前财务磋商。例如，建造大厦。谁是土地的拥有人？大厦将建多高？电梯是什么类型的？建大厦所借的贷款将以何种方式付清？大厦的外观将会如何？租金将会有多高？

大的事业中总要有磋商，而且还是大规模的磋商。

图17-3显示前财务磋商。

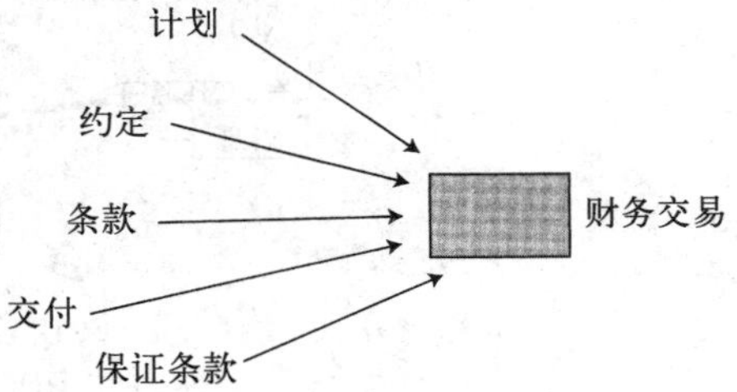

磋商有很多个方面。它包括建议，要约，要约回复，承诺，交付，条款，保障，担保等等。每个磋商所包括的东西都有所不同。

对于依从准则来讲，前财务活动与财务活动一样重要，因为它解释为何相应的财务活动会发生。从财务依从准则的角度来看，前财务活动与财务活动一样重要，甚至更加重要。

图17-3 前财务行为

但是，要捕获和揭示前财务活动是一件非常麻烦的事情，因为前财务活动是非结构化的，可以阐述成很多东西。换句话说，前财务活动是主观的。

那么前财务活动在哪里发生呢？它发生的环境是非结构化的电子邮件或电话通话环境。前财务活动大多都是自由形式的讨论和谈话。

图17-4显示前财务活动发生时的情况。

前财务谈判是在非结构化环境中发生的。典型的情况包括电子邮件或对话环境。其他的情况还包括备忘录，建议，"稻草人"合同以及书面条款。

这些前财务磋商对于依从准则来讲，与实际的财务交易本身一样重要。它们所阐述的是动因，是依从准则的中心。

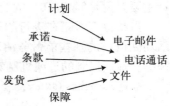

图17-4 找到前财务活动

但是前财务磋商很难捕获和跟踪，因为它们不正规，而且发生在不同的情形下。

图17-5显示捕获和分析这些不正规的，非结构化的磋商。

图17-5中显示，非结构化消息及交流信息要通过过滤器。过滤器中包括Sarbanes Oxley和其他形式的依从准则的重要词或者短语。通过过滤器后，消息和交流信息根据它们与依从准则的内容相关性，相应排序。与依从相关很强的消息做标识，而没有关系的不做标识。

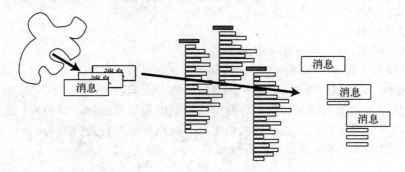

图17-5 过滤消息和交流信息

通过这种办法，对依从准则来讲相关的，或对依从准则来讲很重要的消息或交流信息就可以采集出来。而原先它们可能记录的不同的地方。

一旦消息和交流信息经过处理后，就可以用标准的分析工具进行分析，这些工具包括Business Objects、Cognos、MircroStrategy以及Crystal Reports。图17-6显示信息通过过滤器后，相应的结果是如何获取的。

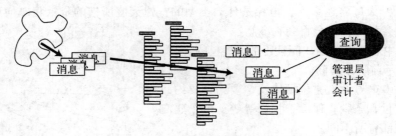

图17-6 分析依从准则的数据

得到结果以后，就可以供多个不同的人访问了，这些人包括管理人员、审计人员、会计人员以及其他有相关利益的人。

将消息和交流信息通过过滤器很有意思的一个方面就是，其结果可供历史报告使用，亦可供正在进行的更新处理过程使用。

有两个主要的方面需要依存，对过去活动的审计和对现在活动的审计。对过去活动的审计主要对象是5年到10年的数据，甚至更早。对于历史审计基本上没有什么限制。

当然也有对正在进行的更新活动进行审计。正在进行的审计是一个检查，其对象是财务活动完成前的那些前财务活动。换句话说，尚未完成，但是正在进行的那些合同和建议也要审计。前面谈到的过滤机制对这两种审计都有用。

根据Sarbanes Oxley，管理层需要同意正在进行的交易。

17.3 审计公司的交流信息

虽然对于Sarbanes Oxley依从准则来讲，财务审计是最为重要的，但是它并不是唯一的审计。为了满足Sarbanes Oxley的要求，有必要察看在财务活动发生以前进行的活动。换言之，通常情况下，财务交易是长时间谈判的最后环节，在这以前还有很多事情要做：

- 选择商品或服务
- 商定价格
- 发货日期已经确定
- 已经商定了对产品或服务的更改，以满足客户的特殊要求
- 对产品或服务进行分类

换句话说，财务交易只是交易以前发生的所有活动的一个最终的结果。Sarbanes Oxley 对于财务活动本身以及以前所发生的其他活动都很重视。

这个标准所关注的一种前财务活动，就是有条件销售。有条件销售是一种销售，可能进行，也可能不进行，但是公司已经将它登记在册了。考虑以下的情况。软件公司ABC有一个潜在的顾客。为了跟这个顾客签购买合同，ABC让这个顾客安装软件并且使用90天，再决定买或者不买。顾客照做了，安装了软件。ABC宣布生意做成。实际上，在90天内客户可能签合同。而客户也可能把软件删了，或者是删了一部分。或者是，客户可能还买公司的其他软件，这样加起来可以打个折扣。

同时，ABC公司的股价开始攀升，因为看起来这家公司正在蒸蒸日上。不用操心是不是一些产品的价格还需要重新商讨，也不用管其收入是不是实在。如果明年有更多的潜在客户把销售记录本填满，下个季度的销售额可就不只是填满上个月的那些潜在销售额了。

通过这种伎俩，公司的收入被人为地夸大，股票价格被人为地抬高。

Sarbanes Oxley还处理其他几种情况。这些情况包括承诺发货、对管理者贷款等。

监测前财务活动和前财务讨论一个很重要的方面，就是搞清有多少数据要过滤。在理论上才能对每条消息，每条交流信息进行过滤。在现代的公司当中，每天可能有几百万封电子邮件。要求某个人一天读完那么多东西显然是不实际的。

问题就成为，在哪里找所谓的前财务交易？在哪里找协商数据、对客户的承诺等数据呢？答案是这些活动在非结构化环境中捕获。非结构化环境包括电子邮件、信件、协定、建议、电话对话等。无论是哪种方式，这些非结构化的活动都包含与Sarbanes Oxley相关的数据。

为了对非结构化数据进行审计，首先要捕获非结构化数据。实际上，非结构化数据是在很多地方通过很多种方式找到的。在电话通话中，对话需要转化成文字的形式。在电子邮件中，有关的信件必须与无关的信件分离。

无论如何被找到，它们都通过特定的形式存储在特定的地方，可以对它们进行编辑。现在传到屏幕上的是对Sarbanes Oxley（或Basel II、HIPAA等标准）来讲比较敏感的词或者短语。这些消息或交流信息中的单词一个个与依从准则词或者短语进行比较。如果没有找到所要的词或短语，则相安无事。处理下一个消息或信息。

如果找到了一个词或者短语，就被归为以下三类之一：

- 普通词或者短语
- 关键词或者短语
- 极其关键的词或者短语

取决于遇到的词或者短语不同的重要性，相应的结果分放在如下三个位置：

- 简单索引
- 上下文索引

• 消息或交流信息的复制

简单索引存储一个参考信息，它指向词或者短语。例如，考虑"账户"（account）这个词。简单索引仅仅指向那些包含这个词的文件或电子邮件。Sarbanes Oxley不要求其他的行为，但它要求必须有一个参考指针，用来指向相应的词或短语出现过的地方。

上下文索引的对象是我们认为包含关键信息的词或者短语。例如，考虑短语"有条件销售"。在上下文索引的情况下，出现在它以前和以后的文本都被捕获。相应的上下文可能看起来像这样"……据此，签订了一个购买server 5 800多任务服务器的有条件合同……"在这种情况下，整个文本字符串都被捕获和索引。这样，审计人员可以检查上下文，判断文件是否值得调查。

复制实际消息或交流信息是因为找到相应的词或者短语相当重要。例如，收到的消息是："我们计划盗用公司的资金"。这种情况下，整个句子都被捕获和存储。如果公司有人觉察到有人在监测交流信息，即使他把自己的电子邮件全部删除，整个邮件还是会完整地捕捉到。

通过这种方式，公司消息或交流的信息可以被监测，以使它能够依从准则Sarbanes Oxley或其他的标准。

一旦得到结果，就可以放入数据仓库。进入数据仓库后，结果作为公司的前财务审计记录，被长久地存储下来。

17.4 小结

对大多数组织机构，依从准则是强制的，无论他们喜欢或不喜欢。不同的依从准则包括Sarbanes Oxley、HIPAA和Basel II等。

Sarbanes Oxley包含两方面的依从准则：财务交易依从准则和信息交流依从准则。财务交易依从准则与每条公司财务交易的精确性有关。信息交流依从准则指的是为达到财务交易所进行的活动和磋商。财务活动的审计要求保存详细的历史数据。前财务活动审计要求审计消息和交流信息。

审计消息和交流信息一个有效的方式就是对它们进行过滤，从而提取有意义的词和短语。消息和交流信息通过过滤器以后，结果存入数据库当中用作审计。

审计消息和交流信息一个重要的方面牵涉到数据的量。有一些公司中，每天处理的消息达到几百万。

监测交流信息的时候，每次交流的信息都要扫描一个表，这个表里面存储着与Sarbanes Oxley有关的词和短语。然后，扫描后与目标吻合的词和短语分为三类：

• 普通
• 重要
• "非常重要"

第18章 最终用户社区

数据仓库的初始动机就是为了应对最终用户的需求。但是对数据仓库环境来讲,本质上没有"最终用户"。实际上,存在一个最终用户的完整的社区,并且社区的成员也多种多样。

通过察看这个社区的成员类型,我们就能够对这个社区定性。总体来讲,一共有四种最终用户:

- 农民
- 探险者
- 矿工
- 旅行者

每种最终用户都有自己独特的特征。

18.1 农民

农民是数据仓库环境中占主导地位的使用者。农民的行为是可预测的,做的事情很有规律。农民查询的类型只与所要查询的数据类型有关。同一个类型的查询可能执行很多遍。

农民提交的查询往往较短。因为他们知道自己要的东西,可以直接访问数据所在的位置。农民执行的查询有类似的访问模式。如果在星期一农民提交了大量的查询需求,那么很可能下周一还会有很多的查询。

对农民来讲,他们对所要找的信息有很高的"击中率"。如果农民打棒球,他就是个中等水平的击球手,他很少能够打出本垒打,也很少三击不中。

18.2 探险者

第二类最终用户是探险者。探险者不知道自己要的东西,工作的方式不可预测。可能连续6个月不知下落,也可能在下个星期就连续提交10个访问需求。探险者有察看大量数据的习惯。他们在探查过程开始之前,不知道自己要得到的东西,而且寻找的数据模式可能不存在。如果他们打棒球,可能打出很多本垒打,也可能有很多三击不中。探险者的平均成功率很低。

探险者的工作方式是"启发模式"。在启发模式下,操作者直到目前这步的结果出现,还不知道下一步要分析什么。探险者的工作基础是项目,项目结束则探查过程终止。

很多情况下探险者找不到自己想要的东西。但有时候,这些家伙会发现别人忽略的宝物。

18.3 矿工

矿工是那些挖掘数据、分析它们能不能说明问题的人。矿工接受别人的断言,通过工作说明断言是否正确,或者说其真实度有多强。矿工经常使用统计工具,且以项目为工作基础。他们提出的查询规模非常大,工作方式是启发式的。探险者经常与矿工一前一后地工作。探险者提出断言和假设,矿工搞清这些断言和假设的真实性。

矿工有特殊的技能(通常是数学技能),这些技能将他们与其他的技师区分开。

18.4   旅行者

旅行者知道去哪里寻找要的东西。他们具有的知识深度不够，但是广度却绰绰有余。他们对正式和不正式的系统都很熟悉，知道如何使用互联网。他们熟悉各种形式的元数据，清楚到哪里找到索引，如何使用索引。他们不但熟悉结构化的数据，而且还熟悉非结构化数据。他们熟悉源代码，懂得如何阅读和解释源代码。

18.5   整个社区

这么多的用户组成了最终用户社区。他们的需求，包括了所有的DSS处理和数据仓库的请求。但这些用户有自己各自的需求。

从数量上来讲，农民的数量可能是最多的。但有意思的是，不同的用户可能会调换自己的职业。用户这一分钟是农民，下一分钟就可能成为探险者。因此，取决于手头的任务不同，同一个人在不同的时间可能是不同类型的用户。

不同的最终用户回答的问题不同。下面的这些问题是最终用户经常要面临的典型问题。

- **农民**——每周有多少个有问题的贷款，这些贷款的情况变得好些了，还是变得更糟糕了？
- **探险者**——也许应该对问题贷款进行不同的分类。问题贷款可以有多少种分类方式？
- **矿工**——现在有一个新的分类方法，有多少种这类贷款，其中有多少个已被曝光？
- **旅行者**——在哪里可以找见问题贷款账号为12345的更多信息？

18.6   不同的数据类型

可能大家一般认识不到，对数据仓库来讲，有很多种不同的最终用户，而且这些用户对数据仓库的设计和使用有很大的影响。考虑以下这个例子。数据仓库中不同的数据，其使用概率不同。图18-1显示数据在使用概率上的分类。

图18-1显示，有些数据使用频繁，而另一些数据却很少使用。随着数据数量的增加，这样的分类是很自然的。

然而，从不同的用户角度来讲，农民访问的数据是频繁访问的数据，而探险者访问的数据遍布整个数据仓库——包括频繁使用的数据，也包括不频繁使用的数据。

图18-1 农民使用数据仓库的情况比较好预测。探险者使用的情况无法预测

数据使用的这种分散分布很重要的原因是，如果不对探险者服务，数据的分布就变得很容易。如果仅仅对农民服务，就没有很多的需要去访问不频繁使用的数据了。在这种情况下，就不需要近线存储和存档存储了。如果数据仓库确实需要对探险者提供服务，就需要访问不频繁使用的数据了。

而且，不同类型的用户访问CIF的不同部分。农民一般访问数据集市，探险者访问数据仓库和探查型数据仓库，数据挖掘者（矿工）访问数据挖掘型数据仓库和探查型数据仓库，旅行者访问元数据。

18.7   成本论证和ROI分析

进行用户分析其中的一个原因，就是它与数据仓库的成本论证分析是相关的。农民的价值见解几乎经常用于分析数据仓库的投资回报率（ROI）和成本理由。以下是几个原因：

- **农民工作的意义是明显和熟悉的。人们每天都可以看见农民所做的工作。**

- 农民成功的概率是很高的。每天农民所发现的信息都可能对决策有所帮助。

换个角度，从探险者来看，他们访问数据的成功率不高。如果用探险者的贡献来说明数据仓库的意义，就非常靠不住。实际上，探险者可能一无所获，这样的情况下建库所做的努力就应该更谨慎。

当然，农民可能只是找到一点一点的金子，探险者也可能找到钻石。情况也可能是，农民能找到大量的小金粒，而探险者可能空手而归。但是，如果探险者找到有用的东西，这些东西就可能非常有价值。

大多数的管理层都反感风险。因此，如果要销售数据仓库服务，最好是多说农民，少谈探险者。

18.8 小结

要讨论DSS最终用户真是困难重重。实际上，最终用户由于需要的信息不同，具有不同的特征。以下是四个不同种类的DSS最终用户：

- 农民
- 探险者
- 矿工
- 旅行者

最终用户的不同之处可以在不同的地方表现出来，例如对频繁访问数据和非频繁访问数据的分类，以及ROI（投资回报比）分析和成本原因。

第19章 数据仓库设计的复查要目

在操作型环境中确保质量的最有效的方法之一是设计复查。通过设计复查，可以发现各种错误，并在编码之前更正。在开发周期的早期阶段花费一定的代价去寻找设计中的错误，具有很重要的意义。

在操作型环境中，设计复查通常是在应用的物理设计完成以后进行的。操作型设计复查所围绕的问题类型有以下这些：

- 事务处理性能
- 批处理窗口是否足够
- 系统可用性
- 容量
- 项目准备的充分性
- 用户需求的满足程度

如果在操作型环境中我们正确地进行了设计复查，就可以节约大量资源，并且大大增加用户对系统的满意度。更重要的是，当设计复查得到正确地实施以后，在系统进入生产阶段，主要代码部分就用不着推倒重写了。

与在操作型环境中一样，设计复查在数据仓库环境中也是适用的，但有几个附带条件。

一个附带条件是，在数据仓库环境中，系统是以迭代的方式建立起来的，在这种开发方式下，需求的发现过程是开发过程的一个部分。典型的操作型环境是在严格定义的SDLC(系统开发生命周期)下建立的，而数据仓库环境下的系统并不是按SDLC建立的。操作型环境和数据仓库环境下的开发过程的其他区别如下：

- 操作型环境中的开发是按一次一个应用的方式进行，数据仓库环境下的系统是按一次一个主题域的方式进行的。
- 在操作型环境中，由一组稳定的需求形成操作型环境下设计和开发的基础。而数据仓库环境下，在DSS开发开始时，人们对处理需求很少有一个稳定的认识。
- 在操作型环境中，事务响应时间是主要的而且是极其重要的问题。而在数据仓库环境中，事务响应时间基本上不算个问题。
- 在操作型环境中，来自不同系统的输入通常来自企业的外部数据源，最常见的是通过与外部代理的交互获取数据。在数据仓库环境中，数据通常来自企业内部的各个系统，系统的数据是由很多不同的现有数据源集成而来的。
- 在操作型环境中，数据几乎都是当前值(也就是说，数据在使用的那一刻是准确的)。而在数据仓库环境中，数据是随时间变化的(也就是说，数据与某个时刻相关)。

这样，在操作型环境和数据仓库环境之间存在一些根本的区别，这些区别可以在进行设计复查的过程中体现出来。

19.1 何时进行设计复查

在数据仓库环境中，一个主要主题域设计好了，并准备加入到数据仓库环境中时，就应开始做设计复查。但并不是每建一个新的数据库都需要做设计复查。相反，当新的主题域不断加入到数据库中时，就有必要作为整体进行设计复查。

19.2　谁负责设计复查

设计复查阶段的参加者包括与所复查的DSS主题域有关的开发人员、操作人员或使用人员。正常情况下，包括如下人员：
- 数据管理员(DA)
- 数据库管理员(DBA)
- 程序员
- DSS分析员
- 除DSS分析人员外的最终用户
- 业务管理部门
- 系统支持人员
- 管理人员

在这组人员中，最重要的参与者是最终用户和DSS分析员。

在同一时间同一地点，将所有上述人员聚在一起有一个显著的好处，就是无缝沟通，消除不同认识。在日常环境中，最终用户将问题告诉联络者，联络者转达给设计者，设计者又通知程序员，在这个过程中很有可能造成误传和误解。而当所有相关人员聚在一块时，就有了直接交流的机会。这对于正在进行复查的项目来说，是非常有益的。

19.3　有哪些议事日程

对数据仓库环境进行复查的主题可以是任何可能导致失败的设计、开发、项目管理或者应用问题。简言之，任何有碍成功的障碍在设计复查过程中都会涉及。通常，如果大家对一个主题越有争议，在复查期间越应该重视它。

复查过程的基本问题将在本章后面的部分中讨论。

19.4　结果

数据仓库设计复查能产生三种结果：
- 对问题的管理的评价和对进一步行动的建议，
- 有关系统在设计中的位置以及复查时间的文档，
- 一个行动要目表，阐明特定目标和行动步骤，它们是复查过程的结果。

19.5　复查管理

复查过程由两个人领导，一个督导人和一个记录员，督导人绝对不能是要复查的项目的管理者或开发者。在有些情况下，若督导人是项目负责人，从许多角度而言，将达不到复查的目的。

要进行一次成功的复查，督导人不能参与项目，这点必须得到强制执行，原因如下：
- 作为一个局外人，督导人会用新的眼光，从外部角度观察系统。这种新鲜的眼光经常能揭示出那些与系统的设计和开发很密切的人所不能发现的重要见地。

• 作为一个局外人，督导人能建设性地提出批评。与开发工作很密切的人员给出的批评往往具有个人观点，并可能使设计复查局限于一个非常低的水平。

19.6 典型的数据仓库设计复查

1. 复查过程中遗漏了谁？是否有应该出席的小组遗漏了？以下这些小组成员出席了吗？
• 数据管理员
• 数据库管理员
• 编程人员
• DSS分析员
• 最终用户
• 操作人员
• 系统编程人员
• 审计人员
• 管理人员

各小组的正式代表是谁？

解答：抛开其他因素不说，是否有合适的人员恰当地参与了设计复查对于复查的成功是至关重要的。最重要的参加者是DSS分析员或最终用户。管理人员或许参加或许不参加，这可以由他们决定。

2. 最终用户的需求都已完全预见到了吗？如果是，达到了什么程度？设计复查中最终用户代表是否同意已做好的有关需求的表述？

解答：从理论上讲，没有与最终用户的交互，也就是说没有对最终用户的需求的预测，也能建立起DSS环境。然而，如果需要修改数据仓库环境中数据的粒度，或者在数据仓库的顶层，需要建立EIS/人工智能处理功能，那么，对需求进行一些预测是很有益的。通常，即使对DSS需求进行了预测，最终用户的参与程度也是非常低的，最终结果也是非常粗略的。而且，也不应该将大量的时间花费在对最终用户需求的预测上。

3. 在数据仓库环境中已经建好了数据仓库的多少内容？
• 哪些主题？
• 有哪些细节数据？哪些汇总数据？
• 按字节算、按行算、按磁道/柱面算有多少数据？
• 有多少处理量？
• 独立于被复查项目，有哪些增长模式？

解答：数据仓库环境的当前状态对于正被复查的开发项目来说具有很大的影响。刚开始的开发工作应在有限的范围内进行，并且应在边试边改的基础上开展。在这个阶段，不应涉及关键的处理或数据。另外，应该预计到会有一定量的快速反馈和反复开发工作。

此后的数据仓库开发工作出错的机会会少一些。

4. 从数据模型中找出了多少主要主题？有多少是正在实现的？有多少已全面实现？有多少由正在被复查的项目来实现？有多少会在不远的将来实现？

解答：通常，数据仓库环境一次实现一个主题。最初的几个主题几乎当作实验考虑。前面的主题开发工作中的经验，能在后面主题的实现中应用。

5. 数据仓库环境之外是否存在重要的DSS处理（也就是数据仓库）？如果是，有没有可能产生重复或冲突？对数据仓库环境外的DSS数据和处理的迁移方案是什么？对于将不可避免的迁移，最终用户能理解吗？在什么时间范围内做迁移工作？

解答：在正常情况下，在数据仓库环境中，只有部分数据仓库，而其他部分的数据处在数据仓库环境之外，这将是一个重大的错误。只有在一些最特别的例外情况下，才允许存在一个"分割"方案。（分布式DSS环境就是这样的一种情况。）

如果数据仓库的有些部分确实处在数据仓库环境之外，就应该有一种方案能将DSS体系中的那部分数据搬回到数据仓库环境中。

6. 已经确定的主要主题是否都已经划分到较低的细节级？
• 是否标明了各个关键字？
• 是否已经确定了属性？
• 关键字和属性是否已组合起来？
• 不同数据分组之间的关系是否已经确定？
• 是否已经得到每一组随时间的变化？

解答：对于数据仓库环境来说，需要有一个数据模型作为数据仓库环境的智能中心。在正常情况下，这种数据模型有三个层次：可以标识实体和关系的高层模型；可以标识关键字、属性和关系的中层模型；以及可以进行数据库设计的低层模型。然而，在开始建立DSS环境之前，并不需要将所有的数据都模型化到最低细节层，但至少高层模型应该建好。

7. 是否需要对问题6中所讨论的设计进行周期性的复查？（多长时间一次？非正式地还是正式地？）复查以后，做出了哪些修改？最终用户的反馈是如何传递给开发者的？

解答：有时需要修改数据模型以反映企业的业务变化。通常情况下，这些变化是自然增加的，革命性的变化是不很常见的。应该对这种变化可能对现有的数据仓库数据和计划中的数据仓库数据造成的影响做出一个评估。

8. 是否已找出操作型环境的记录系统？
• 每一个属性的数据源找出没有？
• 是否已经找到某一个或另外一个属性会成为数据源的条件？
• 如果某个属性没有数据源，是否确定了它的默认值？
• 是否已经确定了数据仓库环境中的那些数据属性的属性值的公用度量标准？
• 是否已经确定了数据仓库环境中的那些数据属性的共同编码结构？
• 是否已经确定了数据仓库环境中的公共关键字结构？记录系统在哪些地方不符合DSS关键字结构的条件？找到转换途径没有？
• 如果数据来自多个数据源，是否决定了确定适当数值的规则？
• 是否已经确定了存储记录系统的技术？
• 当进入数据仓库时，是否要对属性进行汇总？
• 当进入数据仓库时，是否要对多个属性进行聚集？
• 数据通过数据仓库是否会重新排序？

解答：数据模型建立好以后，记录系统就定好了。记录系统通常存在于操作型环境中，记录系统代表了支持数据模型的现存数据中最好的数据源。集成问题在定义记录系统时是一个非常重要的因素。

9. 从操作型记录系统中抽取数据到数据仓库环境的过程的频率确定没有？当前抽取过程如何从上次的抽取过程中识别出操作型数据的变化？

- 通过查看时间戳数据？
- 通过改变操作型应用代码？
- 通过查看日志文件？或是审计文件？
- 通过查看差异文件？
- 通过比较"前"映像和"后"映像？

解答：抽取过程的频率之所以成为问题，是由于刷新中所需要的资源、刷新过程的复杂性以及数据及时刷新的需要等原因造成的。数据仓库数据的可用性常常与数据仓库的刷新频率有关。

从技术角度而言，一个最复杂的问题是在抽取过程中判定应该扫描哪些数据。在有些情况下，需要从一个环境中传到下一个环境中的操作型数据是相当明确的。在另外一些情况下，根本就无法知道应该检查哪些数据，并将其作为载入数据仓库环境的候选数据。

10. DSS环境中通常包含多少数据量？如果数据量很大，那么
- 是否应指定多重粒度级？
- 是否应该对数据进行压缩？
- 是否应进行定期数据清除？
- 是否需要将数据移到近线存储器？以什么频率转移？

解答：除了抽取过程所处理的大量数据外，设计者需要考虑数据仓库环境中实际的数据量。对数据仓库环境中数据量的分析直接产生数据仓库环境中的数据粒度问题，并可能导致多重粒度级的出现。

11. 为了创建数据仓库环境而执行抽取过程时，哪些数据将滤出操作型环境？

解答：所有的操作型数据都传送到DSS环境中是很少见的。几乎每一操作型环境都包含只与操作型环境相关的数据。这些数据不应该进入数据仓库环境中。

12. 采用什么软件给数据仓库环境提供数据？
- 已经对该软件进行彻底检查吗？
- 存在或可能存在什么瓶颈？
- 接口是单向的还是双向的？
- 需要什么技术支持？
- 有多少数据量需要经过该软件的处理？
- 需要对软件做什么样的监控？
- 需要对软件做什么周期性地修改？
- 这种修改会伴有什么服务中断？
- 安装这种软件需要多少时间？
- 谁负责这种软件？
- 这种软件何时能充分投入使用？

解答：数据仓库环境能够处理大量不同类型的软件接口。然而，不应低估中断时间和"基础架构"所需的时间的量。DSS体系结构设计者不能想当然地认为将数据仓库环境与其他环境连接起来肯定是直截了当而容易的事。

13. 为数据仓库环境外的DSS部门和个人处理提供数据需要什么软件接口？
- 是否已经彻底地测试了接口？
- 可能存在什么瓶颈？

- 接口是单向的还是双向的?
- 需要什么技术支持?
- 接口的预期数据流量多大?
- 接口需要什么样的监控?
- 将对接口做哪些修改?
- 对接口作修改后可能会产生什么中断?
- 安装接口需要多长时间?
- 谁负责这个接口?
- 接口什么时候才能投入全面的应用?

14. 在数据仓库环境中将使用什么样的物理组织数据机制? 数据能直接存取吗? 能进行顺序存取吗? 能简单而廉价地创建索引吗?

解答: 设计者应该复查数据仓库环境的物理配置以确保有足够的可用空间, 并应保证数据到了数据仓库环境中以后, 就能有效快速地操纵数据。

15. 数据仓库环境建好以后, 往其中增加更多的存储设备的难易程度如何? 在数据仓库环境中重新组织数据难不难?

解答: 没有一个数据仓库是静态的数据仓库, 没有数据仓库能在设计的初始阶段就能完完全全地得到说明。在数据仓库环境的整个生命期间内, 作一些设计上的修改是完全正常的。在建立一个数据仓库环境时, 如果在中间过程中不能作任何修改, 或很难进行修改, 那么, 这个数据仓库的设计必定是一个失败的设计。

16. 数据仓库环境中的数据需要经常进行重构 (就是说增加列、删除列或者扩大列宽, 或修改关键字等) 的可能性有多大? 这些结构修改工作对数据仓库正在进行的处理有什么影响?

解答: 考虑到数据仓库环境中的数据量较大, 重构并不是件容易的事。另外, 对于存档数据, 过了一定时间以后, 对数据的重构在逻辑上几乎是不可能的。

17. 对数据仓库环境的期望性能水平如何? 是否正式或非正式地拟定了DSS服务水平的协议?

解答: 除非正式拟定了一个DSS服务水平协议, 否则不可能度量出性能指标是否达到要求。这个DSS服务水平协议应该涵盖DSS性能水平及停机时间。典型的DSS服务水平协议应阐明以下内容:

- 高峰时刻的平均性能, 按数据单元算。
- 非高峰时刻的平均性能, 按数据单元算。
- 高峰时刻的最坏性能, 按数据单元算。
- 非高峰时刻的最坏性能, 按数据单元算。
- 系统可用性标准。

DSS环境的一个难题是性能度量, 不像操作型环境, 可以用绝对标准度量性能, DSS处理性能度量与下列内容有关:

- 单个请求要求有多少处理量。
- 当前正在进行的处理有多少。
- 在执行时, 系统中有多少用户。

18. 可用性的期望水平有多高? 是否已为数据仓库环境正式或非正式地拟定了可用性协议?

解答: (见问题17的解答)

19. 对数据仓库环境中的数据如何进行索引？如何存取数据？

• 数据表是否有超过四个索引？

• 所有数据表是否散列表？

• 数据表是否只有主键索引？

• 维护索引需要些什么开销？

• 最初载入索引需要哪些额外开销？

• 索引的使用频率如何？

• 为了服务于更广泛的应用，索引能否改变？

解答：数据仓库环境中的数据要求高效而灵活地存取。不幸的是，数据仓库处理所具有的启发式特性使得对索引的需求具有不可预测性。这样，不能想当然地存取数据仓库环境中数据。通常，采用多层方法管理对数据仓库的数据存取是最理想的：

• 散列关键字或主关键字应该满足多数存取。

• 二级索引应满足其他大多数存取模式。

• 临时索引应该满足不常见的存取。

• 对数据仓库数据的子集的抽取和顺序索引应该满足不频繁或者一生一次的数据存取操作。

在任何情况下，数据仓库环境中的数据都不应该按太大的分区存放，以免无法自由地进行索引。

20. 预期数据仓库环境中的处理量如何？高峰期如何？日平均量的概要情况如何？峰值处理率又如何？

解答：不但需要预计数据仓库环境中的数据量，而且应该预计到数据处理量。

21. 数据仓库环境中的数据应有怎么样的粒度级？

• 高粒度级？

• 低粒度级？

• 多重粒度级？

• 要不要进行轮转汇总？

• 是否有一个真实档案数据层？

• 是否有一个活样本数据层？

解答：显然，在数据仓库环境中，最重要的设计问题是数据的粒度和采用多重粒度级的可能性。简言之，如果数据仓库环境的粒度级已经正确地设计好了，那么所有其他问题就变得简单明了了。如果数据仓库环境的数据粒度级没有正确地设计好，那么所有其他设计问题将会变得复杂而繁重。

22. 对数据仓库环境中的数据而言，有什么数据清除标准？数据是真的被清除走，还是压缩好放到其他地方？有什么法定需求？有什么审计要求？

解答：即使DSS环境中的数据是存档的，必然地具有很低的存取可能性，这些数据还是具有某种存取可能性（否则它就不应存储）。当存取的可能性减低到0(或接近0)时，数据就应该清除了。如果数据量是数据仓库环境中一个极严重的问题，将不再有用的数据清除出去成为数据仓库环境的比较重要的方面之一。

23. 需要什么样的总的数据处理能力？

• 为了最初实施？

• 为了成熟时期的数据仓库环境？

解答：如果无法对处理能力方面的需求值准确地规划到最末位，那么，对系统所需要的处理能力起码做一下估计也是有益的，以免造成实际需要和可用能力之间的不匹配。

24. 在数据仓库环境中，将会识别出各个主题域间的哪些关系？这些关系的实现

- 能不能使外部关键字得到不断的刷新？
- 能不能利用人工关系？

建立和维护数据仓库环境中的关系需要哪些开销？

解答：数据仓库设计者要做的最重要的设计决策之一，就是该如何实现数据仓库环境中的数据之间的关系。在数据仓库中，数据关系的实现方式几乎不可能套用操作型环境中的数据关系的实现方式。

25. 数据仓库环境内部的各个数据结构是否利用了以下各项技术：

- 数据阵列？
- 选择性的数据冗余？
- 数据表的合并？
- 导出数据的共用单元的创建？

解答：在数据仓库环境中，尽管操作型性能并不算是什么问题，但性能毕竟是一个问题。如果前面所列的这些设计技术能够减少I/O总量，设计者就应考虑采用这些技术。这些技术是典型的物理反向规范化技术。因为在数据仓库环境中的数据并不需要修改，所以，对于哪些事能做，哪些事不能做，并没有什么限制。

决定该采用哪些技术时应考虑的因素包括如下几条：

- 数据值个数的可预测性。
- 数据访问模式的可预测性。
- 收集数据人工关系的必要性。

26. 数据仓库中的数据库恢复需要多长时间？计算机运行部门是否做好了进行一次完整的数据仓库数据库恢复的工作准备？是部分性的恢复？运行部门是否会周期性地执行恢复工作，为便为以后可能需要的恢复工作作好充分准备？准备的程度是在下面的哪一级体现的呢？

- 系统支持？
- 应用编程？
- 数据库管理员？
- 数据管理员？

对于每类可能出现的问题，问题的责任是否已经明确？

解答：就像在操作型系统中一样，设计者必须为在恢复期间出现的中断做好准备工作。恢复的频率、对系统进行备份所需的时间以及在中断期间可能会产生的连锁反应，都需要认真加以考虑。

是否已经准备、测试和编写好了用于恢复的指导说明书？这些指导说明书有没有得到及时的更新？

27. 为了进行数据重组织和调整数据结构，应进行什么级别的准备？

- 操作人员？
- 系统支持人员？
- 应用编程人员？
- 数据库管理员？

• 数据管理员？

是否编写了说明书，建立了过程？是否经过了测试？是否是最新的？能一直得到及时更新吗？

解答：（见问题26的解答）

28. 为了装载数据库表，应进行什么级别的准备？

• 操作人员？

• 系统支持人员？

• 应用编程人员？

• 数据库管理员？

• 数据管理员？

是否编写了说明书，并建立了过程？是否经过了测试？是否是最新的？能一直得到及时更新吗？

解答：装载所需的时间和资源可能是相当可观的，应该谨慎地做估计，这个估计需要在开发生命周期的早期进行。

29. 为了装载数据库索引，应进行什么级别的准备？

• 操作人员？

• 系统支持人员？

• 应用编程人员？

• 数据库管理员？

• 数据管理员？

解答：（见问题28的解答）

30. 如果对数据仓库环境中的某项数据的精确性有争议，该如何解决？数据仓库环境中每个单元的数据的所有权（或至少数据出处）定好了没有？如果需要，能不能建立数据的所有权？谁负责处理所有权问题？有关所有权问题，谁拥有最终的决定权？

解答：在数据仓库环境中，数据的所有权或管理权是数据仓库环境成功与否的基本因素。有时不可避免地会讨论到数据库的内容。对这种可能性，设计者应该提前计划好。

31. 一旦数据放到数据仓库环境中，该如何修改数据？修改的频率如何？应该对修改进行监控吗？如果存在一种定期修改的模式，在数据源层次上（也就是操作环境下）的修改如何进行？

解答：有时或不定期地需对数据仓库环境下的数据做一些修改。如果出现这些修改模式，那么DSS分析人员需要调查一下操作型系统中是否存在什么问题。

32. 公共汇总数据是否要与普通的原始DSS数据分开存放？有多少公共汇总数据？是否应该存储用于创建公共汇总数据的算法？

解答：即使数据仓库环境包含原始数据，在数据仓库环境中存在公共汇总数据也是很正常的。设计者应该准备一些逻辑空间来存放这些数据。

33. 需对数据仓库环境中的数据库采用哪些安全措施？如何实施安全措施？

解答：数据访问成为一个问题，特别是在对细节数据进行汇总或聚集时。设计者需要预计到这种安全需求，并为之准备好数据仓库环境。

34. 有什么审计需求？怎样满足这些审计需求？

解答：通常，系统审计可以在数据仓库层上做，但几乎总是错误。相反，在记录系统层上做细节记录的审计是最好的。

35. 是否采用数据压缩？是否考虑到压缩/解压缩数据的开销？有什么开销？通过DASD压缩/解压缩数据能节省什么？

解答：一方面，对数据进行压缩或编码能节省大量的空间。而另一方面，数据压缩和编码都需要CPU时间，因为访问数据时需要解压缩或解码。设计者应该对这些问题做充分的研究，并在设计中做一个审慎的折中方案。

36. 需要对数据进行编码吗？考虑到编码/解码的开销没有？实际上，都有哪些开销？

解答：（请参看问题35的解答）

37. 数据仓库环境中应该存储元数据吗？

解答：作为一条法则，元数据需要与所有档案数据一起存储。对于分析人员来说，在使用档案数据解决问题的时候，如果不知道所分析的数据域内容的含义，绝对很难办。如果将数据存档时，把数据语义与数据存放在一起，就可以缓解前面的问题。随着时间的过去，数据仓库环境中的数据内容和结构发生些变化是绝对正常的。设计者必须确保系统能始终跟踪随着时间变化的数据定义。

38. 参照数据表是否应该存放在数据仓库环境中？

解答：（请参看问题37的解答）

39. 数据仓库环境中需要维护哪些目录/字典？谁负责维护？如何保持更新？是为谁而准备的？

解答：不但随时跟踪数据定义是一个问题，跟踪数据仓库环境中的当前数据变化也很重要。

40. 数据仓库环境中允许进行数据更新（相对于装载和访问数据）吗？（为什么？更新量多少？在什么情况下？是不是仅限于异常的情况？）

解答：在数据仓库环境中，如果在正常的情况下任何更新操作都可以做的话，设计者就应该探讨一下其中的原因了。唯一会出现的更新应该在出现异常的情况下，并且只能对一小部分数据进行的更新。除此以外都会严重地危及数据仓库环境的功效。

在做更新操作的时候（如果确实要做），它们应在一个私有窗口中执行，应该在系统中没有其他处理，且处理器有空闲时间的时候进行。

41. 从操作型环境中取数据到数据仓库环境中时，有什么样的时间迟延？这个时间迟延会不会少于24个小时？如果会，为什么？在什么情况下会这样？数据从操作型环境传送到数据仓库环境的过程是一个"推"过程还是一个"拉"过程？

解答：从策略上讲，任何少于24小时的时延都可能有问题。通常，如果需要少于24小时的时延，表明开发者是在将操作型需求构建到数据仓库中。流向数据仓库的数据流应该总是一个拉过程，也就是说数据在需要的时候被拉进数据仓库，而不是在系统可用的时候推到数据仓库环境中。

42. 应该记录哪些有关数据仓库活动的日志？谁将访问这些日志？

解答：大部分DSS处理不需要日志。如果需要做大量的日志，通常情况下表明人们对当前数据仓库环境中正在发生的处理的类型缺乏足够的理解。

43. 除了公共汇总数据以外，还有其他的数据从部门层或个体层流向数据仓库环境中吗？如果有，描述这些数据。

解答：只有在很少的情况下，公共汇总数据不是来自于部门层或个体层处理。如果有许多公共汇总数据来自其他数据源，则分析者就应该寻找一下原因。

44. 有什么样的外部数据（即不是由企业内部的数据源和系统产生的数据）进入数据仓库环境？这些数据要不要加上特别标记？它们的数据源要与数据存储在一起吗？这些外部数据进入系统的频率如何？有多少外部数据进入？是否需要非结构化的格式？如果发现外部数据不准确会出现什么情况？

解答：除了公司的操作型系统外，虽然允许存在一些合理的外部数据源，但是，如果有许多数据从外部进入时，分析人员应该寻找一下原因。在外部数据的内容和规则的可用性方面，所能具有的灵活性都不可避免地要少得多，虽然说外部数据也是一个不可忽视的重要数据源。

45. 有什么样的环境工具能帮助部门和个体用户查找数据仓库环境中的数据？

解答：数据仓库的一个主要特点就是易于访问数据。而数据的可存取性问题第一步就是这些数据的初始位置。

46. 有人尝试将操作型处理和DSS处理同时混在一台机器上吗？如果这样：

- 为什么？
- 有多少处理？
- 有多少数据？

解答：出于许多方面的考虑，同时将操作型处理和DSS处理混合在同一台机器上是没有什么意义的。只有在数据量和处理量都很小的时候，才有可能进行混合。但在这样的情况下，数据仓库环境无法达到最大成本效益。（请参阅我先前的书《Data Architecture：The Information Paradigm》，Wellesey, MA: QED/Wiley，1992年出版，该书对此问题有更深入的探讨。）

47. 有多少数据会从数据仓库层流回到操作层？按照什么频率？数据量多大？对响应时间有什么限制？回流的数据是汇总性数据还是单个数据单元？

解答：通常，数据从操作型处理流向仓库层处理，再流向部门层处理，再流向个体层处理。也存在一些值得注意的例外情况，只要没有太多的数据"回流"，并且回流是以有序的方式执行的，通常不会出现问题。然而，如果回流时所涉及的数据量很大，就说明有问题了。

48. 会出现多少针对数据仓库环境的反复性处理？导出数据的预先计算和存储能节省处理时间吗？

解答：对于数据仓库环境而言，具有一定量的反复性处理绝对是正常的。然而，如果只做反复性处理，或根本没有计划任何反复性处理，设计者就应去找一下原因。

49. 主要主题该如何划分？（按年？按地域？按功能单元？按生产线？）对数据进行分区的精细程度如何？

解答：考虑到数据仓库环境所固有的数据量以及数据用途的不可预测性，必须要求把数据仓库数据在物理上划分为小单元，以便独立地管理。我们要面对的设计问题不是是否应该进行分区，而是该如何进行分区的问题。一般地，分区是在应用层而不是在系统层进行。

对分区策略进行复查的时候，应注意以下问题：

- 当前数据量，
- 未来数据量，
- 数据的当前用途，
- 数据的未来用途，
- 仓库中其他数据的分区问题，
- 其他数据的用途，

• 数据结构变动性。

50. 要创建稀疏索引吗？它们有用吗？

解答：在合适的地方创建的稀疏索引能够节省大量的处理。出于同样的原因，稀疏索引创建和维护需要相当数量的额外开销。数据仓库环境的设计者应考虑好它们的使用问题。

51. 要创建什么样的临时索引？要保留多长时间？它们会有多大？

解答：（参看问题50的解答，它也适合于临时索引）

52. 部门层和个体层会有什么文档？有关数据仓库环境和部门环境之间的接口、部门环境和个体环境之间的接口、数据仓库环境和个体环境之间的接口都有些什么文档？

解答：在部门和个体环境中，考虑它们的处理具有形式自由的特性，不太可能有太多的可用文档。然而，有关各个环境之间的关系的文档对数据的一致性是很重要的。

53. 用户要为部门层处理、个体层处理付费吗？谁承担数据仓库处理的费用？

解答：有一点是很重要的，就是用户必须有自己的预算，必须为所使用的资源付费。一旦处理过程"免费"，可想而知，会出现很多滥用资源的现象。付费可以增加使用资源的责任成分。

54. 如果数据仓库环境是分布式的，有没有确定数据仓库的公用部分？如何进行管理？

解答：在分布式数据仓库环境中，一些数据必然受到严密的控制。这些数据需要由设计者和存放在合适地方的元数据控制部件预先标识出来。

55. 数据仓库中将有什么监控机制？在数据表级进行监控？在数据行级进行监控？还是在数据列级进行监控？

解答：对数据仓库数据的使用必须进行监控，以判定数据的不活跃比例。监控必须在表级、数据行级和数据列级进行。另外，也有必要对数据库的事务实施监控。

56. 要支持第IV类ODS吗？支持第IV类ODS处理对数据仓库性能的影响会有多大？

解答：第IV类ODS由数据仓库提供数据，在数据仓库中可以找到在第IV类ODS中用于创建概要数据所需的数据。

57. 数据仓库中需要什么测试工具？

解答：在数据仓库中，测试的重要性与操作型事务环境中的测试的重要性处于不同的层次。但数据仓库中偶尔有测试的需要，特别是在装载新类型的数据和在数据量非常大的时候。

58. 数据仓库需要为哪些DSS应用提供数据？需要提供的数据量有多少？

解答：DSS应用就像数据集市一样，需要从数据仓库取得数据。这其中涉及的问题包括何时对数据仓库进行检测、检测频率如何、分析对性能造成怎样的影响等。

59. 数据仓库是否需要为探查型仓库和/或数据挖掘型仓库提供数据？如果不需要，探查处理是否在数据仓库中直接进行？如果需要，需要为探查型/数据挖掘仓库提供什么资源？

解答：创建一个探查型和/或数据挖掘型数据仓库能大大减轻数据仓库的资源负担。当探查频率比较高，使得统计分析开始对数据仓库的资源带来冲击时才需要建立探查型数据仓库。

这里的问题包括更新频率和需要更新的数据量。另外，也经常有数据仓库增长式更新的需要。

60. 在运行过程中，将数据装载到数据仓库需要什么资源？是否会因为装载量大而无法在给定时间窗口内载入数据？是否需要对装载过程实施并行处理？

解答：有时，需要装载到数据仓库的数据太多，从而使得装载时间窗口不够大。当装载量太大时，有以下几个可选的解决方法：

- 建立一个缓冲区，可以对需要装载的数据进行尽量多的独立预处理工作。
- 对装载流进行并行处理，使装载所需的时间缩短，使装载能正常处理。
- 对需要装载的数据进行编辑或汇总，使实际装载量减少。

61. 主题域的中间层模型已经建立到什么程度？不同的中间层模型之间有关系吗？

解答：每一个主要主题域都有自己的中间层数据模型。通常，只有当开发设计该主题的某一次反复过程中需要建立某个中间层模型时才会建立该模型。另外，中间层数据模型之间的关联方式与主要主题域间的关联方式相同。

62. 为了需要由数据仓库提供数据的体系结构中的不同成员服务，数据仓库数据的粒度级是否足够低？

解答：数据仓库为体系结构中的许多不同成员提供数据。数据仓库的粒度级必须足够低，以便为企业信息工厂（Corporate Information Factory, CIF）结构中的最低层数据需求提供数据。这也是为什么说数据仓库的数据是最小公分母的原因。

63. 如果数据仓库中需要存储电子商务数据和点击流数据，粒度管理器在何种程度上对数据进行过滤？

解答：基于Web环境会生成大量的数据，所生成的数据的粒度级非常低。为了在数据进入数据仓库以前对数据进行汇总和聚集，数据传送给粒度管理器。粒度管理器能大大缩小要进入数据仓库的数据的量。

64. 磁盘存储数据和其他介质存储数据的划分标准是什么？

解答：对于将数据放置在磁盘上还是其他存储设备上的问题，多数企业采用的常见方法是将最新的数据放在磁盘上，而将较旧的数据放置在备用存储介质上。典型地，磁盘存储可以存储两年的数据，而在备用存储器上存储所有的比两年时间更长的数据。

65. 如何管理磁盘存储器和备份存储器之间的数据移动？

解答：多数企业利用软件管理磁盘存储器和备份存储器间的数据流。这种软件通常称为跨介质存储管理器（CMSM）。

66. 如果某个数据仓库是全球型数据仓库，本地需要存储什么数据？在全球范围内又需要存储什么数据？

解答：当数据仓库是全球型数据仓库时，一些数据将集中存储，另外一些数据则将在本地存放。根据数据的使用情况来决定数据存储方式。

67. 对于一个全球型的数据仓库，能否保证数据能在国际间传送？

解答：一些国家的法律不允许数据越过它们的国界。全球型的数据仓库必须确保不会违反国际法。

68. 对ERP环境，是否已经确定数据仓库将放在什么地方？是在ERP软件中还是在ERP环境外？

解答：数据仓库放在何处取决于许多因素：

- ERP提供商是否对数据仓库提供支持？
- 非ERP数据能否放入数据仓库中？
- 如果数据仓库放置在ERP环境中，在数据仓库上可以使用什么分析型软件？
- 如果数据仓库放置在ERP环境中，应用使用什么DBMS？

69. 备用存储器能否得到独立的处理？

解答：旧数据存储在海量存储介质中，如果能独立地处理备用存储介质上的数据，经常会非常有用。

70. 正在采用的开发方法应该是一个螺旋式的开发方法，还是一个传统的瀑布式的开发方法？

解答：对于数据仓库环境而言，螺旋式的开发总是正确的开发方式。瀑布式的SDLC方法永远不会是合适的方法。

71. 是否需要采用ETL工具将数据从操作型环境移到数据仓库环境，还是手工实现这些转换操作？

解答：几乎在每一个实例中，采用具有自动转换功能的装载工具，将数据装载到数据仓库环境中都具有一定的意义。只有当需要装载到数据仓库环境中的数据只具有很小的量时候，才可以考虑采用手工方法加以实现。

72. 非结构化数据是否进入数据仓库？

解答：非结构化数据在数据仓库中可能有意义，但对其进行集成却很困难。如果要使用非结构化数据，那么在它们进入数据仓库之前，就要对它们进行编辑和组织。编辑包括删除终结字符和填塞字符。而且，一定要找到标识符。有用的标识符一共有两种：标识符和紧密标识符。标识符是指那些专门用于标识账户的项目。典型的标识符如社会保险号码，执照号码以及员工号。典型的紧密标识符如姓名，地址以及其他描述性的信息。

除了对其文本进行编辑以外，还要对非结构化数据进行屏蔽。很多文本都是"废话"。废话对商务智能毫无贡献，因此不能进入数据仓库。

73. 企业交流信息在进入数据仓库之前，是否要被组织一下？

解答：企业交流信息有可能对数据仓库非常有用。典型的情况下，企业交流数据可以补充客户关系管理（CRM）数据。但是，要企业交流信息发挥作用，必须根据标识符对它进行编辑和组织。而且，这些编辑和组织能够对交流信息进行分类，区分出哪些是重要信息，哪些是不重要的信息。

74. 有没有要重新回到非结构化环境查看相关信息的需求？

解答：非结构化环境的需求间或会有。问题是，可能非结构化环境要找的相关数据已经不在那里了。比如，电子邮件被删除。文本文件被删除。数据的存储地点发生了改变。为了在非结构化环境中找到曾经转移位置的数据，能做出的应急计划是什么？

75. 数据仓库环境中的非结构化数据可能占用大量的空间。如何能使结构化环境中的非结构化数据所需空间最小化？

解答：不用外部因素干预，数据仓库本身就可以变得很大。但非结构化数据加入到数据仓库中以后，大量数据增长很快。有几个办法可以使非结构化数据占用的空间达到最小，包括：

- 使用简单索引。如果一组非结构化数据不必在线，就可以只需简单的创建一个指向找到它的地方的索引
- 使用非结构化文档的前n个字节，使用户能够知道，这个非结构化文档一开始是什么样子的。这样做，就很可能不需要存储整个文档了。
- 指出环绕非结构化数据的上下文关键字。这些关键字能告诉用户一些关于文档的信息，并且可以提示用户找到和使用关键字的上下文环境。

76. 数据仓库在使用的过程当中是不是要有规律的监测？

解答：随着数据仓库逐渐变大，其中的大量数据的使用情况开始出现差别。一些数据的使用频率不高，一些数据使用频率很高。因此，数据管理员一定要弄清什么时候它们之间开

始出现分界线。

77. 使用过程中，是不是还要按列监测数据？

解答：靠行来监测数据是不够的。有时，有一些根本不会用到的列也会包含到数据仓库中。有必要去除这些列。

78. 数据监测要耗费多少资源？

解答：典型的情况下，由DBMS供应商提供的监测要耗费大量的资源。通常在高峰时期关掉监测程序。但不幸的是，高峰时期也是需要监测程序运行的时期。第三方软件在监测数据仓库方面往往比供应商提供的软件更有效率。

79. 使用过程中，数据是不是按行监测？

解答：通常按行监测使用情况。没有访问的数据行应该从数据仓库中移出，它们应转移到近线存储或存档存储。

80. 在数据从磁盘存储转移到近线存储，或从磁盘存储转移到存档存储过程中，应该如何管理数据？

解答：是否使用CMSM？转移过程是否手工操作？如果手工操作，需要多少时间？需要哪一种操作窗口？

81. 是什么通知系统，可以对近线存储或存档存储进行查询？

解答：如果系统在查询执行开始前一直等待，那么系统别无选择，只能访问近线存储或存档存储中的数据。如果用户能在查询以前提交一个查询请求队列，情况就好多了。还有一种办法，就是对要访问近线数据的查询过程进行解析，然后把它们放入等待队列。

82. 数据的增长率有多少？

解答：数据仓库当中大量的数据是一个问题，它的增长率也是一个问题。最好一开始的时候就能预测增长率，准备相应的空间。

83. 数据仓库中是否应用多维数据库设计？

解答：多维设计主要应用于数据集市和其他的分析结构，它不适合数据仓库。

84. 数据仓库中是否要执行某种程度的统计分析？

解答：如果数据仓库要进行一定程度的统计分析，那么最好是在探查型数据仓库中进行。

85. 为了进行统计分析，是否外部数据要进入数据仓库？

解答：如果外部数据放入数据仓库进行统计分析，最好是另外建一个探查型数据仓库，将外部数据放入其中。

86. 数据集市是否与数据仓库共用一个物理处理器？

解答：由于多种原因，这样做毫无意义。因为工作量不同，机器周期花费不同，所收集的数据量不同，将数据集市移到另一个处理器上比较好。

实际上，不同的数据集市放在不同的处理器上也有意义。这样一来，企业中不同的机构能够分配到各自的处理器，用来针对不同的数据集市进行各自的处理。

87. 是否对数据仓库中的数据速率进行计算？是否有必要提高数据速率？

解答：数据通过数据仓库是有一定的速率的。有时有必要使数据尽快地推入数据仓库。但这样，高速率要付出的代价也会很高。因此，从经济的角度要对此进行衡量。有时，在数据仓库上建立操作型系统也需要较高的速率。如果是这样，把操作型处理移到别处。

88. 是否要把点击流数据移入数据仓库？如果是，点击流数据是否通过粒度管理器？

解答：点击流数据是由网络环境生成的。大概90%的点击流数据在进入数据仓库之前，需要合并或去除。

89. 点击流数据是不是不先经过粒度管理器就进入数据仓库?

解答: 如果数据不经过粒度管理器，是绝对不能从网络环境进入数据仓库当中的。数据仓库中的数据已经够多了，不需要再加入很多的无关紧要的细节数据。

90. 数据是否从数据仓库直接进入网络环境?

解答: 合适的选择是将数据从数据仓库移入ODS环境。一旦进入ODS环境，数据就被收集，以备网络环境使用。基本上在任何情况下，数据从数据仓库环境进入网络环境都是一个蹩脚的主意。数据仓库根本不能满足网络环境的反应时间要求。

91. 在数据仓库中，是否要进行"实时"的数据仓库处理?

解答: 数据仓库处理最好在ODS环境中进行。ODS环境与数据仓库环境在物理上是分开的。尽管数据仓库环境在一天中的非高峰期能够经受少量的实时处理，但在数据仓库上进行实时处理就犯了战略上的错误。

92. 是否要在ODS环境中收集和创建概要记录?

解答: ODS环境的一个最好用途就是收集数据仓库当中的处理数据，然后用它们创建概要记录。一旦ODS创建了概要记录，就可以以毫秒级别对概要记录进行访问，无论访问来自于网络环境或其他的地方。

93. 数据仓库中的数据是否直接使用?

解答: 随着时间流逝，数据仓库中的数据使用从直接转向间接。如果五年以后，数据仓库中的数据还是经常直接使用，那么就要问这样的问题：我们是否有必要创建其他应用分析程序的数据集市。

94. 最终用户是否不能使用数据仓库中的数据?

解答: 尽管数据仓库的使用者很少，但也不能说没人直接使用数据仓库中的数据。就算在数据仓库成熟以后，还有直接使用其数据的情况，而且，这种使用还有一定的意义。

95. 是否监测数据仓库可以发现出现了某些使用模式?

解答: 如果数据仓库中出现了使用模式，就是时候问这样的问题了："是不是要创建数据集市或其他形式的分析过程？"

96. 用户在使用数据仓库之前，要对他们做什么样的培训?

解答: 很多情况下，对您的顾客进行培训可是有利可图的一件事情。

97. 您的顾客如何能够跟上数据仓库所做的改变?

解答: 数据仓库会随时间而改变。数据仓库特性的改变或者是数据的改变可以给您的用户带来很多的好处，但是如果您的用户不知道这些改变可就不行了。

98. 数据仓库主要由农民使用，还是主要由探查者使用?

解答: 成熟的数据仓库能满足农民和探查者的共同需要。如果您不通过多种方式使用数据仓库，那么您的投资可就没有达到最大的效率。

19.7 小结

设计复查是一个重要的质量保证环节，它可以大大地提高用户满意程度和减少开发、维护的费用。在建立数据仓库之前，彻底地对数据仓库环境的许多方面进行复查，是一种很有效而且很有益处的工作。复查时既应关注详细设计，也应关注总体的体系结构。

术 语 表

access（访问）在存储单元上查找、读或写数据的操作。

access method（访问方法）传输物理记录到大容量存储设备或反向传输的技术。

access pattern（访问模式）访问数据结构的一般顺序（例如，从元组到元组，从行到行，从记录到记录，从段到段等）。

accuracy（准确度）不出现误差的定性估计或误差数量级的定量度量，用一个相对误差的函数表示。

ad hoc processing（特别处理）偶尔的、仅执行一次的数据访问或操作，使用从未用过的参数，通常在启发式的、迭代的方式下进行。

after image（后映像）一个事务完成后存放在日志上的数据快照。

agent of change（变化动因）无法抗拒的强大推动力，通常是系统的老化，技术的变化，需求的巨大变化等。

algorithm（算法）组织起来用于在有限步骤内解决问题的语句集合。

alternate storage（备用存储器）基于磁盘的存储以外的，用于存储大批量的相对不活跃的数据的存储。

analytical processing（分析型处理）使用计算机为管理决策提供分析功能，通常包括趋势分析、向下钻取分析、统计分析、概要等等。

application（应用）支持一个企业需求的一组算法和数据的有机结合体。

application database（应用数据库）组织起来用于支持特定应用的数据集合。

archival database（存档数据库）历史性数据的集合。通常，存档数据是不可更改的。每个存档单元都和一个（过去的）时间点有关。

artifact（人工关系）在DSS环境中用于代表参照完整性的一种设计技术参见decision-support system (DSS)。

atomic（原子的）（1）存储在数据仓库中的数据；（2）分析处理的最低层次。

atomic database（原子数据库）由原始原子数据组成的数据库；一个数据仓库；一个DSS基础数据库参见decision-support system (DSS)。

atomic-level data（原子层数据）最低粒度级别的数据。原子层数据存放在数据仓库中，是随时间变化的（即精确到过去的某一时刻）。

attribute（属性）具有表现实体或实体间关系的值的特性。实体可以赋予多个属性（例如，关系中的一个元组由多个值组成）。一些系统也允许关系拥有属性。

audit trail（审计追踪）记录下来用于跟踪各种活动的数据，这些活动通常是更新活动。

backup（备份文件）作为数据库备份操作基础的一个数据文件，通常是以前某一时刻某个数据库的一个快照。

batch（批处理）一种计算机环境，在这种环境中，程序（通常是长时间顺序运行的）以独占方式访问数据，当工作正在进行时不允许发生用户交互。

batch environment（批处理环境）一个顺序控制处理模型；在批处理中，收集并存储输入，为后续处理做准备。一旦收集好，批处理输入将顺序地在一个或多个数据库中得到处理。

before image（前映像）记录没有更新前的快照，通常放在活动日志中。

bitmap（位图）索引的一种特定形式，用于在某种条件下表示一组块或记录是否存在。位图的建立和维护非常昂贵，但是提供了非常快的比较和访问手段。

blocking（组块）合并两个或多个物理记录，使它们在物理上放在一起。物理位置相连的结果是可以通过执行单个机器指令来访问和获取这些记录。

cache（高速缓存）通常在设备级建立和维护的缓冲区。从高速缓存中检索数据要比从磁盘柱面上检索数据快得多。

cardinality（of a relation）（关系的基数）关系中的元组（即行）的数目。

CASE 计算机辅助软件工程。

checkpoint（检查点）一个被标识出来的数据库快照，或者某个被冻结或停顿的数据库上的事务的处理点。

checkpoint/restart（检查点/重启）程序重启动时从某点而不是程序的起始点开始的一种手段（例如出现失败或发生中断时）。在应用程序中的各个间断处，可以有N个检查点。在每个点上，要存储足够的信息以便程序能够恢复到设置检查点时的状态。

CLDS 给分析型的DSS系统开发生命周期起的一个滑稽名字。实际上它是经典的系统开发生命周期（SDLC, System Development Life Cycle）的反写。

clickstream data（点击流数据）在Web环境中生成，记录了用户在网站的活动的数据。

column（属性列）一个垂直的表，其中的值是从相同的域中选取的。记录的一行由一个或多个属性列值组成。

commonality of data（数据通用性）在不同应用或系统中存在的类似或相同的数据，数据通用性的识别和管理是概念数据库和物理数据库设计的一项基础工作。

Common Business Oriented Language（COBOL）（面向通用商业的语言），商业领域中的计算机语言。一种非常通用的语言。

compaction（压缩）一种用于减少数据表示位数而不丢失数据内容的技术。采用压缩技术后，重复数据可以用非常简明的方式表示。

condensation（紧缩）在不降低数据的逻辑一致性的前提下，减少管理数据量的过程。紧缩与压缩有本质上的区别。

contention（争用）当有两个或多个程序试图同时访问相同的数据时出现的情况。

continuous time span data（连续时间跨度数据）在某一时间跨度上经过组织的数据，使得数据的连续性定义通过一条或多条记录来表示。

convenience field（便利域）为了分析者分析的方便而创建的一个域。其中包括从非分析型数据源而来的细节型数据元素。

corporate information factory（CIF）（企业信息工厂）围绕数据仓库的一种企业信息架构；一般包括ODS、数据仓库、数据集市、DSS应用、探查型仓库、数据挖掘数据仓库、备用存储等等。参见decision-support system (DSS)和operational data store (ODS)。

CPU（中央处理器）。

CPU-bound（CPU界限）当CPU的使用率达到100%时，计算机不能再产生更多输出的一种处理状态。当达到CPU界限时，存储处理部件使用率通常不会达到100%。与CPU界限相比，在现有的DBMS中，更有可能出现I/0界限。参见database management system (DBMS)。

CRM（客户关系管理），一种流行的DSS应用，用于对客户/企业关系的流线性管理。参见decision-support system (DSS)。

cross-media storage manager（CMSM）（跨介质存储管理器）用于在磁盘存储器与备用存储器之间移动数据的一种软件。

current-value data（当前值数据）与随时间变化的数据相反，准确性在执行时有效的数据。

DASD 参见direct access storage device。

data（数据）在存储介质上的事实、概念或指令的记录，用于通信、检索及以自动的方式进行的处理，表示为人可以理解的信息。

data administrator（DA）（数据管理员）负责数据管理软件的说明、获取和维护，并负责文件和数据库的设计、验证和安全性的个人或组织，数据模型和数据字典通常是由DA负责的。

database（数据库）按照一种模式存储（通常是受到控制的，限制冗余的）相互关联的数据的集合。一个数据库能够服务于一个或多个应用。

database administrator（DBA）（数据库管理员）负责日常监控和管理数据库的组织职能机构。DBA的职能比DA的职能更紧密地与数据库的物理设计相关。参见data administrator (DA)。

database key（数据库键）数据库中每条记录拥有的一个唯一值，这种值经常被索引，虽然系统可以对它进行随机或散列处理。

database management system（DBMS）（数据库管理系统）一种基于计算机的软件系统，用于建立和管理数据。

data-driven development（数据驱动式开发）一种开发方式，核心是通过数据模型识别数据的共性，建立一个比直接应用程序的范围更广的程序，数据驱动式开发不同于传统的面向应用的开发方式。

data element（数据元）（1）实体的一个属性；（2）具有唯一命名和定义严格的数据类别，由数据项组成并包括在一个活动记录中。

data item set（DIS）（数据项集）一组数据项，每个数据项直接与数据项所属数据组的关键字相关联。中间层数据模型中存在数据项集。

data mart（数据集市）部门级的数据结构，其中的数据源自数据仓库，数据集市一般会根据部门的信息需求进行非规范化处理。

data mining（数据挖掘）分析大规模数据以寻找未被发现的商业模式的过程。

data model（数据模型）（1）逻辑数据结构，包括由DBMS提供的为有效进行数据库处理而定义的操作和约束；（2）用于表示数据的系统（例如，ERD或关系型模型）。参见entity-relationship diagram(ERD)

data structure（数据结构）用于支持特定数据处理功能的数据元素间的逻辑关系（树、列表和表）。

data velocity（数据速率）数据传输并载入一个体系结构中的速率。

data warehouse（数据仓库）用来支持DSS功能的、集成的、面向主题的数据库的集合，每个数据单元与某个时刻有关。数据仓库包括细节层数据和轻度汇总数据。参见decision-support system (DSS)。

data warehouse monitor（数据仓库监控器）用来监控数据仓库当中的数据使用情况。

decision-support system（DSS）（决策支持系统）用于支持管理决策的系统。通常，DSS包括以启发式的方式对大量的数据单元进行的分析。通常，DSS处理不涉及数据更新。

decompaction（解压缩）压缩的相反过程；一旦数据以压缩方式存入以后，只有通过解压缩才能使用。

delta list（差别表）数据从一个文件到另一个文件的差别列表。

denormalization（反向规范化）将规范化数据存储在物理介质上以优化系统性能的技术。

derived data（导出数据）从企业的一个主要主题的两个或多个数据源导出的数据。

derived data element（导出数据元素）在需要的时候可以生成的、不需要存储的数据元素（如年龄、当前日期、出生日期）。

design review（设计复查）在编码之前对系统的所有方面进行的公开审查的质量保证过程。

dimension table（维表）存放与事实表相关的外部信息数据的多维表。

direct access（直接存取）直接通过引用地址在卷上进行数据检索和数据存储的方法。就如常见的在线使用数据时所要求的那样，这种机制直接存取所涉及的数据。这种访问方式也可以称为随机存取或散列存取方式。

direct access storage device（DASD）（直接存取存储设备）一种数据存储设备，对数据存取直接进行，而不需像访问磁带设备一样需要处理顺序文件。磁盘就是一种直接存取存储设备。

dormant data（不活跃数据）使用频率非常低的数据。

download（下载）在一个数据库中找到一定的数据，并将数据转储到另一个数据库的过程。

drill-down analysis（向下钻取分析）一种分析方式，首先从一个汇总数值出发，查看组成该数据的各个数据成员。

DSS application（DSS应用）一种将数据仓库作为数据基础的应用。

dual database（双重数据库机制）将高性能的、面向事务处理的数据与决策支持数据分开存放的一种数据库设计机制。

dual database management systems（双重数据库管理系统）采用多个数据库管理系统来控制数据库环境的不同方面的系统实践。

dumb terminal（哑终端）用于与最终用户直接交互的设备，所有的处理都是在远程计算机上完成的。哑终端只能用于收集和显示数据。

eBusiness（电子商务）通过Web交互进行的商务。

encoding（编码）将数据值的物理表示缩短或简写的方法（如，male = "M"，female = "F"）。

enterprise resource planning（ERP）（企业资源规划）用于处理事务的应用软件。

entity（实体）最高抽象层上数据建模人员所关心的人、地点或事物。

entity-relationship diagram（ERD）（实体关系图）一种高层数据模型；这种模型以概略的方式在集成范围内表示所有的实体以及实体之间的直接关系。

event（事件）重要活动出现的一个信号，事件是由信息系统记录的。

Executive Information Systems（EIS）（主管信息系统）为高级管理人员设计的系统，主要用于向下钻取分析和趋势分析。

explorer（探险者）一个使用者，他在最终结果出来以前对自己所需要的东西并不了解。

extract/load/transformation（ELT）（抽取/装载/转换）将历史应用中的数据提取出来，并集成到数据仓库中的过程。

exploration warehouse（探查型数据仓库）为了用于搜索各种商业模式的统计分析处理功能而特别设计的结构。

external data（外部数据）（1）企业中非操作型系统中的数据；（2）处在中央处理系统之外的数据。

extract（抽取）从一个环境中选择数据，并将其传送到另一个环境中的过程。

extract/transform/load(ETL)（抽取/转换/载入）寻找数据，整合数据，并将它们装入数据仓库的过程。

fact table（事实表）星形连接模型下的中心数据表，其中存放着许多数据。参见star join。

Farmer（农民）一个使用者，他在分析开始时就知道自己需要什么。

flat file（平面文件）不包含数据聚集、嵌套重复数据项或数据项分组的数据记录集。

foreign key（外键）一种属性，它不是一个关系系统的主键，但这个键的值是另一个关系的主键的键值。

fourth-generation language（第四代语言）允许最终用户随意地访问数据的语言或技术。

functional decomposition（功能分解）将一组操作划分成层次式功能（活动）操作，这些活动构成了各种过程的基础。

global data warehouse（全局数据仓库）能满足大型企业的总部需求的一种数据仓库。

government information factory（GIF，政府信息工厂）为政府信息系统建立的一个体系结构。

granularity（粒度）数据单元的细节程度的描述。数据越细，则粒度级越低。数据越综合，则粒度级越高。

Granularity Manager（粒度管理器）当Web数据流向数据仓库时，用于编辑和过滤Web数据的软件或过程。从Web环境流向数据仓库环境中的数据通常是存储在Web日志上的点击流数据。

heuristic（启发式）一种分析模式，分析的下一步是由当前分析步骤的结果决定的。应用于决策支持处理过程。

identifier（标识符）数据库的一个属性，用来对比，从其他行里挑出相应的数据。

image copy（映像复制）为进行数据备份，将数据库物理地复制到另一种介质上的过程。

independently evolving distributed data warehouse（独立演变的分布式数据仓库）是一种根据一些本地需求演变的数据仓库。

index（索引）数据库系统维护的一部分存储结构，当索引键项已知的时候，使用索引可以有效地存取记录中的数据。

information（信息）人们为了求解问题或做出决策而吸收和评价的数据。

integrity（完整性）数据库的一种性质，用于确保数据库中包含的数据尽可能地准确和一致。

interactive（交互式）将在线事务处理（OLTP）的特征和批处理的一些特征结合起来的一种处理模式。最终用户与他们独占的数据进行交互。另外，最终用户可以启动处理数据的后台进程。参见在线事务处理（OLTP）。

Internet（因特网）在世界范围内访问数据和Web地址的用户构成的网络。

"is a type of"（"定义类型"）在概念数据库设计（如，cocker spaniel定义一种狗类型）时，用于对数据进行抽象的分析型工具。

iterative analysis（迭代式分析）下一步处理依赖于当前执行步骤所获得的结果的处理模式；启发式处理。

joint application design（JAD）（联合应用设计组）建立和细化应用系统需求，通常是最终用户构成的组织。

judgment sample（判断样本）一个数据样本，给定一个或多个参数，可以根据这个样本，接受或拒绝处理数据。

key（键码）用于识别或定位记录实例（或其他相近的数据组）的一个数据项或数据项的组合。

key, primary（主键）数据库中用于唯一地识别一条记录的唯一属性。

key, secondary（辅键）在数据库中用于识别一类记录的非唯一属性。

living sample（活样本）一个代表性的数据库，它通常代替大型数据库用于启发式的、统计的、分析型处理。从超大型数据库定期地、有选择地提取数据，通过这种方式产生的活样本数据库用于代表超大型数据库在某一时刻的一个断面。

load（装载）将数据值插入空数据库中。

local data warehouse（局部数据仓库）保存区域性局部数据的一种数据仓库，用于支持全局数据库。

lock manager（锁管理器）是一种技术的一部分，保证某一时刻数据修改的完整性。

log（日志）活动日志。

logging（记日志）自动地记录与数据访问、数据更新等有关的数据的操作。

loss of identity（特征丢失）当数据从外部数据源装入时，抛弃外部数据源的特征（微处理器数据的丢失就是一种常见的情况）。

magnetic tape（磁带）（1）与顺序处理紧密相关的存储介质；（2）用于存储和检索磁影像的大容量磁性介质。

master file（主文件）为给定数据集（范围通常由应用限定）保存记录系统的文件。参见 system of record。

metadata（元数据）（1）关于数据的数据；（2）有关数据的结构、内容、关键字、索引等信息的描述。

microprocessor（微处理器）满足单个用户需要的小型处理器。

migration（数据迁移）将经常使用的数据项移到能较快地访问的存储区域，以及将不常使用的数据项移到访问速度较慢的区域的过程。

million instructions per second（mips，百万指令每秒）小型机和大型机的处理器速度的标准度量单位。

miner（矿工）一个使用者，用统计技术分析数据。

multidimensional processing（多维处理）一种基于星形结构化数据的数据集市数据处理方法。参见星形连接（star join）。

near-line storage（近线数据存储器）未存储在磁盘上，但是仍然可以存取的数据；用于存储大容量的活跃程度相对较低的数据的设备。

online analytical processing（OLAP）（在线分析处理）在数据集市环境中进行的部门

级数据处理。

online storage（在线存储器）可以直接访问的存储设备和存储介质。

online transaction processing（OLTP）（在线事务处理）高性能事务处理环境。

operational data（操作型数据）用于支持企业日常处理的数据。

operational data store（ODS）（操作型数据存储）用于支持操作型事务处理和分析型处理的一种混合结构。

operations 负责计算机运行的部门。

optical disk（光盘）一种使用激光的存储介质，与磁性设备相对。光盘通常是只写的，单位字节的费用比磁性存储设备要便宜，并且可靠性高。

overflow（1）（溢出）记录或数据段因为其地址已被占用而存储到其他位置的情况；（2）（溢出区）DASD的一种区域，当溢出情况发生时，数据被送往这个区域。参见直接随机存储设备（DASD）。

ownership（所有权）更新操作型数据的责任。

page（页）（1）DASD设备的基本数据单位；（2）主存的基本存储单位。

parameter（参数）作为数据限定条件的基本数据值，通常用于数据搜索或模型控制。

partition（分区）将数据划分成不同物理单元的一种数据划分技术。分区可以在应用层或系统层进行。

populate（载入）将数据值放入空数据库中的过程，参见load（装载）。

primary key（主键）一种属性，其中包含的值能唯一地确定具有该关键字的记录。

primitive data（原始数据）只在企业的主要主题域中出现，并且只出现一次的数据。

processor（处理器）计算机程序运行所需的核心硬件。一般来说，处理器分成三种：大型机、小型机和微机。

processor cycles（处理器周期）驱动计算机（如启动I/O、执行逻辑运算、移动数据、执行算术运算）的硬件内部周期。

production environment（生产环境）运行操作型、高性能处理的环境。

punched cards（穿孔卡）存储数据和输入的早期存储介质。现在穿孔卡已经很少见了。

query language（查询语言）能够让最终用户与DBMS直接交互的语言，用以检索和修改DBMS中存储的数据。参见数据库管理系统（DBMS）。

record（记录）通过各个数据值与公共主键的关系结合在一起的多个数据值的集合体。

record-at-a-time processing（每次一个记录的处理方法）一次一个记录、一次一个元组（行）的数据存取方法。

recovery（恢复）将数据库复原到初始位置或状态的操作，这种操作一般在物理介质发生较大的破坏之后进行。

redundancy（冗余）数据出现超过一次的存储机制。当数据可以修改时，冗余会带来严重的问题。当数据不能被修改时，冗余则常常是一种有价值的、必要的设计技术。

referential integrity（参照完整性）确保预定义关系有效性的一种DBMS机制。参见数据库管理系统（DBMS）。

reorganization（数据重组织）将组织状态很差的数据卸载，再将经过良好组织的数据重新装载的过程。在有些DBMS系统中，数据重组织用于重新规划数据的结构。重组织经常称为"reorg"或"卸载/再装入"过程。

repeating groups（重复组）在给定的记录实例范围内可能会重复出现多次的数据集合。

rolling summary（轮转汇总）一种存储档案数据的形式，将最近的数据以最细节的方式存放，而将较老的数据以适当程度的汇总形式存放。

Sarbanes Oxley 美国通过的一项法律，用来保证上市公司的信息真实性。

scope of integration（集成范围）对正在建模中的系统的正式的边界定义。

SDLC（系统开发周期）参见system development life cycle(SDLC)。

self-organizing map (SOM)（自组织图）一种方法，用来组织和显示文本信息，相应的根据是文本出现频率和一个文件的文本和另一个文件中文本的关系。

sequential file（顺序文件）记录根据一个或多个键码字段的值进行排序的文件。文件中记录可以从第一条记录开始，按排列顺序逐条处理，一直到文件的最后一条记录。

serial file（串行文件）一种顺序文件，文件中的记录在物理上按顺序相继排列。

set-at-a-time processing（成组数据处理）成组数据的访问，组的每个成员满足一个选择的标准。

snapshot（快照）一种数据库转储，或者在一些时间点上将数据存储在数据库以外。

snowflake structure（雪花结构）将两个或多个星形连接再进行连接得到的结果。

solutions database（解决方案数据库）DSS环境下的一个组件，其中存放了以前的决策结果；在进行当前的决策时，解决方案数据库可用来辅助确定一个合适的决策过程。

spiral development（螺旋式开发）迭代式开发，与瀑布式开发相对应的一种开发方式。

staging area（缓冲区）传输数据的存放处，通常情况下，这些数据从历史数据环境中抽取出来，在进入ETL处理层以前，需要在缓冲区中停留。参见抽取/转换/装载（extract/transform/load-ETL）。

star join（星形连接）一种非规范化的数据结构，用于优化数据存取；星形连接是多维数据集市设计的基础。

storage hierarchy（存储器层次结构）存储单元连接起来形成一个存储子系统，在这个存储子系统中，一些存储单元速度快，但是容量不大，而且价格很高，另外的一些存储单元容量大，但是速度较慢，价格较低。

structured data（结构化数据）一种数据，其内容根据可预知的形式而组织。

subject database（主题数据库）围绕企业的一个主要主题进行组织的数据库。传统的主题数据库一般针对顾客、事务、生产、材料和供应商。

system development life cycle (SDLC)（系统开发生命周期）一种典型的操作型系统开发周期，通常包括需求汇总、分析、设计、编程、测试、整合以及应用。

system log（系统日志）对相应系统事件的审计追踪（如，事务目录，数据库变化等）

system of record（记录系统）操作型数据确定的、单一的数据源。如果在一条数据库记录中的数据元素ABC的值为25，但在记录系统中的值为45。按照定义，前一个值是不正确的，并且必须改成一致。记录系统对管理数据的冗余是很有用的。

table（表）由一组具有标题的列和一组行（即元组）组成的关系。

technologically distributed data warehouse（技术上分布的数据仓库）一种数据仓库,其分布由技术管理。

theme（主题）一个文档的基本信息。

time stamping（时间戳）将每条记录标上对应时刻的操作，这个时刻通常是记录创建时间或者是记录从一个环境传递到另一个环境中的时间。

time-variant data（时变数据）准确度与某时刻有关的数据，这种数据的三种形式是：连续时间区间数据、离散事件数据和周期性离散数据。参见current-value data。

tourist（旅行者）一个使用者，清楚自己到哪里找大量的数据。

transition data（临界数据）既具有原始特征又具有导出特征的数据；这种数据通常对商业运作很敏感。典型的临界数据有银行的利率、保险公司的保险率、厂商/销售商的零售率等等。

transparency（透明度）用来综合表明一个结构的性质。

trend analysis（趋势分析）在时间序列上观察同类数据的过程。参见主管信息系统（EIS）。

true archival data（真实存档数据）原子数据库中的最低细节层数据，通常存储在大容量存储介质上。

unstructured data（非结构化数据）一种数据，其内容通常没有格式（通常是文本数据）。

update（更新）对存储在数据库中的全部或所选择出的项目、组或属性进行修改、增加、删除或替换。

user（用户）给信息系统发出命令或消息的人或过程。

waterfall development（瀑布式开发）传统的开发方法，在一种类型的所有开发工作结束以后，下一个开发阶段才能够开始。如典型的SDLC或结构化开发方法。参见系统开发生命周期（SDLC）。

Web（万维网）因特网用户所形成的网络。

Web log（万维网日志）网站上记录详细点击流数据的地方。

Zachman framework（Zachman 框架）由John Zachman开发的一个框架，用来进行信息设计工作。

参 考 文 献

论文

Adelman, Sid. "The Data Warehouse Database Explosion." *DMR* (December 1996). 非常出色地讨论了数据仓库环境中的数据量增长得如此之快的原因以及对此应当采取的措施。

Geiger, Jon. "Data Element Definition." *DMR* (December 1996). 很好地描述了记录系统所需要的定义。

——. "What's in a Name." *Data Management Review* (June 1996). 讨论了数据仓库环境中的命名机制的实现。

Gilbreath, Roy, M.D. "Informational Processing Architecture for Outcomes Management." 有关数据仓库应用于医疗保健和疗效分析的描述。审稿中。

Gilbreath, Roy, M.D., Jill Schilp, and Robert Pickton. "Towards an Outcomes Management Informational Processing Architecture." *HealthCare Information Management* 10, No. 1 (Spring 1996). 讨论与卫生保健有关的体系结构化环境.

Graham, Stephen. "The Financial Impact of Data Warehousing." *Data Management Review* (June 1996). 描述由IDC所做的（数据仓库的）投入产出分析报告.

——. "The Foundation of Wisdom." IDC Special Report (April 1996). International Data Corporation (Toronto, Canada). 一个对数据仓库投资的回报以及投资效率的评估的权威研究。

Hackney, Doug. "Vendors Are Our Friends." *Data Management Review* (June 1996). Doug Hackney讨论了有关零售商的利益平衡问题。

Hufford, Duane, A.M.S. "A Conceptual Model for Documenting Data Synchronization Requirements." *Data Management Review* (January 1996). 数据仓库及其同步问题。

——. "Data Warehouse Quality, Part I." *Data Management Review* (January 1996). 对数据仓库质量的描述。

——. "Data Warehouse Quality, Part II." *Data Management Review* (March 1996). 对数据仓库质量的描述的第二部分。

Imhoff, Claudia. "End Users: Use 'Em or Lose 'Em." *DMR* (November 1996). 极为出色地讨论了如何管理最终用户的数据仓库项目的问题。

Imhoff, Claudia, and Jon Geiger. "Data Quality in the Data Warehouse." *Data Management Review* (April 1996). 描述了在评估数据仓库质量中所使用的参数。

Inmon, W.H. "Choosing the Correct Approach to Data Warehousing: 'Big Bang' vs. Iterative." *Data Management Review* (March 1996). 讨论如何采用正确的策略来建造数据仓库。

——. "Commentary: The Migration Path." *ComputerWorld* (July 29, 1996). 简要地描述了从现有的系统转移到数据仓库所涉及的一些问题。

——. "Cost Justification in the Data Warehouse." *Data Management Review* (June 1996). 讨论了如何在投资报告中说明建立决策支持系统和数据仓库的合理性问题。

———. "Data Warehouse Lays Foundation for Bringing Data Investment Forward." *Application Development Trends* (January 1994). 描述了数据仓库及其与遗留系统的关系。

———. "Data Warehouse Security: Encrypting Data." *Data Management Review* (November 1996). 描述了数据仓库安全和工业利润安全中的一些难以解决的问题。

———. "The Future in History." *DMR* (September 1996). 讨论了历史信息的价值。

———. "Knowing Your DSS End-User: Tourists, Explorers, Farmers." *DMR* (October 1996). 描述了最终用户的不同类别。

———. "Managing the Data Warehouse: The Data Content Card Catalog." *DMR* (December 1996). 介绍了数据内容卡的类型（即数据内容的层次）的概念。

———. "Managing the Data Warehouse Environment." *Data Management Review* (February 1996). 对数据仓库管理员进行了定义。

———. "Measuring Capacity in the Data Warehouse." *Enterprise Systems Journal* (August 1996). 讨论如何测试数据仓库和决策支持系统环境的性能。

———. "Monitoring the Data Warehouse Environment." *Data Management Review* (January 1996). 数据仓库环境中的数据监视器是什么，为什么需要它。

———. "Rethinking Data Relationships for Warehouse Design." *Sybase Server* 5, No. 1 (Spring 1996). 讨论了数据仓库中数据关系的问题。

———. "SAP and the Data Warehouse." *DMR* (July/Aug 1996). 描述为什么在已经有SAP的情况下，还需要数据仓库的原因。

———. "Security in the Data Warehouse: Data Privatization." *Enterprise Systems Journal* (March 1996). 数据仓库所需要的安全机制与DBMS提供商的传统的基于视图的安全机制之间存在极大的差异。

———. "Summary Data: The New Frontier." *Data Management Review* (May 1996). 描述了各种汇总数据，包括动态汇总数据、静态汇总数据、轻度汇总数据和高度汇总数据。

———. "User Reaction to the Data Warehouse." *DMR* (December 1996). 描述了数据仓库中不同的用户类型。

———. "Virtual Data Warehouse: The Snake Oil of the '90s." *Data Management Review* (April 1996). 讨论了虚拟数据仓库的概念及其与数据仓库的关系。

"In the Words of Father Inmon." *MIS* (February 1996). 1995年11月在澳大利亚与Bill Inmon进行的对话记录。

Jordan, Arthur. "Data Warehouse Integrity: How Long and Bumpy the Road?" *Data Management Review* (March 1996). 讨论了数据仓库中数据的质量问题。

Kalman, David. "The Doctor of DSS." DBMS Magazine(July 1994)与Ralph Kimball的访谈录。

Lambert, Bob. "Break Old Habits to Define Data Warehousing Requirements." *Data Management Review* (December 1995). 描述最终用户如何确认对决策支持系统的需求。

———. "Data Warehousing Fundamentals: What You Need to Know to Succeed." *Data Management Review* (March 1996). 几种能够使你成功地实施数据仓库项目的很有意义的策略。

Laney, Doug. "Are OLAP and OLTP Like Twins?" *DMR* (December 1996). 对OLAP和OLTP两种环境进行的比较。

Myer, Andrea. "An Interview with Bill Inmon." *Inside Decisions* (March 1996). 一个讨论

如何开始建造数据仓库、如何使用数据仓库提高竞争能力、Prism方案的起源和如何建造第一个数据仓库的访谈录。

Rudin, Ken. "Parallelism in the Database Layer." *DMR* (December 1996). 非常出色地探讨了DSS和OLTP中对应部分的不同.

——. "Who Needs Scalable Systems?" *DMR* (November 1996). 很好地探讨了数据仓库环境的扩展性问题。

Swift, Ron. "Creating Value through a Scalable Data Warehouse Framework." *DMR* (November 1996). 很好地探讨了建造数据仓库的范围问题。

Tanler, Richard. "Data Warehouses and Data Marts: Choose Your Weapon." *Data Management Review* (February 1996). 描述数据集市与数据仓库中当前细节级数据的不同。

——. "Taking Your Data Warehouse to a New Dimension on the Intranet." *Data Management Review* (May 1996). 讨论了数据仓库中与内联网有关的不同部件。

Winsberg, Paul. "Modeling the Data Warehouse and the Data Mart." *INFODB* (June 1996) 描述了各种不同的数据仓库的体系结构和模型建立。

Wright, George. "Developing a Data Warehouse." *DMR* (October 1996). 很好地探讨了快照以及数据仓库的基本结构。

著作

Adamson, Christopher, and Michael Venerable. *Data Warehouse Design Solutions*. New York: John Wiley & Sons, 1998.

Adelman, Sid, and Larissa Moss. *Data Warehouse Project Management*. Reading, MA: Addison Wesley, 2000.

Berry, Michael, and Gordon Linoff. *Data Mining Techniques*. New York: John Wiley & Sons, 1997.

Brackett, Mike. *The Data Warehouse Challenge*. New York: John Wiley & Sons, 1996.

Devlin, Barry. *Data Warehouse: From Architecture to Implementation*. Reading, MA: Addison Wesley, 1997.

Dodge, Gary, and Tim Gorman. *Oracle8i Data Warehousing*. New York: John Wiley & Sons, 2000.

Dyche, Jill. *The CRM Handbook*. Reading, MA: Addison Wesley, 2001.

——. E-data: Turning Data into Information with Data Warehousing. Reading, MA: Addison Wesley, 2000.

English, Larry. *Improving Data Warehouse and Business Information Quality*. New York: John Wiley & Sons, 1999.

Hackathorn, Richard. *Web Farming for the Data Warehouse*, San Francisco: Morgan Kaufman, 1998.

Imhoff, Claudia, Lisa Loftis, and John Geiger. *Building the Customer-Centric Enterprise*. New York: John Wiley & Sons, 2001.

Inmon, W.H. *Building the Data Warehouse*. New York: John Wiley & Sons, 1996.

——. *Building the Data Warehouse*. Second Edition. New York: John Wiley & Sons, 1996.

——. *Building the Operational Data Store*. Second Edition. New York: John Wiley

& Sons, 1999.

——. *Data Architecture: The Information Paradigm*. New York: QED, 1993.

——. *Third Wave Processing: Database Machines and Decision Support Systems*. New York: John Wiley & Sons, 1993.

Inmon, W.H., and Richard Hackathorn. *Using the Data Warehouse*. New York: John Wiley & Sons, 1994.

Inmon, W.H., Jon Geiger, and John Zachman. *Data Stores, Data Warehousing and the Zachman Framework*. New York: McGraw Hill, 1997.

Inmon, W.H., Katherine Glassey, and J.D. Welch. *Managing the Data Warehouse*. New York: John Wiley & Sons, 1996.

Inmon, W.H., Claudia Imhoff, and Ryan Sousa. *Corporate Information Factory: Third Edition*. New York: John Wiley & Sons, 2000.

Inmon, W.H., and Jeff Kaplan. *Information Systems Architecture: Development in the 90s*. New York: John Wiley & Sons, 1993.

Inmon, W.H., and Chuck Kelley. *RDB/VMS: Developing the Data Warehouse*. Boston. QED Pub Group, 1993.

Inmon, W.H., Joyce Montanari, Bob Terdeman, and Dan Meers. *Data Warehousing for E-Business*. New York: John Wiley & Sons, 2001.

Inmon, W.H., and Sue Osterfelt. *Understanding Data Pattern Processing*. New York: QED, 1993.

Inmon, W.H., Ken Rudin, Christopher Buss, and Ryan Sousa. *Data Warehouse Performance*. New York: John Wiley & Sons. 1998.

Inmon, W.H., and R.H. Terdeman. *Exploration Warehousing*. New York: John Wiley & Sons, 2000.

Kachur, Richard. *Data Warehouse Management Handbook*. Englewood Cliffs, NJ: Prentice Hall, 2000.

Kelly, Sean. *Data Warehousing: The Key to Mass Customization*. New York: John Wiley & Sons, 1996.

Kimball, Ralph, and Richard Merz. *The Data Webhouse Toolkit*. New York: John Wiley & Sons, 2000.

Kimball, Ralph, Laura Reeves, Margy Ross, and Warren Thornthwaite. *The Data Warehouse Lifecycle Toolkit*. New York: John Wiley & Sons, 1998.

Kimball, Ralph, and Margy Ross. *The Data Warehouse Toolkit: Practical Techniques for Building Dimensional Data Warehouses*. New York: John Wiley & Sons, 2002.

Love, Bruce. *Enterprise Information Technologies*. New York: John Wiley & Sons, 1993.

Marco, David. *Meta Data Repository*. New York: John Wiley & Sons. 2000.

Parsaye, Kamran, and Marc Chignell. *Intelligent Database Tools and Applications*. New York: John Wiley & Sons, 1989.

Silverston, Len. *The Data Model Resource Book Volume I*. New York: John Wiley & Sons, 2001.

Sullivan, Dan. *Document Warehousing and Text Mining*. New York: John Wiley & Sons, 2001.

Swift, Ron. *Accelerating Customer Relationships*. Englewood Cliffs, NJ: Prentice Hall, 2000.

Tannenbaum, Adrienne. *Metadata Solutions*. Reading, MA: Addison Wesley. 2002.

白皮书

注：关于白皮书的更多信息请参考www.inmoncif.com站点。

"Accessing Data Warehouse Data from the Operational Environment." （从操作型环境中访问数据仓库数据．）大多数数据流是从操作型环境流向数据仓库环境的，但是并非都是如此。此技术专题讨论数据的"回流"问题。

"Building the Data Mart or the Data Warehouse First?"（首先建造数据集市还是建造数据仓库？）尽管数据集市与数据仓库相伴，但是一些数据集市的供应商鼓励人们不建造数据仓库而直接建造数据集市。这个技术专题强调与这方面的重要设计决策有关的问题。

"Capacity Planning for the Data Warehouse."（数据仓库的容量规划。）此技术专题讨论数据仓库环境的容量规划问题，以及磁盘存储空间和处理器资源问题。

"Changed Data Capture."（捕获修改过的数据。）重复扫描操作型环境以刷新数据仓库所需要的资源是相当多的，此专题简单地介绍了完成这些工作的另一种方法。

"Charge Back in the Data Warehouse DSS Environment."（数据仓库决策支持环境中的负载支持管理。）负载支持管理（Charge Back）是使最终用户负责其所耗资源的一种非常有用的方式。此技术专题介绍了这方面的问题。

"Client/Server and Data Warehouse."（客户机/服务器和数据仓库。）客户机/服务器处理可以用于支持数据仓库处理。此技术专题讨论体系结构和设计问题。

"Creating the Data Warehouse Data Model from the Corporate Data Model."（从企业数据模型建立数据仓库数据模型。）本文给出从企业数据模型建立数据仓库模型所需要采取的步骤。

"Data Mining: An Architecture."（数据挖掘：一种系统结构）使用数据仓库是一种艺术。此技术专题叙述数据仓库的基础系统结构和在所能使用的数据仓库环境中的高级使用方式。

"Data Mining: Exploring the Data."（数据挖掘：探索数据）一旦数据收集与组织起来，使用它们的体系结构已经建好，剩下的任务就是使用这些数据。此技术专题叙述体系结构建造好后数据如何挖掘。

"Data Stratification in the Data Warehouse."（数据仓库中的数据分层）你是如何告诉某人在1千兆字节大小的数据仓库中是什么？多少顾客？有哪些类型？年龄如何？住在什么地方？每年的购买能力是多少？此技术专题专门强调为创建一个"目录"库所进行的数据分层技术，目录库用来描述数据仓库中的实际数据内容。

"Data Warehouse Administration."（数据仓库管理）当出现决策支持系统和数据仓库时，需要管理这些环境。出现了一种新的组织功能：数据仓库管理。此技术专题专门讨论数据仓库管理和其他重要的数据管理问题。

"Data Warehouse Administration in the Organization."（在组织机构中的数据仓库管理）一旦认识到需要数据仓库管理，就存在这样一个问题：在该组织机构中数据仓库管理员（DWA）的地位是什么？此技术专题强调组织机构中数据仓库管理员的地位有关的问题。

"The Data Warehouse Budget."（数据仓库预算）此技术专题讨论不同的花费模式以及费用花费率，包括一些如何尽量减少花费的建议。

"Data Warehouse and Cost Justification."（数据仓库和费用代价分析。）对数据仓库进行事前费用代价分析是件困难的事情，此技术专题讨论这个问题。

"Defining the System of Record."（定义记录系统）确定和定义记录系统的设计方面的一些考虑。

"EIS and Data Warehouse."（EIS和数据仓库）以历史系统为基础的EIS是很脆弱的，而以数据仓库为基础的EIS却是非常稳固，本技术专题对此有详细的阐述。

"Explaining Metadata to the End User."（对最终用户解释元数据）当一个用户碰到元数据时，最原始反应通常是"元数据实际究竟是什么东西，我为什么还需要元数据？"此技术专题以非常直接的术语对元数据进行了解释。

"Getting Started."（开始）数据仓库是以循环重复方式建立起来的。此技术专题以详细的方式告诉你所需要采取的第一个步骤。

"Information Architecture for the '90s: Legacy Systems, Operational Data Stores, Data Warehouses."（20世纪90年代的信息体系结构：历史系统，操作型数据存储，数据仓库）描述了操作型数据存储的作用，并且描述了将操作型存储和数据仓库混合起来所产生的体系结构。

"Information Engineering and the Data Warehouse."（信息工程和数据仓库）数据仓库体系结构与信息工程的设计和模型化实践是非常协调的，此技术专题描述了它们之间的关系。

"Iterative Development Using a Data Model."（使用一种数据模型的迭代式开发）数据模型化是数据仓库设计过程的基本部分。此技术专题解释如何进行迭代式开发，同时如何将数据模型反映到开发过程之中。

"Loading the Data Warehouse."（导入数据仓库）乍看起来，将数据导入数据仓库是一件简单的事，实际上并非如此。该讨论涉及将数据从操作型环境导入数据仓库中的许多不同的考虑方法。

"Managing Multiple Data Warehouse Development Efforts"（管理多数据仓库开发工作）当一个企业开始同时建立多数据仓库时，会带来一系列新的设计和开发问题．此技术专题提出并讨论这些问题。

"Managing the Refreshment Process."（管理刷新过程）数据需要定期地从遗留系统刷新到数据仓库。刷新过程比人们想象中复杂得多。此技术专题讨论了数据仓库刷新的问题。

"Metadata in the Data Warehouse: A Statement of Vision."（数据仓库中的元数据）元数据是数据仓库环境的重要部分。元数据双重冲突作用。在某些情形，必须共享元数据。在其他情形，元数据需自身管理。此技术专题讨论分布式元数据结构既可以是分布式的同时又可以自身管理。

"Monitoring Data Warehouse Activity."（数据仓库活动的监控）数据仓库中的活动由于各种各样的原因需要进行监控。此技术专题描述监控技术和方案，包括解释在数据仓库中为什么需要进行监控。

"Monitoring Data Warehouse Data."（数据仓库中数据的监控）虽然数据仓库中的活动监控非常重要，数据本身的监控同样也是非常重要的。此技术专题讨论的问题是随着数据仓库中数据的增长，数据的质量和数据的实际内容都处于非常危险的情形。

"OLAP and Data Warehouse."（OLAP和数据仓库）轻度综合的数据总是数据仓库体系结构的主要部分。现在，这种结构称为OLAP，或数据集市。此技术专题讨论OLAP与数据仓库中细节数据的关系。

"The Operational Data Store."（操作型数据存储）数据仓库的操作型对应物是操作型数据存储（ODS）。在此技术专题中，对ODS有详细的定义和描述。

"Operational and DSS Processing from a Single Database: Separating Fact and Fiction."（从单个数据库进行操作型和DSS处理：对事实和假设进行分离）早期的概念是单个数据库既应作为操作型处理的基础，又应服务于DSS分析型处理，这个技术专题探讨了这些问题，并且描述为什么数据仓库适宜作为DSS信息处理的基础。

"Parallel Processing in the Data Warehouse."（数据仓库的并行处理）管理大量数据是数据体系结构设计人员所要面临的第一个而且是主要的挑战，并行技术提供了管理更多数据的可能性。此技术专题是有关数据仓库环境中的并行处理技术问题的。

"Performance in the Data Warehouse Environment."（数据仓库环境中的性能）在DSS数据仓库环境中，性能问题与OLTP环境中一样重要，而且，性能有不同的作用。此技术专题全都是有关DSS数据仓库环境中的性能问题的。

"Reengineering and the Data Warehouse."（重建和数据仓库）许多企业没有意识到重建和数据仓库之间非常紧密并且非常有益的关系。此技术专题指出这个关系，并讨论其他相关问题。

"Representing Data Relationships in the Data Warehouse: Artifacts of Data."（在数据仓库中表示数据关系：数据的人工关系）在数据仓库中建立数据关系的设计问题。

"Security in the Data Warehouse."（数据仓库中的安全性）与在其他数据处理环境中不同，在数据仓库中安全性设计是一个不同的维。此技术专题描述这个问题。此"技术专题报告"可以从"PRISM解决方案"得到。

"Service Level Agreements in the Data Warehouse Environment."（数据仓库环境中服务层协议）服务层协议是联机操作的一个里程碑，服务层协议适用于数据仓库，但各种实现方式有着很大不同。

"Snapshots of Data in the Warehouse."（数据仓库中的数据快照）描述不同类型快照以及各种不同快照的优缺点。

"Summary Data in the Data Warehouse/Operational Data Store."（数据仓库/ODS中的汇总数据库）汇总数据具有一套自身独特的考虑，如动态汇总数据和静态汇总数据。每种类型的汇总数据都需要设计与最终用户相当不同的处理。此技术专题为汇总数据建立了一种分类法，并将不同类型的汇总数据与数据仓库和ODS联系起来。

"Telling the Difference Between Operational and DSS."（说明操作型和DSS的区别）在每个商店都会有这样的问题：什么是操作型？什么是DSS？此技术专题告诉你它们之间的区别。

"Time-Dependent Data Structures."（依赖于时间的数据结构）讨论不同类型的数据结构以及它们的优缺点。

"Using the Generic Data Model."（采用通用数据模型）一些企业用数据模型作为数据仓库设计的出发点，有些企业不用。通用数据模型作为数据仓库设计和开发工作的开始。

"What Is a Data Mart?"（数据集市是什么？）数据集市是一种从数据仓库自然产生的。此技术专题给出了数据集市的显著特点。

"What Is a Data Warehouse?"（什么是数据仓库？）此技术专题定义什么是数据仓库及其结构特征。这是一个基本的讨论，适合于所有对数据仓库领域感兴趣的人。

数据集成原理

作者：AnHai Doan 等 译者：孟小峰 等 中文版：978-7-111-47166-0 定价：85.00元

**数据集成的第一部综合指南，从理论原则到实现细节，
再到语义网和云计算目前所面临的新挑战。**

这是一本数据集成技术的权威之作，书中的大部分技术都是作者提出来的。本书内容全面，很多技术细节都介绍得非常清楚，是数据集成相关工作人员的必读书籍。

—— Philip A. Bernstein，微软杰出科学家

本书的三位作者对数据集成领域都有重要贡献，既有学术背景，又有工业界的经历。书中包含很多例子和相关信息，以便于读者理解理论知识。本书包含了现代数据集成技术的很多方面，包括不同的集成方式、数据和模式匹配、查询处理和包装器，还包括Web以及多种数据类型和数据格式带来的挑战。本书非常适合作为研究生数据集成课程教材。

—— Michael Carey，加州大学欧文分校信息与计算机科学Bren教授

数据库系统概念（第6版）

作者：Abraham Silberschatz 等 译者：杨冬青 等 中文版：978-7-111-37529-6 定价：99.00元
中文精编版：978-7-111-40085-1 定价：59.00元
英文精编版：978-7-111-40086-8，定价：69.00元

**数据库领域的殿堂级作品
夯实数据库理论基础，增强数据库技术内功的必备之选
对深入理解数据库，深入研究数据库，深入操作数据库都具有极强的指导作用！**

本书是数据库系统方面的经典教材之一，其内容由浅入深，既包含数据库系统基本概念，又反映数据库技术新进展。它被国际上许多著名大学所采用，包括斯坦福大学、耶鲁大学、得克萨斯大学、康奈尔大学、伊利诺伊大学等。我国也有多所大学采用本书作为本科生和研究生数据库课程的教材和主要教学参考书，收到了良好的效果。